成功学原理

[美]奥里森·马登 著　文轩 译

FUNDAMENTALS
OF
SUCCESS

图书在版编目（CIP）数据

成功学原理 /（美）奥里森·马登著；文轩译．—北京：中国书籍出版社，2016.9

ISBN 978-7-5068-5896-0

Ⅰ．①成… Ⅱ．①奥… ②文… Ⅲ．①成功心理—通俗读物 Ⅳ．① B848.4-49

中国版本图书馆 CIP 数据核字（2016）第 246749 号

成功学原理

（美）奥里森·马登 著，文轩 译

图书策划 牛 超 崔付建
责任编辑 成晓春
责任印制 孙马飞 马 芝
出版发行 中国书籍出版社
地 址 北京市丰台区三路居路 97 号（邮编：100073）
电 话 （010）52257143（总编室）（010）52257140（发行部）
电子邮箱 eo@chinabp.com.cn
经 销 全国新华书店
印 刷 三河市华东印刷有限公司
开 本 880 毫米 ×1230 毫米 1/32
字 数 400 千字
印 张 13.75
版 次 2017 年 1 月第 1 版 2020 年 1 月第 2 次印刷
书 号 ISBN 978-7-5068-5896-0
定 价 56.00 元

目录

第一章

真理的奇迹

成功的第一步往往起源于人们的思想。

1. 思想的磁力

成功的第一步往往起源于人们的思想，一旦人们头脑中的意识与成功的方向相悖，那么任凭你如何努力都难以成功。我们最忌讳的就是手头做着一件事，脑子里却盘算着另外的事情。任何事情要想做成，都必须先在头脑中形成一个模式，然后按着这个模式按部就班去完成。

一个人如果只一味想着自己很穷，那么他就很难变得富有。如果我们渴望某物，我们就有可能得到它；如果不渴望，那永远也不会得到。如果从思想上认为自己肯定会失败，那么你怎么能获得成功?

脑子里总想着黑暗、沮丧、失败、绝望，那只会使人变得越来越消沉，以致一事无成。即使你做了很多努力，也于事无补。所以最根本的就是要找到一个正确的思想导向，才能走向成功。

很多人都缺乏一个正确的思想态度。从某种意义上来说，他们压制了自己的很多能力，因为他们的思想没有很好地配合自己的行动。他们通常都是手里做着这件事，脑子里却想着相反的事情。他们对胜利永远充满怀疑，不能用积极的态度对待自己正在进行的工作、对待自己想要成功的事情。他们总是生活在消极的状态中，要么缺乏信心，要么刻意回避。

有贪慕财富的欲望，但思想上总是套着贫穷的桎梏，或是对自己的能力持怀疑的态度，结果只能是南辕北辙，离梦想越来越远。怀疑自己的能力对走向成功毫无益处，结果只能导致失败。

要想成功，就必须采取积极的态度，对成功充满信心。这并非夜郎自大。他的思想应该昂扬上进，富有创造性和建设性，并且随时保持乐观。

人们向前的脚步总是随着头脑中的念头而动。如果你总想着贫穷、匮乏，那么你就会向着那个方向发展。反之亦然，如果你千方百计地抵御、拒绝有关贫困的想法，那么你就会向着富有迈进。

在生活中，很多人都会陷入一种矛盾。我们每一个人都想变得富有，但是内心深处又认为自己很难变得富有，这种意识支配了我们的行为。其实，正是由于我们对贫穷的态度，对自己能力的怀疑、不自信或是畏惧……这些因素注定我们无法摆脱贫穷。

时刻让自己保持一种积极的思想态度。我们一定不能在自己拼命赚钱的时候，还在思想上认为自己不会富有。你要是有那种贫穷的想法，就会给人贫穷的印象，自然生财无望。

西方有一句俗谚：羊每叫一声，就会少吃一口草。所以每当你抱怨一次："我很穷，我永远也做不到像别人那样，我永远也不会变得富有，我没有别人那么有能力，我是个失败者，幸运不属于我。"你就在自己成功的路上多放了一块绊脚石，你也就越来越难以打消这些疑虑。每重复一次，它们就在你的意识中扎得更深一些，最后变得根深蒂固。

思想有着如同磁石一般的功能，会对相关联的事物保持吸引。如果你脑子里总在想着贫穷和疾病，那么贫穷和疾病就很有可能到来。当你头脑中想着一种结果，那你收获另一种结果的可能性是不存在的，因为你的行为是受思维意识支配的。每个人行

动上的成功总是先在思维里成形的。这就是说，一件事情你一定是先在头脑里酝酿：我要做好这件事，之后你才可能付诸行动把这件事做好。若你思维中根本没思虑过这件事，却自动完成了，这种情况是很难发生的。

害怕失败、害怕丢脸，这使很多人失去了成功的机会。这种焦虑不断地折磨他们，使他们泄气，使他们和成功失之交臂。

如果你总觉得生意不好，抱怨时运不济，担心生意会每况愈下，那么结果就真会如此。无论你工作多么努力，只要你思想中充满了对失败的恐惧，那么你的一切努力都会付诸东流，成功也会离你远去。

对待事物的积极态度就是从光明的、充满希望的角度出发，并且对自己充满信心，抛弃一切犹疑不定和踌躇不前的想法。相信最美好的事情会发生，真理最终会战胜谬误，和谐与健康是世界的本来面目，事业不顺和身体不适都只是暂时的，这就是乐观主义者的处世态度。这种态度最终会改变世界。

乐观主义是思想的阳光，为我们铸造了生命、美丽和成长。我们的思想在它的普照下日渐茁壮，就好像花草树木在阳光的照耀下蓬勃生长。

消极的悲观主义，就像是一个黑暗的地牢，吞噬了一切生机与繁荣。

那些只看到事物阴暗面的人，他们头脑中只有罪恶、失败和丑恶，等待他们的也只有这些。

事物总是排斥自己的异类。它们通过向外界展示自己的特质，然后借此吸引同类。如果一个人想要变得快乐又富有，那么他必须持有一种快乐而大方的态度，不能缩手缩脚、斤斤计较。

那些对贫穷常怀忧惧的人，通常只会变得更加贫穷。

如果你不想自找麻烦，那就别再想那些无谓的琐事；如果你想变得富有，那就丢掉那些关于贫穷的担忧。不要总想着那些使你烦心害怕的事物，它们是你成功路上最大的绊脚石。扔掉它们吧！尽你所能去想一些积极的事情，你会惊奇地发现，你这么快就得到了你想要得到的结果。

对待工作或理想的态度，会直接影响你完成它们的方式。如果你对待工作的态度像被鞭笞着的奴隶，把它看成苦差事；或者你对自己所从事的工作很失望，除了挣口饭吃，不再有任何指望；抑或是你觉得前途黯淡，一生中充满了贫穷、剥削与辛劳；甚至以为自己生来就是过这种痛苦生活的，那么你所能得到的也就只能是这些，别无其他了。

不妨换个角度去想，无论你现在多么贫穷，只要你保持乐观开朗的态度，期待一个更加美好的未来，相信自己总有一天会跳出这单调的工作，进入一个多彩的世界，那么美好、舒适、快乐就会在前方等着你。头脑中有一个明确的目标，并且不断地朝着这个目标努力，相信自己有能力成功，那么终有一天你会如愿以偿的。

也许有些事情当下看来毫无可能，但只要我们坚信有一天一定会找到可行的办法来达成，那么思想就会逐渐进入一种创造性的模式，去吸引那些我们需要的东西，最终使我们成功。

我还从没见过一个意志坚强、充满信心、并不断向着自己的目标努力的人竟然会一事无成。只要做到上述几点，愿望就一定会转化为动力，最终变为现实。

请努力使你的思想变得积极、振奋。不要允许它有一刻去怀疑你自己能否完成手头的工作。这些怀疑是很危险的，它们会破坏你的创造力，压制你的目标。你一定要经常告诫自己：我必须得到我所需要的东西，这是我的权利，我一定能行！

如果你认为你注定会成功、健康、快乐、对社会有所贡献，世界上就没有任何东西能够阻挡你去获得这些。这种思想会有一种奇特的积累作用和磁力效果，帮助你成功，帮助你拥有你渴望的事物。

果断而坚定地持有这种积极的思想，一段时间后你会惊奇地发现，那些你曾为之疯狂、为之奋斗的目标竟已出现你的面前。

我认识一个人，他将近半生的努力和奋斗都在一场金融危机中化为乌有。他什么也没有了，唯有坚强和勇气尚存，还有那等他糊口的一大家子。我们都以为他会一蹶不振。但想要动摇他的意志就好比一个人去打消拿破仑征服世界的勇气。带着胜利的决心，握紧拳头，他勇敢地面对现实，并坚信自己有一天一定会赢回属于自己的那一片天空。几年后，他真的重振昔日的雄风，东山再起。

不要让自己成为外界的傀儡、环境的俘虏，我们要努力创造适合自己的环境和条件。没有什么事情是毫无理由的，这个理由就是我们的思想。我们对待事物的态度会创造成功或失败的环境，而我们努力工作的结果将会自动地与我们的思想靠近。积极的思想创造积极的结果，而不协调的、焦虑的、沮丧的态度也会使我们的思维变得颓废，从而在我们的成功之路上设置重重障碍。

消极的人只会坐等事情的发生。他们觉得无论怎么努力，事情都会发生，他们是改变不了什么的，所以世界上的任何奇迹是不可能靠他们创造的。他们忘记了，正是那些思想积极的人，用他们的创造性、启发性、勇气和坚定，创造着一个又一个的奇迹。积极的人不会坐以待毙，他们会积极地去创造条件，让自己所期望发生的事情发生。要知道石头自己是不会动的，你必须去推它，才能让这顽固之石离开原有的位置。

我们的行为就像是思想的仆人，我们想什么，行为就会反映出什么。如果我们认为自己可靠、有能力，那么在意识的指导下，行为就会发挥出最大的潜能。如果我们感到恐惧，行为也会变得畏首畏尾。

许多人由于外界的影响而丧失了自信，他们本来积极的思想变得消极起来，心中的信念被一点点蚕食。这一切也许都来自别人对自己的评价，来自自己对自己的评价。他们很可能就此认为自己有很大缺陷，认为自己工作不称职，认为自己根本不懂工作等。这些微妙的心理将逐渐消磨他们的意志，这些可怜的受害者不再像以前那样精力充沛地对待任何事情。他们渐渐失去了果敢，开始不敢决定一些重要的事情，思想也变得优柔寡断。这样一来，他们不再是以前威风凛凛的领导者，而成为现在低人一等的仆从。

那么如何积极地处理这种事呢？我们认为，应当从内心深处坚定不移地相信自己，充满自信地期待。换句话说，也就是将所有的精神与意志全部集中在我们的期望与解决问题的方法上，只有这样我们的意志力才能帮助我们成功。那些强烈的期望将赐予我们活力，使我们朝着自己的目标不断前进。

强烈的愿望以及争取达成某件事情的决心在我们的心中建起了一个模型，这样我们的意志将围绕这种模型努力把它再现于现

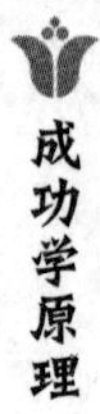

实生活中。这是一幅精神图画，为我们描绘了积极性、建设性与创造力。

一个充满期待的人，努力实现自己目标的人，他总会将自己的理想铭记于心，摆脱懦弱与优柔寡断，果断地消灭阻止他获得成功的敌人，为自己的理想而不懈奋斗。

在我们的内心深处隐藏着一股神秘的力量，我们无法用言语解释，但有时可以明确地觉察到它的存在。它仿佛会生成一种指令，驱使我们去完成预定的目标。

如果我一直以为并暗示自己是一个微不足道的人、一条“可怜虫”，我不像别人那么优秀，那么不久我将会相信这一点，我的潜意识也会受这一点。这时我的精神机器开动了，在我的思想里，它开始为我塑造一个小小的人物模型。如果我还是一再表现出那种不自信、懦弱以及没有能力的想法，那么这个模型很自然地就会再现于我的现实生活中。到那时，我将不得不吞咽软弱、失败与贫穷的苦果。

相反，如果我勇敢坚定地相信自己是这世界上所有美好事物的继承人，所有美好事物的拥有者，得到它们是我与生俱来的权利，在我的身上总是表现出一种王者风范，确定我将实现自己这一生之中最伟大的理想，相信力量属于我，健康属于我，那么，任何疾病、懦弱与混乱都将离我而去。这种积极的心态，将具有极强的创造力，为我带来的不是毁灭，而是所有我所期望的东西。

积极的具有建设性的思维意味着健康与财富，我们将因此成为一个能力超群的人，而消极的思维则意味着不幸、疾病以及所有其他折磨。积极的思维是我们的保护神，保护我们免遭贫穷疾病的折磨。失败者的大军中，绝大多数都是有着消极思维的人；在胜利者的阵营中，他们都是一些具有积极性、创造性和建设性思维的人。

积极向上、充满活力的精神态度，确实是我们最好的保护神。

当我们由于判断失误，做了一笔亏本的买卖，或进行了一次错误的投资，或其他类似的傻事，使我们失意时，消极的态度就会阻碍我们的进步。当我们犯了错误或是遭遇不幸，我们难免会感到泄气、沮丧、心理失衡。这时我们一定很想摆脱焦虑与不安，重新找回自信和舒适的感觉。记住，当我们思想上消极的时候，也就是我们最懦弱的时候。

只要我们保持积极的思想，并不断进行创造，那些泄气的、沮丧的消极思想就不会有机会一直占据我们的头脑。只有当我们无所事事的时候，恐惧、担心、焦虑、憎恨、嫉妒等才有隙可乘，去破坏我们的心智。当我们正积极地投身于某事时，根本无暇顾及那些消极思想。所以试着让自己忙碌起来，是摆脱消极思想的有效途径。

头脑其实也像士兵一样，需要被指挥和导向才能前进。大脑是不会停止工作的，除非你强行勒令它停止工作，或是它受到了什么创伤。你只有给大脑一个正确的方向，它才会越做越好。

通常而言，思维的坚忍性和持久性会直接影响到人们的工作效率。很多人在思想上都很软弱，缺乏韧劲，所以他们很难在完成一项工作的时候，始终保持足够的精力和注意力。

即使初次见面时，我们也很容易判断出一个人的思想是坚强还是软弱，因为他的只言片语也或多或少会暴露出他的思维习惯。

有积极思想的人是最有力量的。有些人在思想上非常积极，具有很强的征服力量，以至于普通人只能去追随他们、服从他们。世界都不得不屈服于这些精神强大的人，他们的出现往往带着一种威慑力，他们的每一句话都是命令，都是真理。

其实人们总是不停地在分析追随某个人的原因，与此同时他们本能地去服从这种强大的精神动力。

有些人只是初次谋面，我们就被他们深深吸引了。他们给人一种十分积极而强力的感觉，以至于我们本能地接受其领导，并深信他们一定会成功，事情都会按照他们的意志发展。另一些人则显得很消极、软弱、冷淡，我们很自然地把他们视为弱者、失败者。要想让别人感受到你的力量，就必须表现出积极向上的一面。

所有艺术的美妙之处，就在于它给生命带来一种永恒的欢畅。如果我们经过正确的、积极的精神训练，这对我们来说不是一件难事。但如果我们的思维总处在一种消极、没有创造性的状态，那么我们就会渐渐变得愚钝而缺乏创造力了。

如果一个大学生在进入社会之前，没有受到过正确的人生观教育，那么显然他很快就会被社会摧毁。他对自己的怀疑、对未来的恐惧、不自信以及胆小消极的思想态度，最终会侵蚀他本性中积极上进的一面，从而也毁灭了他自己的人生。

对于一个学生或年轻人来说，相对于在学校里学到的那些拉丁语、希腊语或哲学，学会如何使自己的头脑更具有创造力显然更有意义。他们应该使自己的头脑变得更加灵活，更加积极，避免那些会使自己头脑变得迟钝、创造力匮乏的东西。

对于他们来说，通过科学合理的正确思维来锻炼自己的头脑，使之变得更为敏捷，更具有创造力，要比整个大学期间所学的任何一门课程都更有价值。他们应当主动去进行这项锻炼，也许只需短短的几个月，就可以达到预期的效果。我们经常看到一些大学生因为自己的头脑变得迟钝，变得毫无创造力而最终落得失败的下场。

我们的精神将为我们织出我们想要的图案。不管我们的理想是混乱的还是和谐的，错误的还是正确的，懦弱的还是勇敢的，精神都将如实将它们表现在现实生活中。思想中的模型将很快成为现实中的真实。你应当时刻充满自信，不断告诉自己，你现在的样子就是你所期望的。请注意，你应当确信你现在就是那样的人，而不是将来会成为那样的人。这样思考对你是很有帮助的，你会惊奇地发现自己的理想很快就会变成现实，你将真正具备你所期望的那些素质。

一种积极、灵活的思维能够提高我们的创造力，使我们的头脑更具建设性，这样的思维在我们所有的精神素质中是最重要的。如果你的思想变得消极，变得迟钝，如果你缺乏主动，那么你就应该改变这样的思想。在对待任何事物时，都应当持有一种积极的思想态度，只有这样你才能够在现实生活中更加积极主动，而结果也将更加具有建设性。消极的思想与完全静止的思想存在着很大的差异，前者比后者给我们带来的损失可能要更多。

在你的思想中为自己创建一个模型，一个健康的模型、一个完美无缺的模型，时刻将这种模型铭记于心，那样的话你将会收获意想不到的结果！

我们所要做的就是将那些至关重要的、有利于我们发展的品

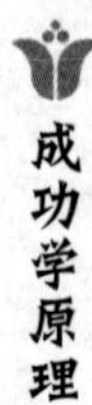

质，在思想中永远置于第一位，摒弃负面的东西，在思想中消灭所有可能减弱我们创造力的东西。

如果土壤、空气、阳光和雨水，这些对于植物来说不可或缺的因素，停止作用于果实与树木，那些有害的因素将乘虚而入，而植物的下场无疑是毁灭。同样，对于我们来说，那些积极的思想、有创造力的思维，在我们精神建设的过程中起着至关重要的作用。在我们的思想中，当这些因素失去统治地位的时候，一些不利因素就开始粉墨登场，它们会严重销蚀我们的信心，而我们可能将会如同失去土壤、空气、阳光和雨水的植物那样，等待末日的来临。

如果你能够使自己的思想永远被自己的目标所填充，努力使生活中的每一个细节朝着自己的理想发展，确定你所有的努力都是为了实现自己的理想，直到养成了一种生活习惯，那么你将创造出一条无形的河流，为你带来所有你所期望的东西。与此同时，我们必须时刻关注那些可能导致我们生活混乱的东西——比如仇恨、嫉妒、对待别人不友好的态度，以及复仇和怨恨的想法——因为这些想法都是我们的敌人，它们将耗尽我们的能量，使我们在获得进步的过程中困难重重。

任何可能为我们的生活带来混乱的东西都将削弱我们的力量。我们必须拥有一种协调、自由与和平的思想，这样我们才能变得更有效率。也就是说，我们所有的想法都必须具有建设性，具有创造力，而不能带有破坏性。勇气、信心与决心才是我们精神世界中至关重要的东西，它们将为我们带来成功。

思想态度对我们将产生极大的影响，正确的思想态度可以帮助我们抵抗外界的影响，摆脱不利因素的困扰。比如说，如果我们不相信邪恶的力量，那么当我们真的被邪恶包围时，这样的想法将给我们带来信心，使我们能够勇敢地面对邪恶，并有可能最终战胜它们。另一方面，如果我们愿意接受邪恶，当我们遇到邪恶时，我们的想法同样会影响我们，使我们欢迎邪恶，甚至是享受邪恶。

绝大多数失败者如果能够抛开失败的想法，摆脱失败的阴影，他们最终将会获得成功。学会如何清除思想中的垃圾，抛开恐惧与焦虑，让我们的思想充满自信、活力与希望，这是一门伟大的艺术。如果掌握了这门艺术，我们将能够建立一种具有创造性的积极的思想态度。有时，我们会不由自主地向外界流露出我们的思想，流露出我们的希望或是恐惧，而我们的名誉地位以及外界对我们的评价往往取决于我们的成功。

如果别人看到我们所流露出来的是一种消极、卑微或是胆怯的思想，他们就不会将重要的职责或职位托付给我们。这样我们就不会得到展现自己的舞台，更不要说获得成功，也就永远失去了让别人跟从我们、崇拜我们的机会。

我们可以在任何方面表现自己的信心、勇气或大无畏的精神，这样的思想态度将为我们带来乐观与幸运，使我们更加具有进取心。

毫无疑问，拥有进取心的人总比全无斗志、终日认定自己必然失败的人更有机会获得成功。有些人总是认为自己没有能力，低人一等，对待任何事情都抱着一种消极悲观的态度，这样的人必定很难获得成功。

让别人信任我们和自我信任同样重要。但要想让别人信任我们，我们首先要相信自己，时刻保持一种自信，相信自己一定能

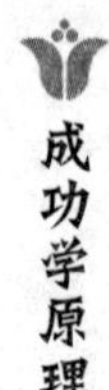

够成功。

毋庸置疑，那些永远表现出一种胜利者姿态的人与那些心存恐惧与焦虑、认为自己已经是一个失败者的人有着天壤之别。同时，他们的生活和命运也将一个天上，一个地下。

有些人往往表现得很软弱，性格孤僻，丧失了信心，缺乏勇气与活力。与这样的人相比，那些自信、积极、精力充沛，相信自己有能力的人无疑更有可能取得进步，赢得成功的青睐。

就是那种对自我能力的肯定，为我们带来了成功，带来了胜利，同时也向外界显示了自己的信心。如果你对自己没有信心，那么你将永远无法得到崇高的地位与名誉。

在这个世界上确实存在着一些微不足道的人，他们在社会交往中仿佛没有任何地位。这是因为他们从没有以一个胜利者或者征服者的身份去思考和行动，他们往往没有那种极具建设性的、充满活力的精神态度，带给人的总是一种软弱可欺的形象。在一个人没有学会如何展现自己的能力时，他永远不会具备任何吸引力或者说服力，去吸引自己所期望的事物。只有积极向上的品质才可以吸引现实中美好的东西，帮助我们实现自己的理想，而消极懦弱的品质则会排斥这样的东西。事实上，一个成功者往往首先拥有一种成功的精神态度，这是作为一个成功者必须具备的基本素质。

我们身边的一些人有时会给我们留下这样的印象：他们从来不想出人头地，他们所愿望的只是得到一个能够过上舒适生活的机会。他们对工作之外的任何事情都了无兴趣，只是一头扎在自己的本职工作上。他们从一开始就认为生活对于他们来说充其量只是一种折磨——事实上，我们的生活本应该充满了幸福，充满了荣誉，我们应当是去享受生活的。

我们的生活在不断进步，我们的思想范围也应当不断扩大。只有了解到这一点，我们才不会对当前的生活产生反感，才会继续改善生活、创造生活。在我们的精神世界里，任何事情都不能代替那种胜利的喜悦，那种坚持认为自己将永远取得成功的自信。

从孩子可以记事的那一刻起，我们就应当将一种思想态度植根于他们的头脑当中，那就是他们为胜利而来到这个世界，他们生来就是一个成功者。就像其他人看待的那样，他们是胜利创造出来的，他们注定为胜利而生，而不是失败。没有人是为了失败，才来到这个世界。

如果我们可以培养孩子们拥有一种胜利的思想态度，并让他们将之时刻铭记于心，那么对于这些孩子而言，失败就将是难以发生的事情。所以我们应当教会孩子们如何展现自我，如何表达自信，展现活力，这是他们成长与教育过程中的头等大事。

要想过上理想的现实生活，我们首先要有正确、积极的生活态度。必须和自己的同事、朋友与家人建立一种健康、良好的关系。在学会容忍自己之前，必须先学会宽容他人，否则，我们将不会得到真正的快乐与幸福。如果想要建立一种必胜的思想态度，我们就必须消除那些嫉妒、憎恨与报复的想法，因为它们可能会在我们的内心产生消极作用，为我们带来思想上的包袱。同时我们应当建立一种真正平和、宁静的思想，因为这是我们灵魂当中最伟大的品质。

效率与幸福的人生哲学在于坚持，坚持自己的想法，认定自己必将得到自己想要的东西。

如果一个年轻人刚刚开始过上自己的独立生活，急切地期望在工作中获得成功，他一定不能对自己这样说："我很希望获得成功，但我不觉得我真的能做到我所设想的那样。我的工作经验与知识真是太有限了。我知道在我所从事的工作领域内，很多人都无法获得成功，过上体面的日子，甚至有许多人还失了业，所以我可能犯了一个错误。但是我会尽我所能去做好每一件事。终有一天我会有所表现。"这样的年轻人如此说，如此想，也会如此做，也许真的有朝一日会有所表现。但是一个人的这种不自信只能让这"有朝一日"变得遥遥无期，他将难以获得成功，很可能还会丢掉自己的工作。

事实上，我们是什么样的人，别人就会对我们有什么样的评价，不管我们说什么都不会影响别人对我们的看法。我们可以向别人诉说我们所有期望得到的东西，但是别人不会受到我们的影响，因为是事实决定了他们对我们的判断。无论你如何巧言令色、阿谀奉承，你的所作所为产生的既定的事实都使你无法掩盖自己真实的想法，也不会左右别人对你的客观评价。如果你总是羡慕别人，甚至嫉妒别人，如果你很严厉或是对某人抱有敌意，也许通过巧妙的语言可以暂时蒙混过关，但最终别人都会感受到你的嫉妒心、你心中的残酷和敌意。我们可以通过言语欺骗别人，但事实不会欺骗别人，要想别人改变对你的看法，唯一可行的方法就是从内心深处改变自己的思想态度。

假设一个人梦想拥有财富，而他的思想却在不停地提醒自己："滚开吧，财富，离我远一点。我确实想得到你，但是很明显，你不属于我。我的生活注定穷困潦倒，尽管我希望拥有美好的事物，享受幸运，享受快乐，但我知道那是不可能的，所以我不指望得到这些东西。”很显然，这个人永远也不会变得富有。他的恐惧与怀疑阻碍着财富的降临。虽然现实中很少有人排斥机遇，排斥财富，但是人们心中往往会多少存在一些恐惧与疑惑，缺乏信念和信心，以致在浑然不觉中丧失机遇与财富。

许多人生活了一辈子，没有成功也没有失败，不很富裕但也不很贫穷。他们大部分时间在一贫如洗与小有积蓄之间徘徊；他们的思想时而积极，具有建设性和创造性，时而消极——因此他们的生活只能碌碌无为，就像钟摆一样来回地摇摆。

当上面所说的那些人还有一点勇气、一点希望和一点热情时，他们就能创造出一点东西，因为毕竟他们的思想还是积极的，还具备一点创造性。但当他们完全丧失了勇气与信心、心中充满了恐惧与疑惑时，他们的思想将变得消沉、悲观，不具有任何建设性与创造力，从而再次滑落到一无所有的境地。

让自己的思想时刻保持积极的态度吧，那样我们将迎来成功。那时我们的生活将无限美好。

2. 正确地思考

当赶走那些悲观、愤怒和痛苦的思想时，我们就会很快离开痛苦和不幸，以一种更快乐和更平和的心情去面对人生，成功、健康和好运就离我们不远了。只要我们认识到了这一点，就能激发我们更好地控制我们的思想。

经验丰富的心理学家能够分析出一个人的性格，哪怕是陌生人。他可以看出一个人正在被堕落、不和谐的思想侵蚀。能否抵制住外界的压力，这完全取决于我们自己。有的人可能被一些困难吓倒，完全失去信心，有的人可能根本不把这些困难放在眼里。我认识一些人，他们就从来不怕任何挑战和困难，什么也不能改变他们生活的重心。

当你千方百计地躲避害怕和烦恼时，你一定赋予了这些东西某种力量，不然它们不可能如此困扰你。你害怕这些事情，说明你已经和它们建立了某种联系，但是只要你能够合理地调节自己的心理，就可以打破这种联系。每当你心情不好、闷闷不乐的时候，你最好从你的自身去找原因。这种心理问题很容易解决，就像用水灭火一样简单。

哲学家告诉我们，要爱我们的敌人，因为恨我们的敌人只能让我们怨气满怀，而爱可以熄灭这种憎恨的火焰。爱可以消解憎恨和嫉妒，让我们和敌人成为朋友。爱让我们没有敌人，爱我们的敌人就像用水灭火一样正确合理。

纯洁无私的爱抵制邪恶和肮脏的过程是迅速有效的。纯洁的思想可以非常迅速有效地抵制不纯洁、享乐的思想。我们给予它们什么，我们就将得到什么。我们希望发现什么，我们就会找到什么。在你内心深处发芽的应该是那些在你的生活中产生良好影响的种子。仇恨的种子不可能长出爱的花朵，险恶的种子只会结出险恶的果实，复仇的种子只会招致血淋淋的斗争。

你对别人怎样，别人也会以同样的方式待你。如果你心中怀着对别人的爱和同情心，那么即使对方是一个作恶多端的罪犯，他心中也会同样产生爱和怜悯。相反，如果你表现出憎恨、嫉妒和邪恶，那么对方受你的影响也会滋生邪恶。爱心会引起爱心，憎恨会带来憎恨，因为它们是紧密相关的。只要你心中充满爱，你就一定会得到别人的爱。如果你想和一个人成为朋友，那就必须对他十分友好，因为要想得到别人的爱，首先要爱别人。

即使是那些野蛮的动物，也会被我们的爱心感化。驯兽员的温柔和亲切使那些生性凶蛮的动物变得十分听话，但是如果只靠武力的话，恐怕10个人也难以对付它。我们的内心都有善良的一面，也有野蛮的一面。只不过当别人对我们善良友好的时候，我们会表现出善良；当别人对我们野蛮的时候，我们也会拿出野蛮的一面来回敬。

一个佛教徒说："不管别人对我多么不好，我都会给他们以慷慨的爱。他们表现得越邪恶，我就会给予他们越多的爱。"

到一定的时候，人们就不会允许他们的头脑中再出现不和谐的思想，就像他们不再在花园里撒下蓟草的种子一样。

只要看看你现在的性格，人们就知道你在年轻的土壤上播下了什么样的种子。他们不需要回到你的童年去了解你，你现在的

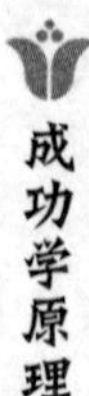

性格说明了一切，它是你播下的种子生长出来的果实。不要指望撒下蓟草种子，而收获到芬芳的玫瑰花。如果你撒下的是仇恨和野蛮，你怎么可能收获到善良和幸福呢？如果我们在心中撒下同情、宽宏大量、上进和勇气的种子，我们就会收获和谐、美丽和快乐；如果我们在心中撒下富足的种子，我们就会收获繁荣；如果我们种下吝啬和失败的种子，迎接我们的就可能是一无所获。

当我们看到不和谐，我们知道那是不和谐的种子产生的结果。任何形式的不和谐，不管是表现为痛苦、疾病，还是贫穷、失败，都表明一个人已经失去了和谐的状态，他与自己的上帝是不和谐的。

每当我们看到一张令人厌恶的脸时，我们知道那是自私、恶毒的种子产生的结果。当我们看到一张平静、自信的脸时，我们知道那是和谐、慷慨的种子产生的结果。很多人觉得我们挤在一个碰运气的世界里，悲惨的命运伴随着我们。事实上，我们现在生活的世界是一个绝对遵循严格制度和秩序的世界。任何事情的发生都绝非偶然，都有充足理由。即使是生活中的微小细节，都遵循自身的规律，就像宇宙中的天体沿着非常精确的轨道运行，几百万年也不会改变。

如果一个人只知道怨天尤人，他就不是一个完整的人。我们要随时随地抵制思想的敌人，拒绝不良情绪的影响，就像保护我们的家园不受侵袭一样。我们应该排除错误的思想，或者用相应积极的思想来调剂自己。因为错误的思想可能使我们承受痛苦、折磨和羞辱，还会产生可怕的后果。我们的身体会受思想的影响，如果一个人的思想是病态的，那么他的身体也一定不健康。当我们的身体建造者（思想）不正常的时候，我们的身体功能就不能正常发挥效用。

很多时候，身体的不协调意味着心理的不和谐。因为如果心理一直保持完美的和谐，身体也会表现得非常轻松自如。如果你能保持心理和谐，身体也会相应调和。身体状况实际上是心理状态的外在表现。

有时候我们应该坚信和谐才是真实的，不和谐只是一种例外。

远古时代的野蛮人就已经知道造物主给人类留下了很多能治病的树皮和植物。但是我们不难发现包治百病的万能药就存在于我们自身，那就是存在于我们头脑中的爱、同情心和善良，这些思想能克服人类身上最严重的疾病，例如仇恨、嫉妒、愤怒和自私。

愉快、上进的思想本身就是一味上等的良药，比如对精神忧郁症和灰心丧气来说。乐观对精神疾病也是一种很好的调剂法。

保持对生活的乐观，这样你就可以赶走悲观，赶走疾病、失败和不幸。把守你思想的大门，把快乐和成功的敌人拒之门外。这样在很短的时间里，你就会惊奇地发现自己的生活发生了彻底的改变。

时常保持健康而有活力的思想对我们的生活是一种激励，会带给我们很大的能量。要相信我们一直有强大的力量作为后盾，因为我们的思想富有创造性，会使我们的生活过得更加精彩。

所有软弱、失败、灰心、贫穷的思想都是腐蚀性、消极的，它们是我们的敌人，足以毁灭我们。当这些思想准备进入我们的头脑时，要毫不犹豫地拒绝它们。要像杜绝小偷一样抵制它们，因为它们就是小偷，是偷走和谐、能量、幸福和成功的小偷。

真实、美丽、互助的思想一旦存在于我们的头脑中，我们的生活质量就会随之提高，生活中的理想也将实现。当这些鼓舞人心的思想存在时，那些堕落、可怕的思想就很难有用武之地了，因为它们是一对天生的敌人，不可能同时共存于一个人身上。

我们希望成为自己理想中的样子，而不希望成为自己讨厌的模样。我们讨厌的东西会渐渐地在我们的生活中失去作用，最后慢慢消失。

如果一个人能拒绝这样的错误思想：我们是很贫穷的可怜虫，我们深受限制，我们很虚弱、很堕落；如果一个人认为真实和美丽是这个世界的主宰，那么他的性格一定也无可挑剔。那些长期被拒绝的错误思想最终将从他的生活中消失。

永远握有正确的思想，保持乐观的生活态度，这会使我们的生活充满强大的能量，使我们的性格趋于完美。这样我们就能够掌握世间最基本的处世准则，了解生活的真谛，过一种真实的生活。生活在真实世界中的人会感到安全、自信、平静和安详，而生活庸俗、虚幻的人们是无法体会到这一点的。

要想准确衡量出我们平时生活中思想习惯的价值，几乎是不可能的。这种习惯分为健康的和病态的，它们分别导致健康和堕落的生活方式。思想决定了一个人的理想，如果思想很堕落，理想也远大不到哪儿去。一个充满乐观、有益的思想，不管到哪儿都能给别人带来阳光的人是高尚的人，他能减轻别人的负担，使别人的生活更舒适，给受伤的人带来安慰，给灰心丧气的人带来勇气。生活中的一切都应该呈现本来面目——健康、乐观、快乐和对生活充满希望的阳光态度。

在生活中，我们要带给别人快乐而不是给别人制造伤害，带来慷慨而不是吝啬。随时随地把你的快乐毫无保留地与人分享，无论是在家里、大街上、车上、商店里，还是在其他地方，就像玫瑰花与人分享自己的美丽，散发出它的芳香一样。爱的思想能抚平创伤，和谐、美丽、真实的思想能给人勇气，使人高贵。相反，那些落后的思想只能带给人们死亡和毁灭。如果认识到这一点，我们就掌握了生活的真谛。

我们必须远离痛苦、嫉妒、憎恨、邪恶和无情的思想，远离一切束缚我们的思想，否则我们就会因为不平衡的思想、降低的效率和低劣的工作而受到惩罚。

有的人怀着对别人的憎恨和嫉妒心理，虽然多年以来他都没有察觉这一点，但这种心理使他无法在生活中施展出自己最大的能量，使他失去了很多快乐。不仅如此，他使周围的人感到他的敌意，别人开始对他产生反感和对抗的情绪。这样一来，他在工作和生活中就无法与人和平相处。

如果一个人深藏仇恨，对别人极不友好，那么他不可能将自己的工作做得最好。只有工作在和谐的环境下，我们才能做得最好。我们必须要有很好的心理状态，才能凭借我们的头脑和双手做好我们的工作。

就像砒霜对我们的身体是致命的一样，仇恨、报复、嫉妒都是可怕的毒药，对我们的思想是致命的。

对他人的友好和善意使我们远离任何痛苦、憎恨、伤害的思想，因为这些有害的思想无法穿透真爱和善意在我们心中建起的堡垒。

如果一个人在生活中很少遭受困扰，没有什么能破坏他的平静，那是多么轻松、美好的事情啊！他们在生活中一帆风顺，因

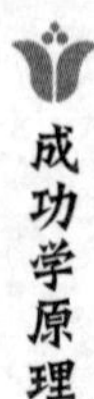

为他们的天性是和谐的。他们爱任何人，其他人也爱他们。他们没有敌人，因为他们从不挑起争端，所以在生活中也不用担心有什么烦恼和忧愁。

而另外一些人，性格孤僻、易怒而且偏执，这样的人总是生活在麻烦与困扰中。他们常常被人误解，诸事不顺，因为他们的内心从没有片刻的宁静。

一个人如果心怀憎恨、嫉妒、抱怨、报复的话，他一定会损害自己的形象和名誉。很多人不知道自己为什么不受人欢迎，为什么大家都不喜欢他，为什么在生活中如此孤独，这是因为他们的思想总是怀着痛苦、报复、不和谐，这些使他们在人际交往中失去了吸引力。

另一方面，生活中那些光芒四射、走到哪都受人欢迎的人，总是那些怀着友善、互助、同情思想的人，那些对别人友好的人，那些没有痛苦、憎恨、嫉妒思想的人。

人们会渐渐认识到：任何不和谐的思想，任何伤害他人或占有不属于自己东西的企图，都会使自己深陷痛苦。人们会发现，世界原来如此井然有序，只有公正、平等、诚实、无私的思想才是受人欢迎的。人们也会认识到：只有做到正确、真实，才能给自己带来快乐、和平与财富。

3. 改变自己先改善思想

任何一门艺术其实都只不过是一种训练有素的能力罢了。大多数人在生活中的失败都根源于他们不会扬长避短。

弥补缺陷，减少能力上的残缺，完善综合素质，让头脑达到稳定调和的境界，使之激发出最大的能量，这将是未来教育的重要部分。

我们最难学会的本领之一，就是通过改善我们的思想来改变我们自己，使身体的协调或失控、健康或疾病与我们自己平时的思想同步，或者最好能和那些比我们见识更高超的人的思想一致。这些所谓更高超的人已经掌握了上述本领，他们能通过矫正自己的思想使外表在短时间内迅速改观，以至于让熟悉他们的人都认不出来了。

圣保罗说过："你可以通过重建你的心灵来改变你的面貌。"这句话是有科学根据的。他所说的重建心灵就是指改变心态，恢复精力，净化思想。

无论在何处，生长都多过衰亡。只要我们时时对心灵进行改造，不断探索新鲜、进步的事物，那些使人衰老退化的力量就无法对我们起作用。事实上，永恒不息地更新、不间断地改造，对我们自身来说是一条天生的法则。只要我们自己不用有害的想法和乱糟糟的心情来影响它，这条定律就会一直发生作用。

其实我们中的大多数人都曾有过这种神奇的体验：心情不经

意间一下子就变好了，原先笼罩在心头的乌云刹那间消失得无影无踪，整个人都置身于欢乐幸福的阳光下。在这种阳光照射下，至少在一段时间内，我们的整个外貌会有惊人的变化。当我们丧失信心，觉得一切都那么黑暗时，有些好运气往往就从天而降。也许是一次开心的经历，抑或是一个多年不见的知心好友不期而至，或是我们去乡村玩了一趟，所有精神上的伤疤都在那一刻被抚平。有时，我们正在旅行，突然看到一处迷人的风景，或是一幅美妙的图画，使我们流连忘返。这种由美丽、庄严、雄伟的景象给我们带来的感动，能暂时将那些不久前还在破坏我们快乐心情的忧郁和恐惧化为乌有。

很多人认为人的大脑对那些过于巨大的变化无法轻易接受，这种限制是天生的，人们可以做的只能是慢慢调整。

其实，你可以将自己的头脑中固有的东西彻底改变，积极完善刚出生时并不擅长或是极为缺乏的能力，这种情形可以说是数不胜数。另外还有不少例子证明，一个人在某方面的心智开始时可能一片空白，但经过改造，到后来这方面的能力反而成了他的特长。

就拿勇气来说吧，虽然说缺乏勇气会导致整个事业的失败，可偏偏有很多最终取得成功的人开始时胆小如鼠，但借助后天的磨炼，最终变得勇气十足。

这种磨炼包括许多内容：培养自信心，不断灌输勇气，反复讲述勇敢者的事迹，朗读那些大英雄的生平和著作。同时还要让他们明白，恐惧是一种消极的心理状态——是每个人与生俱来的勇气迷失时的现象。此外还要不断要求他们努力去做种种需要胆量的事情。

原始时期，人的大脑还处于初级阶段。这时候人的主要需求还仅仅限于自我保护和解决温饱而已。因此对大脑发育的要求也就限于较低层次的动物性的阶段。然而渐渐的，对大脑的要求变得越来越高，它必须能适应各种各样的突发情况。到了今天，在文明的最高阶段，大脑已经发展得极端复杂。

大脑具有很强的可塑性。每种职业由于本身具有独特的要求，所以会使人的大脑产生出不同的特性，形成各种特殊的技能。这是社会发展变化的内在推动力，也正是文明的复杂性的原因所在。

比如说一位神父，他的大脑长年累月以宗教事务为中心，因而一定会产生许多与律师、商人或建筑师迥然不同的精神特征。

把一个长期处于政界的领导人和一个做了一辈子买卖的人区别开来，是轻而易举的。一个商人会呈现出许多明显的特征，他拥有很多从经验中得来的、并在其事业中得以不断加强的独特能力。这些能力一般包括：精明强干、深谋远虑、机智灵活以及出色的组织才能等。至于那些领导人，则常常被他们的地位赋予下列特质：富于开拓精神，精于用人之道，洞悉人性，具有敏锐的洞察力。

许多活生生的例子显示，一些原来没有得到充分发展的天才，经过一次工作调换或是其他环境的改变，往往就能大展宏图、一鸣惊人。这其实只是因为其他人或是这些天才自己以前没发现他们的特殊才能罢了。

一个能够激发人野心的环境对于大脑的发展同样可以产生非常大的影响。其实，野心本身就是环境改变大脑的一个极佳例子。一个在穷乡僻壤生长的小男孩也许会在某一方面具有极高的

天赋，但如果得不到那些能激起他野心的东西的刺激，也许他一辈子都不能将他的天赋充分发挥出来。反之，如果他步入城市，进入到一个充满诱惑的环境里，他整个大脑的结构都可能会显著地改变，而他的人生也就随之改变了。

我们对脑力发展的各种可能性的研究才刚刚起步，然而对脑力变化和性格构成的秘密的探索，终有一天会彻底改变我们的教育模式。

在未来，老师和家长会被训练去进行人脑研究。一个优秀的老师应该懂得如何通过系统的思维构建，使学生们的那些有缺陷的能力得到发展和增强。他们应该致力于提高任何一部分有专门使命的脑细胞的工作效率。

已故哈佛教授威廉·詹姆斯说过，即使最微不足道的一个念头也会对头脑造成无法掩饰的改变。的确，思维的特征就是不停地对大脑结构加以改造。无论想法好坏，都会在头脑中留下痕迹。任何一个反复考虑的念头都会使人的性格发生深刻的变化。例如，再没有什么东西比仇恨、怨愤和报复心理能更快地把一个温柔可爱的人变得凶恶可怕了。如果你想养成一种讨人喜欢的性情，就应该首先明白，要是你心存怨恨、嫉妒或其他狠毒的想法，你永远达不到目的。

如果你想永远改变自己的性格特征，并且已经有了一个明确的方向，你可以让这一特定的念头坚持不懈地在大脑中盘桓，直到它在你的头脑中留下深深的印记。要向希望中的方向改造自己的思想，你应该紧紧抓住一个念头不放，使它帮你形成一个新的思维习惯。这样，从某一特定的方面讲，你现在就成了一个全新的人。

很多人其实明明知道自己在很多领域内很有才华，可他们的脑子里总有这么一种感觉，觉得自己做某些事情的能力很差。这种感觉无论从什么角度看，对他们来说都是一块巨大的绊脚石。因为它会破坏自信心，而自信心是一切伟大成就不可或缺的要素。

能力的缺陷一般来说都是由大脑中相应部分缺乏必要的锻炼所引起的。所以，通过逐步的训练和强化，将这些有缺陷的能力加以弥补，使之正常是完全有可能的。

有时我们在某一方面拥有非常强的能力，只是由于我们自己以前从未曾想起去开发这方面的才华，脑子从来就没往这方面转过，以至于这些能力长期处于休眠状态。

脑力发展这门科学能教会我们如何避免或消除各种不良的性格，同时还能改善那些给很多人带来麻烦的缺陷和弱点。我们应该懂得，头脑的全面发育能给我们带来无穷力量。另外我们还必须记住，大脑的那种片面发展——仅仅发展某些方面的能力，让其他同样重要的脑细胞因为长久不使用而萎缩衰退——对于我们的文明来说这不啻于一场灾难，对我们精神世界的安宁也绝对是一种威胁。

如果你在某一方面存在缺陷，或是有任何你希望加以强化的弱点，你就需要整理一下自己的头脑，将思绪集中到你想得到的那些品质上去。这样一来，由于思想高度集中，那些特定部分的脑细胞就会得到增强。记住，保持坚定和积极的思想能使我们的能力变强，正如疑虑和缺乏自信会削弱我们的能力一样。

如果你总是犹豫不决或优柔寡断，那就强迫自己时刻保持一种坚决果断的心态，不断告诉自己说：我一定能行。我一定可以

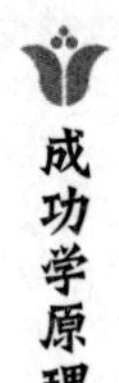

做出明智的决断。你绝对不能允许自己去想“我不成”“我干不了”之类的事。

要是你想修补一下那些有缺陷的能力，就应该把这些能力达到完美境界时的画面深深印入你的脑海，然后时时刻刻想着这些画面，尽可能找机会让其在自己身上重现。这样全新的更好的脑细胞就能得以生长，而你的弱项也就随之变强了。

我们不仅仅可以使我们的弱点得到改善，还完全有可能通过暗示的方法使自己的能力得到普遍提高。事实上，我们各个方面能力的可塑性都是非常强的。

有时我们的某些才华由于没有得到刺激，长期不能显露。比如，很多人就是因为胆怯使自己的天才被埋没。他们太缺乏勇气，过于胆小，其实只要他们掌握了正确的方法，就能将自己的弱点弥补过来，并加以改进。这种正确的方法就是勇敢地做一切事，保持无畏的精神，常读勇敢者的生平传记，以英雄的思想来指导自己的行为。一件勇敢事情都没做过的人，就肯定不会有多大的胆量。然而这并不说明胆量在他们身上就不存在，他们需要做的只是去将自己的勇气唤醒，以改进自己的能力。所以说，不少看似平庸的人其实一样能成为英雄，同样能干出一番大事。

试着告诉自己：我其实什么都不缺，其实一点儿也不比别人差。如果以前你认为自己缺乏勇气，那么现在就要敢于肯定地对自己说，勇敢是我与生俱来的品质。要在心中坚定这样一个信念，即勇气是与生俱来的，是一种不可放弃的权利。要坚信自己确实拥有无穷的勇气，这样你就一定会成功。

我们都有这样一种趋势，会慢慢变成我们心目中渴望成为的那个样子。只要我们对那些更高尚更美好的状态不断保持希望并为之奋斗，我们就会很容易取得进步。理想是我们头脑中始终处于统治和支配地位的东西，它总是要想方设法让自己变成现实。如果你的理想只是一些卑微低下的念头，你就应该马上设法使之变得高尚一些，因为我们的生活永远由我们自己的理想做主。

不少人有这种错觉：能力是天生的，人们对自己的能力所能做的只是一些修补加工而已，永远无法使之彻底改观。但是，我们现在已经开始认识到，能力是可以大幅度提升的，我们可以借助全面的思维教育使脑力显著增强。实际上，还没有哪一种技能是不可以在短时间内得到飞速提高和发展的。

终有一天，思维教育将成为教育的一个重要课题。所谓思维教育，其主要内容就是，使大脑得到全面平衡与发展，通过弥补缺陷使人的能力得到加强，对主管各类才能的脑细胞分别加以科学地锻炼。

我们最终会掌握如何通过教育把那些有害的、罪恶的心理动机（即使是那些与生俱来的）消灭掉。我们最终将学会如何拥有平衡协调和充满力量的大脑。

人类的每一项劳动、每一个计划都证明，人天生是一种代表统一性的生灵，人的生命体现的是卓越和优秀，而不是平庸。虽然在现实中，那些不完整的庸庸碌碌的生活随处可见，但那都是不正常的现象。

人最伟大之处莫过于战胜自己的弱点、缺陷和邪恶的天性，从而使自己不至于走向自我毁灭。

不要试图直接根除自己身上那些缺点和恶念，而应该从培养那些正面的积极的品质入手。只要坚持这些品质，你想要消除的一切东西就会自然消亡，正所谓“养正以驱邪”。

一旦对更为高尚美好的事物的渴望与追求成为习惯，那些不好的品质和恶习就会消失，因为它们没有了生存的养料。人们那些天性善良的东西则会保留下来，并得以茁壮地成长。所以说，消灭恶念的最佳途径就是先清除它们赖以生存的土壤。

心理素质和脑力无法通过教育予以有效的改善，这个观念几个世纪以来在教育家和家长们的心目中已经根深蒂固，然而现在它已被彻底推翻了。在许多幼儿园里，老师们设计出许多新奇有趣的游戏，用以开发儿童们各种能力。例如，在一种专门训练勇气的游戏中，老师们通过对那些平日羞涩胆怯的孩子进行逐步的自信心培养，使这些孩子越来越了解自己，越来越有自信。他们的害羞、难为情以及恐惧很快随着游戏的进行消失了。

这些充满欢笑、令人振奋的小游戏对孩子们产生了深刻的影响。尤其是对那些在自己家里找不到什么乐趣、总是郁郁寡欢的小孩，影响更为深刻。这些小游戏对孩子们施加的心理暗示，使他们很容易就笑逐颜开了。

人们对自己同类所能做的最残忍的事情之一，就是把别人的缺陷和弱点作为笑料。要知道，那些有缺陷的人希望从他人那里得到的是鼓励和帮助，而不是过分的羞辱。

对一个长得不怎么好看的女孩子，人们不应该总因她其貌不扬就耻笑她，而应该教会她获得永远保持美丽的方式，告诉她好的心情能使人的外表变得漂亮。应该有人对她说，心灵美要远比外表美更重要。应该使她明白，通过不断的自我完善，再加上乐于助人的品质，她同样会非常迷人。那种由无私的美德带来的魅力，能使看到她的每一个人忘掉她容貌上的缺憾。

大多数人的大脑连自身创造力的1/10都发挥不出来，因为头脑被无知和迷信所束缚，被担忧、恐惧和焦虑削弱。他们从不明白真正的自由是什么，恐怖、仇恨以及无限制的激情桎梏着他们的头脑，使之根本不可能有效率地思考。但只要我们掌握了培养思维习惯的规律，要改变这些不良状况其实并不困难。即使这些麻烦糟糕得像一团乱麻，只要找到头绪，一切也就迎刃而解了。

比如说，你性格暴躁。这种情况下，如果你能学会给你的火爆脾气来个釜底抽薪——将那些想要发怒的念头及时掐灭——你就会发现，拥有自制力其实并不难。反之，如果你总是放任那些因为易怒而发烫的热血一次次冲进你的头脑，还给马上就要爆发的愤怒加上猛烈的语言和动作，不停地大声咆哮，挥舞手臂，满屋子乱扔东西，砸烂触手可及的每件东西，那么不一会儿，你那火爆脾气又得发作了。

如果这样的表现并不是你想要的，你就应该经常注意熄灭一切可能导致你发脾气的小火苗，同时主动寻求那些改善你性格的办法——这些办法如果找得合适的话，是能在关键时刻浇灭熊熊怒火的。其实，只要能常怀爱心，心存宽容，遵循“己所不欲，勿施于人”的原则，你很快就会发现，胸中的怒火不知不觉间就被扑灭了。你的整个身心也将会不知不觉地沐浴在善良温和的甘露中，而不会再被狂暴的怒火夺走宝贵的精力。用不了多久，你就会感到整个世界和你自己都变得安宁平和。

母亲应该对孩子身上的优点多加赞扬，通过这种方式将孩子本身固有的优秀品质唤醒并加以强化。有很多做母亲的人爱犯这样一个错误：只知道给自己的孩子挑错，试图找出孩子的所有毛病，帮他全部改正并予以根除。这就好比不去打开门窗，也不点灯，就想把一间黑暗的屋子变亮一样。约翰·牛顿说得好：“我无法将黑暗扫出去，可我能把它照亮。”

家长、老师和改革家都已经开始学会用正面的、鼓励的方法，来刺激被教育者充分发挥那些优良的品质。因为每个人对他人的态度——在这里表现为被教育者对教育方式的态度——是极其敏感的。如果觉得对方的态度友好，令人鼓舞，就会很容易变得精神振奋，乐于听从他的建议。但若是对方老是抓住自己那些短处不放，批评个没完没了，人就往往会产生逆反心理，使结果适得其反，非但得不到任何帮助，原有的缺点反而变得越发难以消除。

同样的原则也适用于对待我们自身的缺陷。如果我们总是过分强调自己是如何不好，不断自责，对自己要求太苛刻，那我们所得到的只能是让自己的那些缺点在脑海中的印象越来越深，在心里的分量越来越重，最后带给自己的负面影响也越来越大。反之，要是我们能把注意力全都放在我们身上的那些可贵之处，就一定可以最大限度地开发自身的潜力，使自己变得越来越好。

4. 有想法的人

“用织布机多麻烦啊！”阿里·戴维斯对一个波士顿的机器制造商说，“你怎么不造一台缝纫机？”他的建议被一名富商和一个发明家悉心研究过，他们也希望造一台可以织出毛料的机器。“我希望我行，但这是不可能的。”“这完全可能，”戴维斯说，“我可以自己造一台。”“好吧，”资本家答道，“就由你来做，我保证你可以拥有一份独立的收益。”戴维斯的话其实带有玩笑的成分，但这个想法在一个工人的头脑里扎下了根，他正好站在一旁，是个20岁的毛头小伙，没有人会认为他会办事牢靠。

然而这个毛头小伙伊莱亚斯·豪并不像他的外表那样看起来头脑简单，而且他想得越多，就越想造出这样一台机器。4年后，他有了妻子，紧接着又有了3个孩子，住在一个大城市里，每周薪水9美元。这时，这个浮躁的男孩已经变成了一个有思想、能吃苦的男人了。关于缝纫机的想法无时无刻不困扰着他，终于使他下决心要把它变成现实。他将几个月时间花费在做一根两头尖、中间带眼的针上，用于在布上来回引线。

忽然，有一个想法在他脑海中一闪而过：也许可以再添加一根针。靠着天生吃苦耐劳的精神，他夜以继日地工作，终于用木料和线做出了一台预示成功的模型机。他有了很好的想法，但他自己的资金和他父亲提供帮助的资金不够把模型机变成样机。这

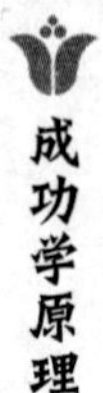

时，他的老校友乔治·费舍尔帮助了他。费舍尔是剑桥的煤炭和木材商人，他同意为伊莱亚斯及其家人提供伙食费，并出资500美元，回报是如果机器申请专利成功，他将拥有一半的专利权。1845年5月，机器完成了。6月份，伊莱亚斯·豪用它缝了两件毛料衣服，一件给费舍尔，另一件留给自己。缝制的效果令布料生色不少。这台机器仍然保存完好，它一分钟可以缝300针，比当时任何类似的发明更优秀。在现在使用中的千百万台缝纫机中，每一台都根源于那台机器的主要制造原理。

这个世界面貌的改变，总是来源于那些有想法并付诸实施的人。关于蒸汽机的初步想法可见于古希腊哲学家的著作中，但它在2000年后才被真正制造出来。

现代蒸汽机的完善在很大程度上要归功于詹姆斯·瓦特。15岁那年，瓦特还只是个没有受过完整教育，在伦敦的大街上闲逛着找工作的苏格兰男孩。后来，一位格拉斯哥大学的教授给了他一份研究室里的工作。没有活干的时候，他就用小瓶子当蒸汽室，空拐杖当水管来做实验，因为他不想浪费一分钟的时间。他改进了前人的设计，在活塞完成1/4或是1/3的运动时就切断蒸汽，让蒸汽自身膨胀并且推动活塞完成剩下的运动。这种做法节约了3/4的蒸汽量。瓦特忍受了贫困的生活和许多困难，这些痛苦如果放在普通人身上，早就令人退缩了。但他工作太认真了，而且他勇敢贤惠的妻子玛格丽特恳求他不要考虑自己的困难。当她还在伦敦挣扎着生活的时候，她写信给瓦特说："如果机器无法转动的话，用别的什么一定可以使它转起来。千万不要灰心。"

"我在一个阳光明媚的休息日中午出去散步，"瓦特说，

“当时路过一家老式洗衣店，脑子里想着机器。忽然，一个念头闪进我的脑海里。既然蒸汽是有弹性的物质，那它一定会自动进入真空中。如果汽缸和排气管之间连接正确，蒸汽就会自己冲入汽缸，而且不需要冷却就能被压缩。”这个念头很简单，然而它孕育了第一台有实用价值的蒸汽机原型。

让我们再看看乔治·史蒂文森的经历。他为了一天6便士的收入在煤矿工作，利用晚上给工友缝补衣物和靴子，以此来赚点小钱上夜校。

他还将第一笔150美元收入给他的盲人父亲还债。人们都说他疯了，说他那“呼啸的蒸汽机会将整个房子炸上天”，说“烟会污染空气”，说“马车工和车夫会因为失业而饿肚子”。国会下院连续3天对他进行质询，其中一个问题是：“如果一头奶牛走上铁轨，挡住了时速10英里的机车的路，那不会发生很严重的事故吗？”史蒂文森答道：“确实很严重，尤其对于奶牛而言。”一个政府官员甚至声称，如果一辆机车的时速超过了10英里，那么他就会将一台燃烧着的机器当做早餐吃下去。

“指望一列机车的速度快过马的一倍？还有什么比这更荒唐可笑的吗？”一位作者在1825年3月的英文刊物《季度评论》上发表文章，“我们可以预见到这样一个事实：住在华威的人若是允许自己坐这么快的火车，那他们就能忍受乘坐火箭的痛苦了。我们相信，国会将把所有铁路上的列车‘限制在时速八九英里’，因为正如西尔威斯特爵士所说，这种速度还是可以达到的。”这篇文章影射的正是史蒂文森关于在利物浦至曼彻斯特沿线用他新发明的机车代替马匹的提案。

建筑公司将工程摆在两位英国著名工程师面前，他们认为蒸

汽机仅仅适用于相距1.5英里的两辆固定机车上，通过绳子和滑轮来拉车厢。但斯蒂文森说服他们使用价值2500美元的试验机车，并计划于1829年10月6日进行试验。

在那个重要的日子，有成千上万的人聚集起来观看4辆机车的比赛，它们是“创新号”“火箭号”“毅力号”和“萨斯帕利号”。“毅力号”时速只有6英里，而规则要求至少达到10英里，所以它被直接淘汰了。“萨斯帕利号”的平均时速可以达到14英里，可它爆掉了一根水管，为了安全起见也只能放弃。“创新号”表现不俗，但也爆了一根管子，所以被挤出了比赛。只剩下“火箭号”以时速15英里捧得桂冠，最快速度甚至达到29英里。它正是史蒂文森的作品，由此证明他的理论是正确的，而固定机车的想法也因此破了产。史蒂文森选择了天才瓦特改良的发动机，把它装在轮子上载人载货，这一创举使当时最有名的工程师们最大胆的想象也望尘莫及。

1807年8月4日，一个星期五的中午，一群好奇的人汇聚在哈得逊河码头边看热闹，他们想目睹一个“疯子”的失败。那个“疯子”准备用一艘“克莱门特”号蒸汽船将一批人带到位于哈德逊河上游的奥尔巴尼。有没有人听说过这样一个荒谬的想法，有人居然想用没有帆的船征服桀骜不驯的哈德逊河？“那玩意儿会散架的。”一个人说。“会烧起来的。”另一个人附和着。“他们统统都会淹死的。”第三个人断言，因为他看见滚滚黑烟带着火花从船上冒出来。在场的所有人从来没有听说过蒸汽可以推着船走，大家都觉得那个把金钱和时间花在“克莱门特”号上的人只比白痴聪明一丁点儿，应该被送进疯人院。但他们眼见乘客上了船，跳板被抽走了，“克莱门特”号开始向河中心驶去。

看热闹的人依旧坚持认为“船是开不到上游的”。可是船确实开往上游，而那个在年轻时相信万物皆有可能的人获得了真正的成功，他终于为世界献上了第一艘有着实际使用价值的蒸汽船。

那个“疯子”叫罗伯特·富尔顿，尽管他为人类做出了这么大的贡献，尽管他的发明给世界贸易带来了革命性的影响，他依旧被许多人视作公敌。评论家和愤世嫉俗者对他嗤之以鼻，世人对成功者的责难、奚落和诽谤程度往往与受害人对世界的贡献成正比。

当以松树枝为燃料、烟囱里吐着火焰和浓烟的“克莱门特”号成功抵达河流上游的时候，沿河的看客们觉得无法解释他们所见的一切。他们冲到岸边，目瞪口呆地看着一艘没有桨和帆且在“着火”的船迅速地逆流而上。它那巨大的汽轮发出的噪音更是引起了骚动。水手们扔下自己的船，渔民们也拼命划船回家，就是为了见一见这个会喷火的大怪物。印第安人更是惊奇无比，就好像当年他们的祖先看见驶向曼哈顿岛的第一艘船只似的。帆船主们嫉妒得发疯，想把“克莱门特”号赶走。其他那些感情上受到刺激的人也反对富尔顿的发明，进而声讨他。但是，“克莱门特”号的成功迅速掀起了美国其他地方的蒸汽船制造浪潮。政府聘请富尔顿协助制造一艘威力巨大的蒸汽护卫舰，并把它命名为“富尔顿一世”。富尔顿还为政府制造了一艘可以发射鱼雷的潜艇。此时，他已成了一位享誉文明世界的伟人。当他1815年去世的时候，报纸用大大的黑体字报道了消息，纽约议员佩戴黑色徽章以示悼念，而隆隆的炮声也为行进至特丽尼公墓的葬礼队伍志哀。只有很少的葬礼会受到如此隆重的礼遇。

我们还看到这样一幅关于意志和耐性的壮美画卷：纽黑文市

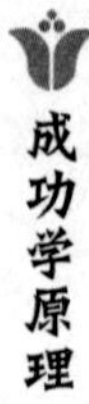

的查尔斯·古德伊尔忍受贫困，历经11年的艰苦生活，终于使天然橡胶有了实用价值！我们看到他因欠债坐牢，看到他典当自己的衣物和妻子的首饰，不让孩子们（他们被迫在地里拣柴火）饿肚子。看看他为实现自己的理想所表现出的无与伦比的勇气和精神吧！他没有钱埋葬死去的孩子，而剩下的孩子还在挨饿。邻居们指责他不顾家，说他是疯子。但是，我们看看他的硫化橡胶，看看他的艰苦奋斗所带来的成果：超过500种用途，增加了10万个就业岗位。

普雷斯利所展示的也是一幅令人同情的画卷：他经历过数不尽的艰难困苦，终于发现了失传已久的制搪瓷术。他自己扛砖头，砌锅炉。他看着6个孩子孤零零地死去，多半是因为饥饿，看着他的妻子因为他这个“疯子”而衣衫褴褛。他被邻居们指责不管家庭。自己瘦得只剩骨架，却把自己的衣服送给雇员，因为他发不出工钱。他总是满怀希望，又总是面对失败。直到最后，他的试验终于成功了。

德意志联邦的构想是俾斯麦的一块心病。国会年复一年地否决他的提案，他受到影响了吗？俾斯麦无视所有的反对力量。他公然藐视，并且解散任何反对他的国会。他的雄心是，让德国成为欧洲最强大的国家，让普鲁士的威廉成为超越拿破仑和亚历山大的君主。他不在乎是什么挡住他的去路，无论是人民、国会，还是国家，所有的一切都必须听从他的意志。德国必须掌握世界的命脉！俾斯麦为此而排斥、镇压任何挡住他去路的人和东西，“铁血宰相”由此得名。

再看看被放逐的伟大的诗人但丁，他被诬陷贪污而被判活活烧死。他形容枯槁，孤苦伶仃，是个潦倒的流浪者，但他从未放弃自己的理想。他将自己的灵魂注入不朽的诗篇，并坚定地相信正义必将获胜。

哥伦布则饱受嘲讽和侮辱，被嘲笑为做白日梦的家伙，被诬蔑为浪人。据说，有人当着他的面，告诉他的孩子他是疯子。

所有时代中那些对人类进步事业有所贡献的人都被周围人视为疯子、狂人。造方舟的诺亚，保护以色列人的摩西，还有无论生死都保护人们、容忍富人嘲笑的耶稣，都是人类的祈福者。在所有时代、所有地域，总是有人愿意忍受贫困、艰难、折磨、嘲讽、迫害，甚至死亡，只是为了能在众人由生到死的必经之路上播撒一点光明和温暖。因此，很难想象一个胸无大志的人可以为人类做出很大的贡献。

《天方夜谭》里的哪个故事会比富兰克林的故事，比莫尔斯、古德伊尔、爱迪生、贝尔、比彻·斯托夫人、阿莫斯·劳伦斯、乔治·皮博迪、麦考密克、霍伊等人的故事更精彩呢？因为以上名人的故事都蕴涵了伟大的思想和真诚的行动，都在生理上、心理上和道德上影响了周围的人。

世界到处充满了各式各样的想法和念头。许多新事物有待发明，许多好东西有待发现，成千上万的谬误有待更正，而每一个谬误都会给独立的有思想的灵魂带来挑战。

“但我怎样才能拥有自己的思想？”让你的才智处于开放的状态！去观察！去学习！但首先去思考！当你有了一个不能泯灭的好点子的时候，就去付诸实施吧！

5. 用自我暗示激励自己

不管你想做什么事，只要你对成功的信心不断增强，你做这件事的能力也会越来越强。只有那些心甘情愿接受失败的人才真的会失败。只要你能始终保持必胜的信念，胜利最终一定属于你。

很多能力很强的人往往一生庸庸碌碌，没做出几件像样的事，只因为他们平时总给自己那些令人沮丧的心理暗示，从而变得不管做什么都缺乏自信心。做任何事情之前，这些人反复考虑的全都是失败的可能性。他们想来想去的总是“如果又失败了，该是多么丢人呀”之类的事。就这样，在事情还未开始时，他们的进取心和积极性已经消失殆尽了。

这些人随处可见，他们不停地抱怨，抱怨所处的环境不好，一点机会都不能给他们提供。可就在同时，与他们处于同一个环境的另外一些人已经取得了巨大成功，举世闻名了。

对于一个人来说，最糟糕的事情之一就是相信自己天生就会倒霉，命运永远在跟自己作对。所谓命运根本就是不存在的，我们自己就是命运的主人。决定我们命运的不是别人，正是我们自己。

如果有人认为他天生就是个失败者，你应该给他提供怎样的帮助呢？要让这种充满失败念头的人取得成功，就好像让玫瑰从蓟草的种子中长出来一样荒诞。如果一个人总是为失败和贫困担心，他的潜意识中就会充满失败的想法，这是非常不利于他的成功的。换句话说，他的想法、他的精神态度，会使他不管做什么都举步维艰。

我们把很多事都归因于运气或残酷的宿命。其实，无论是运气，还是命运，它们都是我们自己想象出来的东西。当我们发现身边一些没什么才能的人竟都相继飞黄腾达起来，而自己却总是失败时，我们总是认为他们有神秘命运的帮助，而我们却老是被一个不知名的外界力量挡在成功的大门之外。实际上，错误的根源很可能是在我们自己的想法里，在我们自己的心态中。

努力成为自己想成为的人，设想自己的性格和应该具有的品质，这个过程孕育一种强劲的魔力、一种真正的创造力。

你希望健康，从来没有想到有什么不幸会降临到你的身上。你时刻想着健康，谈论健康，告诉自己这是与生俱来的权利。那么，这种心态就会带给你健康。

在个人幸福方面这种方法同样适用。不要老想着除了幸福之外的事情会降临到你的身上。设想幸福的态度、思想和行为方式。像一个幸福的人一样做事、思考、穿着。

我们的问题就在于：我们可以说还丝毫不知道应该怎样鼓舞我们自己，应该怎样让自己奋发向上。我们对自己要求不够严格，求胜欲望不够强烈，对自己期望也不高。我们应该看到自己的大好前程，认识到自己拥有无限和非凡的发展的可能性。不用担心把自己看得太高，因为造物主既然把你造出来，你就一定会有受之于天的非凡才能和无所不能的可能性，具有造物主的部分品质。

如果你觉得自己还不够勇敢，就应该保持无畏的念头。有了

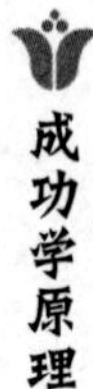

能让你无所畏惧的思想，就没有任何东西能让你变成懦夫。

如果你胆小羞怯，如果你因为羞赧而痛苦，就一定要坚信自己从来不怕任何人或事，昂首挺胸地做人，坚持你的男子气概或女人气质。解决了这一点，你就会改变你性格中的弱点，从一个弱者转变成一个强者。

营造一种无所谓的气氛，有利于帮助不同程度的害羞的人们。只要告诉自己："别人都很忙，很难注意到自己，不会盯着我看，并且即便是他们这样做了，对我来说也无所谓。我要按照自己的方式生活。"

如果一个人倾向畏缩、踌躇、害羞，那么不断地肯定自己就显得尤为重要。不断地坚持这样的观点——"我要做这些事，因为我天生就是做这些事的合适人选。"每天做一些这样的思维小练习，培养勇气、自信和勇敢无畏的气质，让自己成为有责任心的人。奇迹就会在你身上产生，原本怯懦的你会变得勇敢坚强。

假如你的父母或老师斥责你是傻瓜或蠢货，那么每次他们这样对你说时，你就要有力地否定他们。你应该不断地告诉自己你不是傻瓜，坚信自己有能力做好其他人能做好的事，并证明给那些轻视你的人看，你并不是他们所想的那样。

渐渐地你就会发现当你增强自信的同时，通过肯定自己，使自己成为想成为的人，你的能力也增强了。

不管别人怎么看待你的能力，你都不能怀疑自己是否能成为你想要成为的人，或做成预想中的事情。以尽可能多的方式增强自信，你就会凭借自我暗示的力量达到一个非凡的高度。

每当你遇见一位熟人的时候，无论是否意识到，你都会站在他人评判的天平上，他会注意到你是否比上次见面时变胖了。你遇见的每个人都用他自己的标准衡量你的体重和你的腰身。

如果当人们遇见你时，他们发现你长高了，变强壮了，比以前更有地位，你将会在他们的心目中树立前途无量的形象。

自我暗示是一笔巨大的财富、极好的资本。只有坚持自我暗示的方式和方法，才能不断提高自己，不断发展、进步和超越。这种非凡的发展和强有力的进步的荣誉，属于作为社会中坚力量的男人，具有无可比拟的价值。

永远不要以为自己卑贱、狭隘或是恶劣，也永远不要认为自己虚弱、无能或是有病，永远不要认为自己有可能一辈子失败或是部分失败。要认为自己完美，是一个具有完全人格的人。

失败和痛苦不属于那些距离神圣很近的人，而是属于那些对自己的优秀品质视而不见的人。

坚定地认为这个世界有自己的一席容身之地，并以人的尊严屹立于世。训练自己对伟大事情的向往和期望，永远不要认为自己一生只能做一些琐屑之事。如果你不断实践，一直坚持积极向上丰富创造性的信念，这种精神态度终有一天会给你创造一个属于你的位置，并帮助你拥有自己所需求的任何东西。要在脑中想着没有任何东西可以对你不利，除非有相当充分的原因，那就是精神上的缘由。

信念是一种力量，凭借这种力量，人们创造了自我以及我们的生存条件。这些力量不断地创造我们的性格和生活。我们不会脱离信念，只能按照它行事。

有人说：“人所有的义务都能归结到一点，就是学会思考并努力去思考。”圣保罗理解这种正确思考的哲学，他明白这些在脑中根深蒂固的理想会潜移默化地影响人的性格，并重塑人的生

活。我们要接受这位先哲的忠告，尽力去领会这门深奥的哲学。“任何真理，任何诚实的事情，任何至纯至真的东西，任何可爱的东西，任何优等的东西，如果存在美德，如果存在赞美，那就去思考这些事情吧。”

“思考这些事情。”他的意思并不是仅让这些值得思考的东西像流水经过筛子一样，只是轻飘飘地从脑中一淌而过，而是让它留在脑中，认认真真地去思考，直到这些东西渗透到你的骨髓里、生命中，成为永久的习惯，成为一种生存方式。

只要想想与此相反的建议意味着什么，污秽的、邪恶的、肮脏的、放荡的、不洁不纯的、憎恨、复仇、不和、嫉妒以及圣保罗所指的人类所有的罪恶的欲望寄存在人的脑中，想想这些，你就不难明白。

如果罪恶的欲望整天在头脑中盘桓，那只会导致犯罪，而念念不忘于不洁的东西则使人放荡。圣保罗认为，正是那些我们整日习惯性的根深蒂固的盘旋于脑中的念头，决定了生活的质量。没有人能给出比圣保罗的忠告更好的建议。

如果我是一个吝啬的人，有着贪婪的习惯，只能被迫在自己卑鄙可耻的思想和念头的铁窗后观看人世，我不能抱怨自己陷入可怜和孤独的境地。禁锢自己的监狱只能由自己的意愿和意志来打开或关闭。如果我的思想很狭窄，我一定只能生活在一个狭窄的世界中。如果我的思想肮脏、冷酷、没有同情心，我就不会感到其他人生活于更大和更宽广的世界，因为我不能使自己看到或欣赏这个世界。如果我行为下贱、卑鄙、卑劣，那么我就会被自己渺小可怜的思想禁锢起来。

无论我走到哪里，都不能从自我中脱离。我总是被自我所包围，囿于我的精神领域、我的理想，不断地遭受自我暗示的影响。

然而，即便我们不能脱离我们思想，但是我们能改变它，改变我们对待生活的态度。思想的品质决定了生活环境的品质。我们有能力决定自己是生活在天堂还是地狱。思想决定了一切。

坏习惯的受害者常常从酗酒吸毒等束缚他们的恶习中，逐渐退缩或丧失知觉，这是既定的事实。

当焦虑、担心、恐惧、灰心丧气或是忧郁腐蚀了你精神力量的25％、50％、75％时，你怎么能期望达到最高效率呢？你必须清除思想的敌人，否则你会为之付出高昂的代价，浪费无数的精力。

嫉妒的人认为他受到了极不公正的对待，抱着复仇的念头，想方设法地整治他的敌人，直到最后无谓牺牲了自己的生命。可能最初他并没有刻意去做，但是他的思想因为嫉妒而变形了。他复仇的欲望不断地膨胀，直到最后他思想的平衡被打破，终于犯下可怕的罪行。

嫉妒性的自我暗示已经毁掉了无数的生命。在人的思想中，没有任何罪恶能像嫉妒那样造成如此巨大的破坏。美丽的性格可以被它在几个月内全部粉碎！有多少人多少年来没有任何原因地在折磨中生活！又有多少本性善良的人犯下了难以言表的罪恶！只因为他们的思想被这和平和幸福的敌人摧毁，以致反常。

不要让任何消极的思想压在你的心头，焦虑、担心、恐惧都会使人的创造力瘫痪。

奇妙的是精神力量可以被持续的自我肯定所发展，例如认为自己健康、活力充沛、拥有力量。这些都是成为强者所必需的信

念和理想。

你当然可以用你的脑力去考虑你的优点，而不是不愉快的经历。无论人们是否正确地任用你，你都要对自己说："我没有必要去自甘下作地做些点头哈腰、阿谀奉承之事，不管别人做什么，我都要好好做人。生活让太多的无关紧要的事情毁掉了我心境的平和、做事的效率。我必须成功，必须向世界展示我与生俱来的能力。因为其他人都拒绝传达这种能力或扭曲它，以为他们把时间都浪费在削弱自己的能力和效率上，所以我没有理由不能成功地表达我自己。"

要想充分利用自己，最好的方法就是把所有的事情揽在肩头，无须借助外力控制自己，像与你确定将来能做大事的人一样和自己讲话。

当你正在做一件事的时候，告诉自己："现在我在管理这件事。我会把它做好，告诉别人我不是个懦夫，而是大丈夫。我不可能停下来不干。"

给自己反复诵读一些纯正的、令人鼓舞的、使人坚忍不拔的小诗，比如，"赐给我一个勇敢面对责任的人吧"。

你会惊喜地看到，这种自我暗示很快使你振作精神，给你带来一个新的灵魂。

我有一个朋友，他曾经通过自我暗示很好地帮助了自己。当他觉得不能善始善终地做完一件该做的事情时，当他偶尔犯了一些愚蠢的错误时，当他在处理事务时丧失了良好的感觉和判断力时，当他觉得自己的精力和雄心受到腐蚀时，他就会独自一个人去乡间旅行，最好是去森林里，按照下面这种方式进行心灵对话：

“现在，年轻人，你需要好好地谈谈，重新振作起来。你开始变得消极，你的能力呈现直线下降，你的理想变得很无聊，最糟糕的是你耽误了工作，言行开始粗鄙，穿着开始邋遢，却不像过去一样感到陷入困境。你现在很不好，毫无生气。这种惯性，这种无精打采，如果你再不小心，会毁掉你的前程。你让很多大好机会从你眼前溜走，你不再像你应该的那样取得进步。你的理想需要重新确定。它们现在很灰暗，需要把它们擦亮。简而言之，你变懒了，你喜欢做简单的事情。削弱自己的精力、降低自己的水平、放弃自己雄心壮志的人不会有什么出息。从现在起我要监督你，年轻人，直到事情有了转机。这种‘散漫’的生活不会让你达到预期目标，你必须时刻谨慎小心，不要让自己落后。

“你有能力比以前做得更好。你今天必须出去坚决地解决问题，回来后你会比以前更加出色地工作。你应该成为一个征服者，让每一天成为快乐的日子。激励自己，把那些思想的桎梏从你脑中清除，把你脑中的灰尘打扫干净。思考、思考、思考，达到这个目的！不要这样沉寂和闷闷不乐，不要半死不活的，起来活动自己。”

这个年轻人说他让自己去“拉煤”。正如他所说的，每天早上当他觉得自己状态不好时，觉得懒惰和无所谓时，为了迫使自己提高水平和步入正轨，这是每天他要做的第一件事。

他不停地斥责、责骂自己无所作为、心不在焉、懒惰、缺乏活力。“现在，约翰，”他对自己说，“振作起来。过一天有意义的生活，不要让机会从手中溜走。抓住它，从中获取各种成功的可能性。不要在责任面前退缩。无论有多艰难，只要有益的规则在里面，它就会帮助你提高效率，增强自信。不要

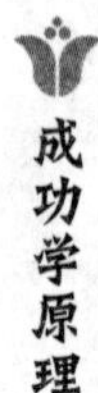

与任何可以帮助你的东西失之交臂，这会让你成为一个伟大而坚强的胜利者。”

他迫使自己去完成艰难的工作，不错过用各种问题来锻炼自己的机会。“现在，不要做一个懦夫，”他对自己说，“别人能做到的事情你也能做到。”

“现在，约翰，是时候对这些悲惨的事情叫暂停了，25年来你都是担心和焦虑的受害者。你始终生活在一种怕搞砸生意的恐惧或恐慌中。在你的年轻时代，你从来没有享受过满意而平和的心境。满意知足是人类与生俱来的神圣权利。”

经过数年的这种严格要求与训练，他在自己身上创造了奇迹。在他还是一个无人问津的住在纽约贫民窟的穷孩子开始，他就一直不断激励和推动自己。虽然他几乎没有上学的机会，但是他给自己创造了精彩的教育。从21岁那年起，他就一项接一项地学习，充分利用闲暇时间和假日，多年坚持下来，终于成为一位饱学之士，成为一位优秀的健谈者和有趣之人。我从来没有见过什么人能像这个年轻人一样，如此有力地进行自我激励、自我教育、自我发展、自我熏陶。

你是习惯性的担心者，蓝色忧郁的恶魔让你饱受了多年沮丧的生活。假设你叫一下暂停，并告诉自己：“现在，难道我还没有受够多年来的担心和焦虑吗？这么多年来，我被剥夺了睡觉的权利，度过了可怜的时光，都是被这安宁、幸福、健康、愉快的敌人所害。”

在恐惧中呼吸不是生活，而只是可悲的存在。

每次你感到恐惧来临时，尽快把它拒之门外，并使用矫正方法——无畏、确信。将自己设想为无所畏惧，告诉自己：“我不是懦夫。懦夫害怕畏缩，但我是男子汉大丈夫。害怕是小孩的脆弱心理，不是一个成人的品行。我要坚决拒绝低头屈服做些堕落的事情。恐惧是不正常的精神过程，而我是正常的。我不会让它留在我的心中，我不会让它毁掉我的前程。”

6. 暗示的力量

我们一直没有意识到，心理暗示对我们的健康有多么大的影响。很多事实表明，一个人本来没有病，可是因为周围的人都说他气色看起来很差，都说他一定是得了病，结果他也开始暗示自己的确得了重病，这样的心态导致本来没什么大碍的他最后真的病得很严重。

一位非常杰出的纽约商人最近告诉我，他的一帮朋友在他身上做了一次非常有意思的试验。一天早上，在他上班的时候，他的每一个朋友在见到他的时候，都故意说他脸色看起来很差，而且还很关心地问他是不是哪里感到不舒服。起初他只是觉得奇怪，朋友怎么会都这么问，自己并没有生病啊？但是当越来越多的人都这么说的时候，他开始相信了，同时也在不知不觉中发出自己已经生病的暗示。结果，到了下午1点左右的时候，他就不得不请病假回家了。

很多时候，医生的言行对病人的身体影响非常大。如果医生对病人充满信心，总是告诉病人他很快就能康复了，那么这个病人就往往会对自己很有信心，并且恢复得很快。可是如果医生无意中流露出某个病人已经离死期不远，那么这个病人也会对自己丧失信心，结果病情越来越严重。

病人对医生的信任其实就是他们对自己做出的强有力的心理暗示和保证。许多病人尤其是那些比较无知的病人，总是相信他们的命运掌握在医生的手里。当医生告诉病人，他一定可以治好他们的病时，病人对自己的康复便充满了希望。

如果病人周围的人都表现出这个病人看起来病得很严重的态度，这个病人就不可能康复。因为周围人的表现已经给他心理上造成很大的影响，他已经完全相信自己是没有希望好了。他无法抵抗这种心理暗示，所以也就无法得到康复。

我们每天、每一刻都受到心理暗示的影响。我们看到的、听到的、感觉到的都会不知不觉地给我们心理暗示，引起我们相应的生理反应。

很多医院的病房都让人感到恐怖不安，在这些病房里你感受不到明媚的阳光，呼吸不到新鲜的空气，听不到欢笑声。你看到的是一张张忧郁的脸庞，到处都是药瓶和医疗器械，一切似乎都笼罩在一片死灰之中，让你感觉冷冰冰的。在这样阴郁的环境中，病人也会给自己一种不好的心理暗示，这样怎么可能有利于他们身体的恢复呢?

人们需要的是鼓励、信心和希望。当你的朋友处在困境中时，你不应该表现出与他一样的绝望，也不要一味地表示遗憾，而应该给他鼓励，唤起他心中的信心和勇气，帮助他走出失望的泥潭。

一旦认为自己不如别人，这种心理暗示就很难克服，甚至会毁掉一个人的一生。我知道很多人的事业就是被自己错误的心理暗示给摧毁的。他们在孩童时期就缺乏信心，缺乏斗志，总觉得自己比不上别人。这种不正确的心理暗示一直跟随着他们，困扰着他们，从而最终导致了他们事业的失败。

我认识一个大学生，他本来成绩非常优秀，在全班名列前茅，但可惜的是，后来他也毁于自己错误的心理暗示。事情是这样的：一次他无意间听到班里的同学说他没什么气质，虽然成绩不错，但是表达能力太差，不能给他的听众留下什么好的印象。从那时起，他也觉得自己的胆小害羞使他在别人面前总不能做到收放自如，甚至会显得非常笨拙和愚蠢。于是他渐渐觉得自己不如别人，丧失了对自己的信心，学习成绩也开始直线下降。

世界上没有哪种暗示比罪恶的暗示更可怕、更危险，很多人都成了它的牺牲品。谁能描述出邪恶侵蚀纯真心灵的最大悲剧？起初，纯真的心灵只是接触到罪恶的暗示，但是因为心灵不能抵制这样的暗示，邪恶的思想便开始注入纯真而又毫无防备的心灵，从此邪恶的思想便打开了它入侵的大门，最后一个人的道德体系也彻底瓦解了。

人们应该养成积极进取、乐观向上的生活态度。在挫折不可避免地降临时，不要灰心失望，要给自己信心和鼓励。在遇到烦恼的时候，要向前看，不要总往后看，要想快乐的事情，不要总被痛苦的记忆缠绕。

7. 你不是一个失败者

如果你觉得自己笨手笨脚做错了许多事情，如果你想着自己因为鲁莽冲撞而做了许多傻事，如果你发现自己常常上当受骗，盲目投资，浪费了很多时间和金钱，请你不要总为这些已经过去的事情而耿耿于怀，不要把消极的情绪带到以后的工作和生活中去。那样只会破坏你未来日子的快乐和幸福。

如果你认为在过去你已经浪费了很多精力和时间，那么在接下来的日子里，你就更不应该一蹶不振，那样只会令你浪费更多的时间和精力，失去更多的快乐和信心。

你应该下决心将那些让你痛苦、气馁的东西统统拒之门外，让自己从那些不愉快的经历中解脱出来，扔掉一切阻碍你前进的思想包袱，让自己轻装上阵，勇往直前，向前看！你应该养成自我解脱、自我激励的习惯。

对于那些痛苦的经历、不幸的错误和在精神上折磨你的记忆，我们只有一件事情可以做，那就是忘记它们！今天，就是忘记这些痛苦记忆的最好时间！

抹去不愉快的、痛苦的记忆，追求新的生活和快乐，这应该成为我们的生活准则。忘记所有阻碍你前进、令你痛苦、令你自卑、令你恐慌的事物，不要再让已经过去的痛苦来制造你现在和将来的不幸。

人的一生常常遭遇很多这样的情况：当你做一件事遇到麻烦

的时候，你常常会觉得中途放弃比继续前进要容易轻松得多。但是一旦选择退却，就没有任何胜利可言。所以当我们做事的时候，不应该给自己留下任何退却、退缩的后路，我们不能放纵自己的软弱、恐惧和不自信。什么最令你感到骄傲和自豪？那就是你明明知道前方的路充满着无数的坎坷和磨难，但你依然鼓足勇气，义无反顾地向前冲。

对于大多数人来说，他们所面临的最大的敌人往往就是自己。他们总是无法挣脱那些痛苦的记忆，总是害怕失败，于是他们想到逃避失败的最好办法就是根本不去尝试。其实很多事情的成败取决于人们是否有信心，是否有乐观向上的生活态度。把失望、忧虑、恐惧和不自信都统统抛在脑后吧，在前进的路上它们不会为你减少麻烦，只会制造更多的麻烦。对于一个人来说，最可怕的事情莫过于对生活的绝望。当一个人相信自己一生下来就注定是个失败者的时候，他就已经放弃了生活，扼杀了自己的快乐，最终他也会被生活抛弃。命运掌握在你自己手中，而不是由其他人为你决定。自己的一生应该交给自己，而不是上帝或者他人。

一个人如果总是觉得自己比别人差，那么他注定只能比别人差，因为他把信心全让给了别人，没有留给自己。别人对你失去信心并不是最可怕的，最可怕的是连你自己都不再相信自己，自己放弃了自己。给自己的信心和鼓励越多，你就会发现社会给你的信心和认可越多，你发挥的潜力也就越大。

我们总是习惯于在心里默默地下定决心，而不愿将其大声讲出来。其实很多时候当你大声说出，甚至是喊出心中的理想的时候，你往往会得到更大的力量和信心。当我们大声说出自己的愿望时，往往会更加坚定我们的决心，有时还会唤醒我们内心沉睡已久的活力。如果你只是在心里沉思默想是不会有这样显著的效果的，就像当我们记单词的时候，你会发现边读边写地记单词会比你只是看着单词，心里默默记忆的效果要好，因为边读边写往往能激发你的脑细胞更加频繁地活动，使你对事物留下更加深刻的印象。与在心里默默地许愿相比，大声地说出自己的愿望更有可能使你的梦想变成现实。

大声地自我鼓励往往能帮助我们更加坚定决心，克服自身的弱点。

绝对不要让自己小瞧自己，低估自己；绝对不要把自己看成软弱无能者，而要把自己看成是最强、最棒的；绝对不要让对失败的恐惧心理阻挡你前进的步伐。只要你勇于把握自己的命运，就会获得成功和快乐。

一个具有良好心理素质的人往往更能发挥出自己的才能，因为他从来不会因为一次失败而否定自己，也不会因为一次不愉快的经历而耿耿于怀。当机会来临的时候，他们一定会大胆地抓住，而不会犹豫不决，缩手缩脚。他们在生活中从不选择逃避，而是勇敢地迎接挑战。

在这个世界上总有一个位置是最适合你的，你应该努力去找到它。你要坚信自己一定能做大事，绝对不要说（即使是出于谦虚）自己注定一辈子做不成大事。

在你做一件事情之前，你要对自己说："现在有一件事情正等着我去做，无论其中有多大困难我都能做得很好，我绝对不能退缩，因为我不是懦夫！"你一定想不到这样的自我肯定能给你带来多大的信心和力量！

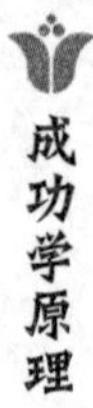

我有一个朋友，他常常把自己作为交谈的对象。当他感到自己没有达到预期的目标，犯了愚蠢的错误，或是对一件事情没有做出最佳选择时，他就会独自一人去郊区，走进小树林，找一个清净的地方，自己和自己谈心：

“年轻人，你现在急需有人支持你，帮助你。你知道吗，你现在的思维停滞不前，你的处事能力也在下降。当你做一些简单工作的时候，你总是不注意自己的仪表和谈吐，因为你总觉得那没什么大不了的。但事实上，如果你不注意这些细节，你的惰性、冷漠和懈怠的情绪就会大大影响你的事业。你也会错过很多机会，因为你不再像以前那样有进取心了。总之，你正变得越来越懒散。你缺少以前的雄心壮志，也缺少以往的精神活力。现在我郑重地提醒你，你必须改掉这些坏毛病，我也会一直监督你的。你完全有能力比以前做得更好，从今天起你必须下定决心严格要求自己，努力工作。”

每天早上当他起床的时候感到自己正在变得懒散，或者自己正在对周围的事物变得冷漠的时候，他就会这样自言自语。在他看来，每一天清晨，他都应该尽量给自己信心和鼓励，让自己精神饱满地工作一天。

当他遇到难题的时候，他总是对自己说：“加油，你不是懦夫，既然别人都能克服困难，你为什么不能呢？你不比别人差！你一定可以做得比他们更好！”

这么多年来，他对自己的要求一直很严格，甚至可以说是苛刻。与之相应的是他在自己的事业上也的确干得相当出色。可是你知道吗，这个年轻人小的时候住在纽约的贫民窟，没有人瞧得起他，更没有人关心他帮助他，可是他从来没有放弃自己。他开始替别人打工，一点点地挣钱。在他21岁的时候，他才有机会接受良好的教育。他就是这样在自我培训、自我教育中发展起来的。他是我看到过的最出色的年轻人之一。

也许一开始你会觉得自己和自己交谈是一件滑稽可笑的事情，但是，如果你试着去做，你会发现你的确可以从中受益匪浅。比如你从小就胆小，害怕见生人，你总是怀疑自己的能力，那么当你每天都坚持和自己交谈，告诉自己“不用怕，我能行”的时候，你就会发现你已经不再是从前的那个胆小鬼，原来埋藏在你心中的信心和勇气也自然而然喷薄而出。要坚信你没有什么比别人差的地方，要大胆地在他人面前展现你的魅力。你要时时提醒自己，昂首挺胸地做人，要把自己当做国王、胜利者，而不是街边请求施舍的乞丐。

我从未听说谁会因为自己懦弱、缺乏信心而受益匪浅的。人们常常不能正确地衡量自己的能力，不能充分发挥自己的潜能。他们习惯了谦虚，习惯了退让，有时候主动放弃了成功的机会，剥夺了自己追求梦想的权利。

一个人的思维与想法决定了他的行为方式。所以如果你在思想上认定自己是个失败者，是个不幸的人，那么你就不可能真正全力以赴地去做事情，你也不会再鼓励自己去追求成功和心中的梦想。要记住：你的信心往往决定了你办事的结果。

如果你缺乏主动，缺乏自信，你所做的事情往往得不到最圆满的结局。所以在你做每一件事情的时候，都应该下定决心，抓住机遇，充分发挥自身的主动性。

如果你对自己有足够的信心，如果你从不放弃心中的目标，你会惊奇地发现，自己的勇气、潜能和力量原来如此之大。

在我们的生活中，你会遇到许多这样的人，他们失去了所有的物质财富，甚至身无分文，但他们依然有一颗勇敢的心，依然对自己，对未来充满信心和渴望，依然在为心中的梦想努力着，所以他们绝对不是真正的失败者，也绝对不是一无所有的人。

还有一些人，上天本来已经赋予了他们一定的实力，但他们却做不成什么大事，因为他们向来低估自己的能力，对自己没有足够的信心，他们把本属于自己的成功让给了别人。

每当我们看到那些雄心勃勃的人有条不紊地处理自己的事情，从一个成功走向另一个成功时，一种钦佩之情就油然而生。不过，你是否知道他们比别人更成功的原因？因为他们从来不怀疑自己的能力，从不削减自己的信心，也从不将大把的时间浪费在失望和悲伤上。

一个优秀的领导者是决不会受情绪任意摆布的。对于一个具有良好心理素质的人来说，他可以在最短的时间内让自己从噩耗中解脱出来，恢复平静的心情继续工作。但是对于大多数人来讲，他们很难在自己失望悲伤的时候还能继续用希望和梦想来自我激励、自我解脱，他们总是需要很长的时间才能走出心理的阴影。

艺术家的高妙之处就在于他们总是在试着消除人们思绪上的敌人——令人痛苦和失望的敌人。试着将自己的注意力放在美丽的而不是丑恶的事物上，放在真实的而不是虚假的事物上，放在和谐的而不是扭曲的事物上，你会发现那是一件多么伟大而又快乐的事情。当然这不是一件容易的事，但是对每个人来说，它都是一件可能的事。

让生活远离黑暗的最好方法就是让生活里充满阳光；避免生

活被扭曲的最好方法就是让生活充满和谐；要想将虚假的事物关在心灵大门之外，就让你的心只为真诚而开启。

当你下决心去做一件事情的时候，无论你是否喜欢这样做，都要告诉自己，我一定要这样做，我也会喜欢这样做的。有意这样对自己说的目的是要让自己有始有终，意志坚定，让自己全身心地投入，从而获得成功。

让自己远离痛苦的回忆，不要让悲伤遮住双眼而错过美丽的充满机遇的世界。如果你因为害怕再次受伤害，或是对生活失去信心而自我封闭，那么你就真的做了一件傻事、一件错事。

在任何时候、任何场合，你都应该有信心，也应该让自己保持健康的心态。一颗平静而又快乐的心往往能帮你战胜一切艰难险阻。

下次当你遇到麻烦的时候，当你失望的时候，当你认为自己是个失败者的时候，请你一定要坚定自己的信念，告诉自己你一定能够走出困境，成功属于你。只要你有这样的信念，只要你坚持下去，你会惊奇地发现，原来自己也是上帝的宠儿。

下次当你感到迷惑和郁闷的时候，请你学着自我解脱。比如，你可以好好地洗个澡，穿上舒适的衣服，然后坐下来，心平气和地与自己谈一谈，就好像是和自己最亲密的朋友聊天一样。你应该把那些困扰你的事情统统赶出你的脑海，并且释放那些让你感到压抑的心理包袱。你应该心情愉快、精神饱满地去迎接挑战，不论遇到什么困难，都要告诫自己保持乐观向上的生活态度。

我们应该学会调节自己的情绪。一帆风顺只是朋友间相互祝福的美好愿望，人的一生不可能事事顺心，但是人能不能活得开

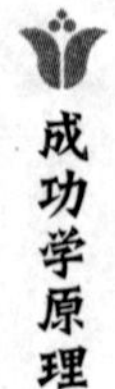

心，就取决于你怎样调整自己的心态。帮助自己从不愉快的、痛苦的记忆中解脱出来，用亮丽、和谐的愿景去代替心中灰暗的甚至是被扭曲了的图像。很多时候人们之所以压抑痛苦，都是因为过度疲劳或者精神压力过大。这个时候人们往往需要好好地休息和放松一下。

要永远为自己鼓劲加油，要坚持不懈地追求自己的梦想。绝对不要对自己说："也许有一天我会成功。"你应该说："我一定能够成功，获取成功是我与生俱来的权利。"不要对自己说："也许以后我能快乐。"而要对自己说："我一直在为幸福而努力，我现在和将来都会很快乐。"

当然只是这样对自己说，只是有这样的信心是不够的，你还应该付诸行动，因为世界上没有哪件事情是凭想象就可以实现的。

人们为什么常常会觉得自己很失败，而别人却很幸运呢？因为当他们审视自己的时候，他们只看到自己受挫折和痛苦的一面，而忘记了自己拥有的成功和快乐；当他们打量别人的时候，他们又只注意到了别人成功快乐的时刻，而忘了别人也有受挫折和痛苦的时候。

认定自己想要的，明确奋斗的目标，然后勇往直前地去追求自己的梦想，世界上就没有不可能实现的事情。

8. 小事不小

我们可以根据水面上的涟漪辨别风向，也可以根据动物行走留下的足印辨别动物的类型和大小。

小错最大的危害是它常常会铸成大错。

据说，当人们在高大巍峨的阿尔卑斯山中行走时，有时需要绝对的安静，不能出声，因为哪怕一个微小的声音都有可能引起雪崩。

印第安人的观察能力常常令许多学者瞠目结舌，自叹不如。有一个印第安人回到家时，发现自己吊在屋檐下风干的鹿肉不见了。静静地观察了一番之后，他断定这一定是被人偷了，于是就开始寻找。他走进树林，仔细地搜索。在路上，他遇见了一个陌生人，于是他走上前，问这个陌生人是否看到过一个身材矮小、上了年纪的白人，那个人还带着一支短枪，领了一条短尾巴小狗。陌生人说他是看到过这么一个人，不过他很好奇为什么这个印第安人没有看到过这个人却能做出如此精确的描述。印第安人笑了笑说："我之所以断定那是一个身材矮小的人，是因为他在偷我吊在屋檐下的鹿肉时放了一块石头，可见他只有踩在石头上才能够着我的鹿肉；而从他留下的足迹来看，他走路时步子很小，那么他应该是一个上了年纪的人；而我知道他是白人，是因为他的步伐几乎没有留下痕迹，而我们印第安人走路脚趾会用更大的力；我知道他带了一支短枪，是因为我发现了他休息时留在

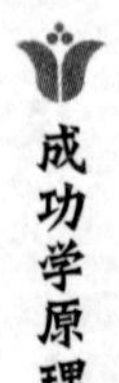

树干上的枪的印记；另外我之所以知道他还带有一条小狗，是因为在他的足迹旁，我发现了一串短小的狗的脚印，而且从狗坐下来休息时留下的痕迹来看，它应该有一条短尾巴。”

谁能估量一件小事将来会变成怎样的大事，谁能想象一个小时候只偷一分钱的人长大了不会因偷窃罪而被送上断头台？有的人一时冲动可能会导致终身遗憾，就好像一个人忍不了一时之气而愤怒地扣动扳机，因此导致另外一个人丧命。

在有些人眼里，一个人自我放纵、性格急躁、缺乏主见等都是小缺点，没有什么大不了，只要他有能力就可以。实际上，这些所谓的小缺点往往会毁了一个人的事业。

为什么英国国会、美国参议院等各国政府的代表官员都必须遵照宪法行事，而不能随心所欲。一个人一时的气话可能会深深地伤害到自己的朋友，从而失去友谊。同理，一个外交官在重大外交场合用错一个词，就有可能影响两国的正常邦交，甚至会引发战争。

账单上少写一个零可以使一个公司在一夜间损失几百万，填表时拼写错误可能使一个相当有才华的年轻人丧失去名牌大学深造的机会。

微小的不慎处理往往是导致失败的最重要的因素。一位富翁请歇米歇尔·安吉罗为他制作一个雕像。

“我看不出你的工作有什么进展，这个雕像和上次我来的时候没有什么不一样。”富翁埋怨道。

“当然有不同了，先生。我把他的胳膊磨光了一点，他的肌肉显得更加突出，我对他的嘴唇也作了特殊的处理，他的眼睛里充满了希望。难道这些您都没有发觉吗？”雕刻家回答道。

“但这些都是微不足道的小变动。”富翁接着说。

“它们虽然只是一些小的变动，但小的变动却足以使这尊雕像栩栩如生。事实上，艺术家的杰作往往是由许多微小的变动和修改才产生的。而当它成为杰作时，人们也就不会再认为那些小的变动是微不足道的了。”雕刻家如是说。

眼镜制造商的孩子在玩耍时常常把几副眼镜重叠在一起，他们说这样可以使远方的东西看起来更大更清楚。这促使了望远镜的发明。

一天与人的一生相比似乎显得太短，微不足道，但人的一生却是由每一天串起来的。浪费每一天的时间，就是在虚度人生。同时，我们生活中的快乐也是由一些小插曲组成的：几句关心的话语、一封热情洋溢的信、甜甜的微笑、小小的祝愿……

拿破仑就是一个善于处理琐事的将军。他关心手下的每一个士兵，对于他来说似乎每一件事情都很重要。他要求自己了解军队粮食的分发情况，马匹草料的供应情况，士兵的制服、鞋帽、住宿条件等。冲锋号一响，每一个军官都可以按照拿破仑指定的路线准确地到达自己指挥的阵地。拿破仑每次视察都会有详细和准确的时间安排表，什么时候去视察，什么时候离开，在哪个车站下车，他都把它安排得井井有条，而且几乎每次他都能在预先安排的时间准确到达。他发动的对奥地利之战让人啧啧称赞，佩服不已。这场战争的胜利也奠定了后来法国在欧洲政治格局中的地位。拿破仑对他的下属要求非常严格，如果某个军官迟到或缺席，他会要求这个军官递上一份详细的书面报告，解释迟到或缺席的原因。而当报告书递上来的时候，他不管有多忙都会马上抽时间仔细阅读。拿破仑曾笑着说：“我花在军官身上的时间，常

常会引起我女朋友的妒忌。”拿破仑不喜欢靠运气或者偶然性来办事，他总喜欢在做每一件事情前都有准确而周密的计划。

惠灵顿也是一个“注重细节”的人。在他眼里从来就没有什么事是小事或琐事，他总是认真处理每一件事情。别人认为微不足道的事情总能引起他的关注。他说：“总结前人失败的教训，我得出这么几个字：关注细节。”多少律师在诉讼中败下阵来，都是因为他们没有准确地把握，甚至是忽略了细节。比如没有重视自己当事人提供的一些微小细节而错过了最有利的证词，或者他们自己在法庭上用了模棱两可、含糊不清的词而使自己陷入不利境地等。

无数事实证明，很多看似寻常的小事往往是构成惊天动地的大事的基础。达尔文从日常观察中掌握了大量有效信息，从而帮助他最终得出了一个伟大的结论——进化论。利用一锅水、两只温度计，布莱特博士发现了内热；利用一个三棱镜、一个镜片和一个纸板，牛顿发现了光线中包含的颜色和光波的组成。一个有名的外国学者在拜访渥拉斯顿博士的时候，说他很敬佩博士能有这么多惊人的伟大发现，所以他很想参观一下渥拉斯顿博士的实验室，很想看看那个产生许多重大发现的神秘的地方。渥拉斯顿博士答应了他的请求，带他来到一间小屋的门前。这个小屋里有一张桌子，桌上有一个茶杯，几个玻璃烧杯、几摞草稿纸、一个架小天平和一根吹气管。博士说道：“请进，这就是我的实验室。”

“缺少一颗钉子，马掌就做不好；缺少一个马掌，马就会大受影响；缺少一匹好马，骑手就会损失良多。”理查三世说，“以此类推，你会发现马掌上的一个钉子是多么的重要。”

不少名人实际上都很重视小事和细节。威廉四世有一次接见数学家高斯，可是在谈话中途，高斯突然离开。当他回来的时候，他请求威廉四世宽恕他的不敬之举，因为刚才他必须去隔壁房间记下他突然产生的灵感。赫加斯如果在大街上发现他感兴趣的事物，他甚至不惜在自己的指甲上勾勒出草图。事实上，聪明的人从不会忽略任何细节。小事往往令具有敏锐洞察力的人找到解决大难题的方法。零碎的玻璃片总能令孩子们开心地看上好半天，这启发那些善于观察的人发明了万花筒。

“浪费的种子越少，得到的收获越多。”这似乎成为自然界的一条定律。所有生命都是从微小的细胞开始发育的。广阔的海洋是由一滴滴水汇集成的，高山是由土和一块块石头堆积而成的。在自然界里，没有什么事物是微不足道的。

一个贫穷的年轻人走进法国的一家银行，请求在那里得到一份工作。很不幸，他被拒绝了。在他走出银行大门的时候，他从地上捡起了一枚别针，这一举动被银行的一个主管看到了。他把这个男孩叫了回来，并给了他一份工作。这个男孩子后来成为法国非常有名的银行家——拉弗特。

人们总为自己的优点感到自豪，而不愿意谈及自己的弱点。可弱点往往是衡量优点的工具，是容不得你忽视的对象。就好像人们都喜欢成功，总想逃避失败，可失败乃成功之母，人们只有在认真对待失败之后才可能获得成功。

一个经历了无数枪林弹雨后幸存的士兵，很有可能会因为不小心被针扎了一下而丧生。一艘在经历了许多狂风暴雨和冰山暗礁后依然能幸免于难的巨轮，可能会因几只蛀虫而永沉海底。

当小事情被明智而有远见的人发现时，小事情的价值就可以

充分体现出来。一个英雄人物的举动有时候可以拯救一个国家，许多能干出惊天动地大事的人后面，往往因为有许多普通人在为他处理琐事。

9. 自助

当白宫要求给克莱斯特上校提供帮助的时候，一位来自边远地区的国会议员回答说："克莱斯特上校自己能解决问题！"这位非凡的人物敢于反对国家领导人，他更愿意当一个国家总统。虽然他粗俗而又没有文化，但是他有着足够的勇气和信心。詹姆斯·加菲尔德说："我的经历可以证明，贫穷是很难熬的。但是对年轻人来说，把他们扔出船外，强迫他们自己沉没或者游到岸边，对他们不失为一件好事。据我所知，值得救起来的人从来没有被淹死过。"当加菲尔德进参议院的时候，他是最年轻的参议员。但直到60天后，他的能力才得到承认，他才正式走上他的位置。他信心百倍地走向众议院的讲台，他成功了，因为全世界的人都不能再将他置于后台，因为他在讲台上表现出他无畏和强大的能量。

"找到真正属于你，而且别人也默许的位置和态度。"爱默生说，"这个世界是公平的，每个人都有权力决定自己的命运。"

索拉利奥是一个流浪的吉卜赛修补匠，他爱上了画家安东尼奥·德尔费罗德的女儿，但是这位画家说只有像他一样优秀的画家才能娶他的女儿。"你能给我10年的时间吗？到时候我一定会来娶你的女儿。"安东尼奥答应了他，因为他觉得这样可以不再被这个吉卜赛人打扰了。10年快过去了，国王的一个姐姐给安东尼奥看了一幅圣母玛利亚和一个孩子的画，安东尼奥给予了最高

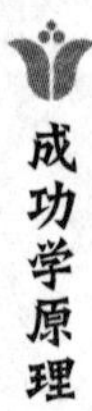

的评价。而当他知道这幅画的作者就是索拉利奥的时候，他感到非常吃惊，于是他不得不将女儿嫁给他。

有人问一名靠自己独立奋斗的美国总统怎样看待他家族的盾形纹章，他回答说："一对衬衣袖子。"

那些通过继承遗产获得财富的人并不是最成功的人，除非继承的是高贵的精神。很多时候那些根本没有基础的人常常会赢得财富，他们将困境视为一种激励，激励自己努力攀登事业的顶峰，在那里，"传说中的殿堂闪着耀眼的光"。对这样的人来说，什么目标都可能达到。他们拥有远大的理想，能达到天才都可能达不到的高度。

你也许可以给你的后代留下百万家产，但是你真的留给他什么了吗？你不可能把经历、能力、修养等都留给他，而这些都是你在生活中慢慢积累的。你不可能传给他收获时的那种喜悦，还有那些只有成长时才能体会的快乐，成功时的自豪感，追求精确的习惯、方法、果断、耐心、迅速、诚实、礼貌等。你不能留给他你的技能、聪明、谨慎、判断等这些蕴藏在你的财富背后的东西。这些对你来说意义非凡，但对你的后代来说却没有任何意义。为了获得你的财富，你不断地锻炼身体、意志和力量，这些让你保持了你崇高的地位和你的百万家产。你从丰富的经历中获得了能量，这使你保持住了崇高位置。对你来说，真正的财富是经历，以及欢乐、成长、修养和品质。而对你的后代来说，你留下的财富将是一种诱惑和渴望，这会害了他们。财富是你的羽翼，可是对他们来说却是一种致命的负担；对你是一种最大能力的展现，却会使他们碌碌无为、了无生气、懒散软弱和愚昧无知。你已经把成功最重要的因素拿走了——激励，在历史上这种激励已经驱使人们获得了很多成就。

你希望留给孩子一些东西，就让他们从你的起点开始。你不愿他们像你当年在老农场时那样干苦活，没有机会，没受过很好的教育，过着艰难的生活，你交给他们的只是一根拐杖。你已经使他们没有了自我发展的动力。而没有这种动力，就谈不上真正的成功，不可能有真正的幸福，也将缺乏很好的品质。他的热情会完全消失，他的能量被驱散，他的理想失去了自我提高和奋斗的刺激，会渐渐地被消磨。如果你早早为你的孩子准备好了一切，替他奋斗，那么他在20出头的时候就会变成一个懦夫。

那些平时总是依靠别人的人在面对危机的时候总是束手无策。当不幸到来的时候，他们就会依赖周围人。如果支持者不在的话，他就完蛋了。他们就像被翻过来的乌龟，或者摔下马的士兵一样无助。很多前线的士兵取得了超出自己想象的胜利，就是因为所有的支持者都过早地被打倒了，他不得不靠自己的双腿站起来，去赢得最后的胜利。

克鲁斯·费尔德在临死之前说："我的一生很不幸，我的财产没了，我的家庭名誉扫地。哎，我当初认为我对爱德华很好，没想到却害了他。如果当初我坚定地强迫他们自己去谋生的话，他们就会懂得金钱的真正意义了。"他的桌上摆满了从各个国家得来的勋章和荣誉证书，以表彰他为两国之间的文化发展所作出的大量贡献，他的声望永远不会被人忘记。但是一旦想到自己的儿子玷污了他的名誉，他就会感到特别痛苦。这种伤害比被毒蛇的牙齿咬过还要深。

世界上还没有一个收进孩子就可以生产出成年人的"成年人制造厂"。当你认为没有机会的时候，也许那就是你唯一的机

会。不要等待别人为你做什么事，一切只能靠你自己。不要指望别人来帮助你进步，靠你自己吧。亨利·怀特·比切没有等待一个大的教堂用高薪聘请他去讲道，他第一次应邀当牧师是在辛辛那提附近的一个小镇。他每天的工作就是整理照明灯、点火、打扫房间，还有敲钟。他一年的工资才200美元——但是他知道一个好的教堂和一份丰厚的薪水不会产生伟大的人。他所需要的是工作和机遇，他认为工作能发掘出他的很多潜力。当贝多芬在检查他学生的作品时，他发现末尾写着一行字："结尾，上帝保佑。"贝多芬在后面批道："年轻人，依靠你自己！"

世界上最大的财富莫过于通过自己的努力而获得的成功，特别是在没有原始资金积累的情况下，靠积累能量、才智和意志获得的成功。从克里萨斯到洛克菲勒，这样的例子不胜枚举。不仅仅获得巨大的财富要靠自己不懈的努力，取得显赫的地位也是同样的。那些完全依靠自己的人都收获了巨大的成功。

萨卢斯特说："每个人都是他自己命运的设计者。"

一个人不仅仅要为自己设计命运，他还必须自己为自己铺路。贝亚德·泰勒在23岁时写道："我要成为我自己心灵形象的塑造者。"他的传记记载了他怎样用凿子和锤子将他自己敲打成他理想中的样子。

在这个世界上，劳动是真正成功的唯一合法货币。上帝卖给我们的一切都需要用它来买，没有这个唯一的合法货币，我们什么都得不到。成功永远不会降价。通向成功殿堂的门不会总是敞开的，每个成功的人都只有靠他们自己才能打开这扇门。如果他等着别人来为自己开门，这扇门就可能永远关闭了。

环境总是磨砺伟大之人。他们是一路走来，披荆斩棘，历经无数的坎坷，直至最后的胜利。对他们来说，较低或者贱微的起点并不是什么障碍。很多农民的孩子后来都获得了很大的成就，包括法律、商业、教堂、国会等很多领域。很多低起点的孩子都有杰出的成就，他们当上了银行行长、学院院长、大学校长。那些当初贫穷的男孩女孩后来都写了很多著名的书，当上了老师或者记者。问问大城市里很多成功人士他们出生在什么地方，他们会告诉你他们出生在一个农场或偏远小村庄。城市所有的大资本家几乎都来自农村。

很多读这本书的年轻人可能都不会有很好的成功机会，但只要他们拥有对知识的渴望和自我提高的愿望，就一定能克服前进道路上的一切困难。

天才仅仅来自于不懈的努力和勤奋，很多时候天才仅仅产生于艰苦的工作，很多普普通通的人就是因为这样变成了天才。如果正在与艰苦环境作斗争或者已经成名的年轻人能够90％地理解这一点，那么他们就会充满希望。很有趣的是，那些谈论天才最多的人恰恰是工作最少的人。一个人越懒惰，他就会越喜欢谈论天才所做的伟大事迹。

自我奋斗的精神已经帮助人们取得了很多伟大的成就。很多年轻人因为没有启动资金，终日彷徨不知所措。他们期待好运气，或者别人能送给他们礼物。他们不知道，成功来自于辛苦劳作和坚忍的毅力，不能通过蒙骗和贿赂来获得。你付出了代价，就能拥有它。世上有哪个孩子比艾利弗·波瑞特的机会更少呢？艾利弗跟着一名铁匠做学徒，整个白天他都得在铁匠的铺子里工作，晚上点着蜡烛开始学习。但是，他抓紧时间学习，吃饭的时候他面前摆着一本书，口袋里放着一本书，只要有一点儿空闲

他就会拿出来看。他利用晚上和假期学习，他利用很多孩子都浪费掉了的零碎的时间来学习，因此获得了很好的教育。当那些富裕的和懒惰的孩子到处闲逛、游手好闲的时候，小艾利弗正在抓住机会提高自己。到了30岁的时候，他掌握了欧洲所有重要的语言，而且已经开始学习亚洲的语言了。对这个孩子来说，他又拥有什么机会呢？

最伟大的天才都是最勤奋的人。谢里丹被人们称作天才，其实他在下议院时被人称赞的“才华”和那些“即兴的精彩演讲”都是事先经过精心准备的，经过一遍又一遍地修改和推敲，写在他的备忘录上以防任何紧急情况。

天才都具备承受痛苦的无穷能力。如果成功的人能告诉现在正在奋斗的年轻人，他们所获得的成就是来自于极其辛苦的劳动，那么他们将给年轻人多大的鼓舞和勇气啊！很多时候我都希望那些灰心丧气、正在奋斗的年轻人能够明白，在工作中出现的心痛、头痛、令人沮丧的考验、灰心丧气、害怕、绝望等都能使人获得这个世界的钦佩，但是这要求年轻人要有巨大的应对困难的意志。你也许可以在几十分钟或者几个小时里带着愉快和轻松去读一本书或一首诗，但是几十天或几个月的枯燥劳动和苦闷的杂活会使人消磨掉当初的信念。所以是否有面对困难的坚强意志，是对年轻人能否成功的一个标尺。

罗德·贝肯，这个最伟大的天才，在去世的时候留下大量写着“突然的灵感，写下来以备用”的手稿。大卫·休谟每天要花上13个小时写他的《英国史》。罗德·艾尔登以他的法学知识闻名于世，但是当他是一个穷学生的时候，他没有钱买书，而是靠着借阅和复印阅读了上千册的法律书籍。卢梭在谈到他流畅、生动的写作风格中所包含的劳动时说："我的草稿全是涂改、污点和乱画的痕迹，别人很难看懂。所有的文章在印刷之前都至少改过四五次。我的有些作品在成文之前在我的头脑里已经翻来覆去思考了五六个晚上。"

贝多芬对音乐的忠实和持久的热爱，可能令所有的音乐家叹为观止。

在他的音乐中没有一个音符不是经过至少几十次的修改，他最喜欢的一句格言是："对有抱负的勤奋的天才来说，任何障碍都挡不住他们前进的步伐。"吉本写他的自传一共写了9次，不管冬天还是夏天，每天早上6点钟，他一定已经开始学习了。然而年轻人却把他们的时间浪费在感叹这位天才的作品《罗马帝国衰亡史》上，这部作品花了吉本20年的时间。世界上最伟大的作家之一柏拉图，他的作品《理想国》中的第一句话曾用9种不同的方式去写，直到他满意为止。伯克在写对黑斯廷斯审判的总结陈词的时候，一共写了16次。巴特勒写他著名的《类推法》，写了20次。维吉尔花了7年的时间写他的田园诗，花了12年的时间写他的叙事诗《埃涅阿斯纪》。临死之前他还是对这首叙事诗很不满意，以至于他想从床上下来把它烧掉。

当哥伦布还是一个水手的时候，他不断学习，最后成为当时最有才能的地理学家和天文学家。当彼得大帝还是一个17岁的孩子时，就成了俄罗斯的统治者。他的统治近乎野蛮，甚至在他的体内有着很严重的野蛮倾向，这也经常表现在他的统治中。但是他下决心将他自己和俄罗斯人民变成文明人。他大刀阔斧地进行改革，在26岁的时候开始访问欧洲的其他国家，学习他们的统治方式和政治制度。在荷兰的萨尔丹，他对东印度造船厂印象很深

刻，在那里学习并做了一名造船工程师，造了一艘“圣彼得”号，并且很快他就将船买了下来。学成之后他继续参观其他国家，他在英国的造纸厂、锯木厂、制绳工场、钟表匠的店铺和其他工厂工作过，做普通工人的工作，享受普通工人的待遇。

在参观过程中，他的通常习惯是要去一个地方之前，事先尽量多了解这个地方的知识。他会命令说：“给我全部资料！”开始他的调查后，他随身带着一个记事本，每看到他认为值得一记的东西他就会马上写下来。如果他发现他经过的路边有农民在劳动，他常常会走下马车，不仅就他们的农活和他们亲切交谈，还会应邀到农民的家里坐坐，看看他们的家具，还会画一张他们家里布局的草图。就这样他做了很多笔记，了解到了很多真实的生活，这些第一手资料通过其他的途径是很难获得到的。这些生活中的知识以后他都用在了他对俄罗斯的改革和改进中。

古代的人说：“了解你自己。”现在的人说：“帮助你自己。”

自我的学习使灵魂有了重生的机会，接受普通教育就是一次真正的新生。如果一个人受到了良好的教育，他就会成为一个真正的人，不会被压缩成一个侏儒，也不会蜕化为一只野兽。但如果他没有受过正常的教育，如果他在大学期间只是被强行填塞了一些知识，如果他只记得当时为了应付考试而死记硬背了一堆东西，那么他将继续收缩、变小，毁掉原先拥有的一切，他将失去信心和自尊。那些死记硬背的东西不会真正存留在他的脑海里，而会从他的记忆中永远消逝。

任何教育和文化都有利于我们的生存。显微镜其实并没有创造任何新的东西，它只是展现奇迹，扩大我们的眼界，使我们的眼睛不只是看到丑陋，还能发现美的东西。教育使我们能认识这个世界的秘密，在最普通的事物中发现最美的东西。受过教育的手能做1000件未受教育的手做不了的事。受过教育的人举止优雅、底气十足、经验老到并且富有生气。教育和修养能赋予一个人不可抵抗的力量去面对人生的压力。教育使人能够创造奇迹，取得超乎想象的成就。英国政治家格莱斯顿有修养的、有逻辑的、深刻的、高深的智慧和一个只懂得和灰浆、运砖块的建筑小工的智慧比起来，那种差距实在是天壤之别。

卢梭说："我反复强调我的目的，不是仅仅传授给他知识，而是教他怎样在需要的时候获得知识。"

所有的学习都是一个自学的过程。学生学习知识时主要靠自己的勤奋刻苦，老师最大的任务就是教会他们怎样去自学。

注意避免把精力花在太需要智力的教育上。我们大学里一位观察敏锐的教授指出："教育可以使人类的思维全面而精确，保持平衡不至于在某一个方面花过多的精力。而那些没有受过这样教育的人，他们的知识参差不齐，强烈的不足感使得他们努力去弥补自己的缺陷，最后他们会比那些仅仅是脱离无知状态的大学毕业生获得更好的教育。思想的各方面都应该培养，同时也应该有两三个大致和别人不一样的特点。年轻人总是很容易忘记生活中的最大目标，那就是，要做别人没有做过的事，要成为和别人不一样的人。"艾萨克·泰勒说："是思考而不是成长推进了人类的发展，所以你要使自己养成思考的习惯。让你自己理解你看到和读到的一切事物。首先应该记住的是，在阅读的同时要注意思考，这也是最容易做到的一点。"

经常思考的人认为他们思考得很少，从来不思考的人以为他们思考得过了头。

10. 自我提高的习惯

教育是利用书本和老师充实自己思想的过程。当教育被忽视了之后，不管是因为没有机会还是没有利用好机会，剩下的希望只有一个：自我提高。在我们身边自我提高的机会很多，也可以得到很多的帮助。现在有很多便宜的书和免费的图书馆，我们没有理由对这些丰富的资源视而不见，应该利用它们来提高我们自己的水平，增加我们的知识。

在一个世纪之前，获取知识还会遇到巨大的困难和障碍。书籍缺乏，并且价格昂贵，夜晚只能在蜡烛的暗淡光线下看书；工作太久而没有时间学习，为了有精力学习需要克服身体的极度疲劳。在如此艰难的日子里，很多伟人依然取得了非凡的成就，这让我们不能不为之感叹。现在这个充满机会和帮助的时代，给我们提供了大量丰富的学习机遇和自我提高的机会，而我们实在是利用得太少。

年轻人常常不经意间惊奇地发现自己已经远远落后于竞争对手。但只要他们审视一下自己，就会发现他们已经停止了前进的步伐，因为他们停止了与时俱进的努力，不再博览群书，也不再通过自学丰富自己的生活。

对空闲时间的正确使用可以把人推上领导的位置。历史上很多人用来学习的“空闲时间”并非真正意义上的空闲时间，而是他们节约出来的时间，从睡觉、吃饭、娱乐中挤出来的时间。

世上有哪个孩子比艾利弗·波瑞特的机会更少呢？他跟着一个铁匠当学徒，利用一切可能的机会提高自己。他渴望知识，希望能自我提高，这使他能够扫除前进道路上的一切障碍。一位有钱人曾经许诺要供他上哈佛大学，但是他拒绝了。他说可以自学，虽然每天他都必须在铁匠铺工作12～14个小时。他是一个很坚强的孩子，他像珍惜金子那样珍惜在铁匠铺里的每一刻空余时间。他相信寸许光阴的节约很多年后一定会收到高回报，而浪费时间只会使他一事无成。设想一下，一个孩子每天白天在铁匠铺里工作，居然能抽出时间在一年内学习了7个国家的语言，这是多么的不可思议啊！

很多年轻人把他们的黄金年龄浪费在非常普通的职位上。他们从来没有想过提高自己的知识水平，也没有利用一切可能的机遇去谋求更高的职位。他们常常毫不在乎地说："我觉得不值得去努力"，就这样耽误了美好前程。很多年轻人的问题是他们不愿意把全部精力投入到工作中去。他们希望工作时间越短越好，薪水越多越好。他们对美好生活的定义是闲适与安逸，而不是严格的纪律和锻炼。

限制人们的常常不是能力不够而是缺少勤奋。很多时候雇员比他们的老板更聪明，有更好的智力，但是他们不注意提高自己的才能。他们的大脑被烟草熏得越来越迟钝，他们把钱花在打台球、看电影或者跳舞上。当他们老了以后，他们会抱怨运气不好，年轻时没有足够的机遇……

很多职员羡慕他们的老板，希望自己也能开公司当老板，但是这需要比做职员付出更多的劳动，他们更愿意过轻松的生活。他们在犹豫自己是否值得为了多挣一点儿薪水或得到更高的职

位，而去经受巨大的压力、不断努力奋斗、不断学习提高自己。

许多人不能成功的原因是他们不愿意用现在的一点牺牲去换取将来的成就。他们宁愿过舒服的日子，也不想把空闲时间花在自我提高上。他们有着要做大事的模糊理想，但是很少有人有那种去付诸实践的强烈的渴望，驱使他们牺牲现在的一点舒适，换得美好的将来。很少有人愿意做很多年的基层工作，为人生的辉煌奠定基础。他们向往成功，但是这不足以让他们愿意付出任何努力或做出一点牺牲。

因此很多人的一生都在庸碌无为中度过。实际上他们有能力做得更好，但是他们没有能量和决心去获得更大的成就。他们不愿意做必要的努力，他们更愿意使生活过得轻松和平庸，不想通过奋斗去获得更多的东西。他们甚至不敢尝试对他们来说完全值得的游戏。

如果一个人渴望自我提高和进步的话，他一定能找到机会获得成功。

人类最大的耻辱莫过于明明知道自己能力出众，却还被困在低级的职位上，因为他们早期没有受到与自己能力相称的培养和训练。如果受到正常的培养和训练，他们能够达到自己潜在能力的80%～90%，但是由于无知导致他们达不到25%，这是非常让人觉得羞辱的事。换句话说，如果因为缺少培养和训练而在生活中没有很好地发挥才能，这是再令人痛心不过了。

再没有什么过错比没有准备好取得更大的事业成功更令人悲哀的了；再没有比因为没有准备而被迫放弃好机会更痛苦的了。

我知道有一个很遗憾的例子。因为年轻时忽视了教育，一个天生的自然学家的理想被抑制住了。后来当他懂得的自然历史比他同时代的任何人都要多的时候，他却写不出一个语法完整的句子。他不能将他的观点付诸文字或付梓成书，因为他连入门教育都没有接受过。他的单词量少得可怜，他的语言也很贫乏，以至于很多时候他想表达他的思想的时候显得很痛苦。

想想这位伟人所受的折磨，他获得了大量的科学知识，却完全没有办法用语言把他的思想表达出来。

很多速记员因为准备不足，对很多词语和引语的用法不熟悉，所以常常遇到十分尴尬的局面。对速记员来说，只会听写简单的语句，只会做简单的办公室工作是不够的。有理想的速记员必须准备应付不寻常的要求，要有足够的知识储备以应付任何紧急情况。

如果一个老板疏于语法的训练，或总是糊里糊涂，当他现出原形的时候，他的雇员就会觉出他知识的浅薄，受过的教育很少，因此雇员会认为他经营的公司前途不妙。

很多时候人们的来信都让我感到痛心，特别是一些年轻人。他们的信表明他们都有很强的能力，有着先进的思想，但是由于忽视了早期的教育，使他们的一大部分能力被埋没了。一位年轻的女士写信给我说，她由于缺乏早期教育而大受限制，她甚至不敢给那些受过教育的人写信，因为她怕在语法和拼写方面犯下愚蠢的错误。她的信表明她的能力是很强的，但还是因为缺少早期的教育常常使自己处于不利局面，受到很大的限制。仅仅因为忽视了早期教育，人们在很多方面受到限制和面对窘迫，再没有什么比这更不幸的了。

我常常为那些过了学龄还没有接受教育的人难过。他们在生活中肯定会因为无知而受到很多限制，即使在他们年龄大了以

后，还是必须面对这样的问题。

很遗憾的是，如果一个年轻人缺乏教育，知识准备不足，即使他的能力足以让他领导别人，他也只能为别人工作；即使他的老板只有他一半的能力，但比他受过更好的教育，有着更充分的知识准备，他也就只能受雇于这个老板，并为之服务。

现实生活中，很多职员、技师、雇员之所以未得到和他们能力相称的职位，就是因为他们没有受过相关的教育。他们没有知识，连一封像样的信都不会写。他们的言谈举止无法表现他本来很出色的能力，所以只能继续留在平庸的职位上。

关于天才的寓言证实了自然界最严厉的法则："拥有知识的人会获得更多的东西，而没有知识的人会失去他已经拥有的。"

科学家把这个法则称做适者生存。适者就是指那些敢于运用自己所拥有的知识，敢于通过斗争获得力量，而且能够通过控制对他们不利或有利的环境而获得自我发展的人。

土壤、阳光和空气为植物的生长提供了大量必需的营养，但是植物自己必须充分利用它能得到的一切，长出绿叶、开花、结果，否则这种供给就会中止。换句话说，土壤只提供用于植物生长的营养物质，这些营养被用于生长的速度越快，那么土壤提供的营养物质就会越多。

同样的法则在其他地方也适用。大自然对我们是很慷慨的，只要我们能充分利用她所给我们的。但如果我们停止利用她所给我们的，如果不能将之转化为力量和能量，并好好利用，如果我们不利用她给我们的东西取得成绩的话，这种给予很快就会停止，而且我们自己会越来越虚弱，越来越无用。

如果我们不加以利用的话，大自然将收回我们的大脑和肌肉；当我们停止有效的训练，停止运用我们的能力的时候，她会收回我们的技能；当我们停止锻炼的时候，我们会失去我们的力量。

自然界的每件事物都在不停地变化着，不管以什么样的方式，可能向好的方面也可能向坏的方面发展，可能前进也可能倒退。如果我们不好好利用它们的话，我们就留不住它们。

任何你不利用的东西都在从你身边慢慢溜走。不利用它就会失去它。能力不会永远留在我们身上，如果我们不利用我们的能力去做点什么的话，它就会慢慢从我们身上消失。自我提高的工具就在你的手上，开始利用它们吧。如果斧头很钝，那就多使点劲儿。如果你的机会有限，那就多用你的能量，多多努力去争取吧。开始的时候进步可能看起来很小，但是只要你坚持，就一定会成功。“循序渐进，积少成多”是知识积累的一般原则，只要你坚持自我提高，到时候你一定会成功的。

一个大学毕业生在离开学校很多年后会突然惊奇地发现，现在能证明他所受教育的只有他的文凭。在大学里学到的东西早已遗忘，因为这些年根本就没有用过。当刚刚完成考试，一切知识在他的头脑里都很清晰的时候，他觉得这些知识会永远留在头脑里。但事实上，当他开始停止运用这些知识的时候，它们就开始慢慢溜走，只有那些他经常运用的知识会保留下来并得到提高，其余的会渐渐流失掉。很多的大学毕业生在毕业10年后，发现自己在大学4年里学到的东西已经所剩无几，因为他们这些年根本就没有用到这些知识。不知不觉中他们变得越来越虚弱。他们不断地对自己说：“我有大学文凭，我一定有某种本领，我一定能

干一番事业。”但是一张大学文凭不可能为你留住大学里学到的一切知识，就像煤气喷嘴上的一片薄纸不可能挡住管子里的源源不断向外喷出的气体一样。

第二章

伟大的性格

人生的成功离不开性格的力量。

1. 个性是成功的基石

人的个性中有些东西摄影师无法捕捉，画家无法描绘，雕刻家也无法塑造。“个性”是一种很微妙的东西，人人都能切身感受它，但是却没有艺术家能够刻画它，没有作家可以在传记里记录它。但是，人生的成功却离不开它。

个性是一种说不清道不明的品质，有些人拥有极其非凡的个性，只要一提到他们，人们便如痴如狂，无比热情地欢呼鼓掌。假如我们有足够深彻细致的洞察力，我们就能确定一个人的性格，而且还能对他所交往的同学和朋友做出精确的判断。事实上，因为我们经常根据人们的能力来估计他们将来可能从事的职业，而不将他们的人格魅力当做一种成功的资本，所以我们常常会被误导。然而，人的个性在人生的前进路途上是和智力与教育同样重要的。实际上，我们经常看到一些能力平平，但性格很好、举止得当、富有魅力的人，这种人常常轻而易举地超越那些所谓的“天才”。这里有一个例子能非常明了地说明个性的影响力：一个演说家在发表演讲时能像暴风骤雨般带动他的听众，然而一旦这些演说词变成铅字，就丧失了它原来的感染力，几乎再也无法打动人心了。这些演说家的影响力完全依赖于他们的现场风度——他们自身流露出的气质与个性，这比他们说了什么或是做了什么更为重要。

某些特定的个性往往比美丽的身体和有用的知识更吸引人。

个性的魅力是天赐的财富，它能左右最强硬的人，有时甚至能控制一个国家的命运。

我们总会有意无意地接受拥有这种魅力的人的影响。当我们碰见他们时，我们有一种升华的感觉，因为他们能释放出一种无与伦比的影响力。我们扩大了视野，感到一种新的力量激荡全身，体验到了一种信仰，仿佛长久以来一直压迫我们的巨石被移开了。

尽管可能只是第一次见面，但我们已经能用一种使自己都震惊的方式和这样的人交谈。他们激活了我们深藏的自我，他们引导我们发现了更深邃、更优秀的自己，使我们能超越自我，更清楚、更雄辩地表达自我。在他们的气质影响下，我们的脑海里塞满了各种各样以前从来没有出现过的冲动与渴望，生命马上具有了一种更崇高的意义，一种要比过去做得更多更好的热切渴望——它在我们的心中如同熊熊大火般燃烧着。

可能就在几分钟以前，我们还是既失望又悲伤，然而突然之间一个具有这样强大影响力的人打开了我们生命的闸门，并且释放出我们隐藏的潜力。悲伤变成了快乐，绝望变成了希望，灰心变成了信心。我们接触到了美好的世界，梦想着更崇高的理想，至少在这一瞬间，我们发生了改变。过去平庸懒散、没有方向的生活立刻消失得无影无踪。我们充满信心、满怀希望，下决心要凭借我们新发现的力量与潜能为将来进行不屈不挠的奋斗。

从另一方面讲，我们常常遇到使我们感到畏缩和无用的人，当他们接触我们时，我们感到不寒而栗，一阵严冬的寒风在炎热的盛夏席卷了我们；一种冰冷、紧张的感觉传遍了我们全身，让我们感到自己突然变得渺小，力量与能力消失殆尽。当他们出现

时，就好像在葬礼上不能发笑一样，我们再也不能微笑。他们带来的抑郁空气抑制了我们的一切冲动。他们一出现，我们就丧失了扩展的空间，就像阴沉沉的乌云突然遮蔽了灿烂明媚的夏日天空。他们投在我们身上的阴影使我们充满了莫名的、茫然的不安。

我们能明显感觉到这类人对我们的渴望根本不屑一顾，和他们在一起时，我们不再有什么雄心壮志。当他们在我们周围时，我们值得称赞的目的和追求突然萎缩，显得毫无意义而又愚蠢。情感的魅力消失了，生活似乎失去了热情和色彩。这种个性的张力使我们丧失勇气，让我们只想尽快逃离。

假如我们对这两种个性进行研究，我们将发现两者最大的区别是，第一种个性的人由衷地喜欢自己，而第二种个性的人则不。当然，这种能极大影响所接触到的人的个性和吸引人们注意的迷人魅力，都是天生的禀赋。但是，我们应该看到，有些人毫不自私，真诚地关心他人，为能帮助朋友而发自内心地高兴。他们举止文雅、待人亲切，不论走到哪儿都具有极强的影响力。他们能使接触他们的人备受鼓舞和打起精神，他们受到所有人的信任和喜爱。如果我们愿意，我们也能培养出这种性格。

极富魅力的个性更是难以言表的，有时我们也把这种神秘的事物称之为性情，它比任何一个能够衡量的能力和可以评定的品质都重要得多。

许多女性天生具有这种完全依赖于自身的神奇魅力，她们通常是一些十分普通的女性。一个明显的例子就是，一些女性能够比拥有王权的国君更能自主地操控自己的生活。

具有这种珍贵个性的人，往往并不清楚他们力量的源泉。他们仅仅知道自己拥有它，但并不能确定它，也不能描述它。像诗、音乐或艺术一样，它是一种天赋，与生俱来，而且还能被培养完善。

这种魅力个性的许多迷人之处来自高尚优雅的风度，你能做到的最大的投资是培养优雅的风度、热诚友善的关系和慷慨崇高的感情——它们是令人愉快的艺术。才能也是一个非常重要的因素，却次于这种优雅风度。一个人必须明确知道该做些什么，并能够在恰当的时机做适宜的事情。想要拥有这种能力，好的判断力是必不可少的。

这种开朗、愉快的个性，人人向往，处处受欢迎。因此，这要远远胜过金钱投资。

许多年轻人把生命中的第一次升迁归功于随和、乐于助人的性情。

这也是林肯的一个主要的性格特征：他乐于助人，在任何场合都受人欢迎。他的律师搭档亨顿先生说："当林肯住进拉特莱那旅店时，那里非常拥挤，他经常让出自己的床位，睡在仓库的角落，用一卷棉布做枕头。

因此，每个遇到困难的人都来求助于他。"正是由于具有这种随时帮助别人的崇高愿望，林肯赢得了人民的热爱。

能给人带来愉快的魅力是一笔巨大的财富，这种个性不仅在商业领域很有价值，在生活中的其他场合也大受欢迎。它造就了政治家和政客，为律师带来了顾客，给医生带来了病人，对于一名牧师来说，它更具有崇高的意义。不论你从事哪一行职业，都不能低估这种个性魅力的重要性，它将帮助你赢得所有人的支持，超过金钱、势力的影响。

当许多成功人士和商业巨子分析他们的成功之路时，他们自己都会感到惊讶，因为很多人发现，他们的成功在很大程度上竟归功于自己良好的礼貌习惯和受人欢迎的性格。如果不是因为这些，而仅仅依靠他们的聪明才智、毅力和商业实践的话，那么他们或许还不能获得一半的成功。因为不论一个人有多大的能力，若是他粗鲁野蛮的风度赶走了委托人、顾客和病人，如果他的个性令人生厌，那么他将永远处于劣势。

一些人能像磁石吸引铁屑一般，自然而然地吸引商人、顾客、委托人、病人，做起事来得心应手、称心如意。这是因为他们拥有这种磁铁般富有吸引力的个性。

这些人就是商业磁体，尽管他们看起来似乎还没有那些不怎么成功的人努力，但机遇围绕着他们打转。朋友们称他们为“幸运儿”。但如果我们进一步分析他们，则发现他们有着迷人的个性，这就是他们赢得人心的原因所在。

培养受人欢迎的个性是很值得的，它能使成功的机遇倍增，能够发展人际关系，塑造良好形象。如果你想受人欢迎，就得做到控制私心，克制不良习惯，并且还要有礼貌、温柔、讨人喜欢和乐于与人为伴。这种为了做到“受欢迎”的努力，也是通向成功和快乐之路。发展朋友关系的能力是通向成功的有力支持，当他们遭遇不幸、破产或是生意场上失意时，它仍是支持你的不变资本。许多人因洪水火灾，或其他天灾人祸变得一无所有，但由于他们具有受欢迎的个性，讨人喜欢的处世艺术，因此，他们能得到朋友的大力支持，并且东山再起。人们深受他们的友谊和喜恶的影响，所以成功人士在世界上远比冷漠的人占优势，因为顾客、委托人等都拥戴他们。

学习与人愉快相处的艺术，这将比任何东西更能给你提供帮助。它将唤醒你的成功潜能，使你赢得更多人的支持。这种才能也许是一种最令人羡慕的天赋，然而由于它具有某些后天培养的特质，因此，通过培养和训练也能做到。

我从来没有听说过一个完全无私的人会不受到人的注意。总是自私自利、利用他人的人肯定不会受人欢迎，我们天生就反感并且厌恶那些只为自己打算、从不考虑他人的人。

取悦于人的秘密是首先要学会取悦自己、丰富自己，假如你想变得令人愉快，你必须做到慷慨大方。狭隘、吝啬的性格是不可爱的，人们都回避这种个性的人。你必须不容置疑地在表情、微笑、握手和言行中让人感到真诚。就像眼睛抗拒不了灿烂的太阳一样，再强硬的人也抗拒不了这样的性格。当你极具亲和力，人们将乐于和你接近，因为我们都在追寻阳光，而尽力远离阴影。

我们的成功很大程度上依赖于学校和家庭教育，然而不幸的是，在这些地方我们学不到多少知识。我们可能有足够的学识，但是当我们应该表现出宽宏大量、慷慨高尚之时，我们却常常显得吝啬狭隘，过着沉默保守的生活。

那些拥有超人个性魅力、走到哪都大受欢迎的人，十分留心那些能造就自己好人缘的所有优点。如果天生不擅长社交的人像擅长社交的人那样，花大量时间来仔细学习怎样受人欢迎，他们就能创造奇迹。

在迷人的个性中有一种魅力是无法抗拒的，你很难冷落具有这种魅力的人。他用某些东西克服了你的偏见，不论你多忙，多担心，多么不喜欢被人打扰，你都无法冷落这种讨人喜欢的人。

每个人都会被可爱的性格所吸引，恶劣的性格只会招来周围所有人的厌恶。所有引人注目的个性的共同点都符合这条法则。优雅的礼仪讨人喜欢，粗俗鲁莽则惹人厌恶。有些人总是不遗余力地帮助我们，同情我们，总是尽量使我们舒适，给我们提供便利，而我们也总是不由自主地被他们吸引。从另一方面讲，我们讨厌这样的人——他们总是想利用我们、排挤我们，抢到车里或礼堂里最好的位置，总是想要在餐厅或旅馆里被首先招待，总是在寻找最容易的机会，而从不考虑他人的利益。

努力感动其他人，初次见面就给人留下良好印象，像认识了好多年的老友一样接触潜在客户，而且不冒犯他的品位，不带一丝偏见，博得他的认可和好感等。这些能力都能为自己带来成功，是一种高尚的修养，是赢得丰厚酬金的资本。

当你遇上一个拥有能激发你未曾梦想过的潜在能力的魅力之人时，难道你没感到你能说出和完成你独自一人所无法实现的事业吗？难道你没有感到你的力量倍增，智慧变得敏锐，能力更加卓越吗？演说家的魅力首先来自于观众，然后又反过来影响观众，就像在实验室利用各种容器里的化学物质做实验取得成果一样。新的创意和力量只有在接触和融合中才能实现和发展。

我们很少意识到成功主要应该归功于他人对我们的影响，是他人提高了我们的能力，使我们的生命充满希望和激励，并且从精神上支持和鼓舞着我们。

我们有些人常常过于高估书本知识的价值。大学教育的作用很大程度上体现在学生的社会交流，人与人的沟通能力，而不仅仅是书本知识。学生通过思想的碰撞，激发自己的雄心壮志，产生了新的希望。书本知识是看得见的，然而通过思想交流所得到的智慧更是无价的。

当你知道如何正确待人时，你在社交中从他人身上所学到的东西将是惊人的，但事实上只有你大量付出才会有丰厚的收获。你越释放自己，就越高尚，越慷慨；你越不加保留地奉献自己，你得到的回报就越多。

你只有多多付出，才能有更多收获。别人对待你的方式正是你自己行为的反映，你越大方地给予，你就收到越多的回报；假如你吝啬小气，你将一无所获。你必须全心全意地慷慨待人，否则你只会受到小气的回报，而无法汇集成感激的大海。

假如一个人认识到自己在生活中的各方面都应得到充分发挥，那么他将积极地全面发展自己；假如他除了自己以外对什么都不感兴趣，那么他只会是一个欠缺社交能力的矮子。

正确地对待社会，积极地融入其中，使社会成为一所自我改进的学校，来唤醒自己的最佳品质，发展缺乏锻炼而潜伏的能力，那么你将发现社会是魅力无穷和大有益处的。

当你学会用一种新的眼光看人，认为你遇到的每个人都拥有独特的优点时，你将会发现有些东西丰富了你的生活，扩展了你的经验，你将不会再认为花在客厅里的时间完全是一种浪费了。

尽量不要错过与比我们高尚的人见面的机会，那样做是非常愚蠢的，因为我们总能从他们身上学到一些有价值的东西。通过与他们的交流，我们能褪去自身的粗劣，变得优雅迷人。

不论年轻人还是老年人，诚实的风度都是最令人喜欢的品质之一。每个人都羡慕坦率的人，他们没有什么需要隐藏，他们也从不隐藏自己的缺点和不足，他们通常显得大方迷人。他们焕发爱和自信，而他们的神采也让对方变得坦白和简单。

坦率讨人喜欢，隐藏则惹人反感，遮遮掩掩容易引起他人的怀疑和不信任。一个如此行事的人，不管表面上看起来有多好，都不会赢得人们对他的信任。和这些遮遮掩掩的人相处就像在黑夜里的台阶上走路，总让人感到不安。可能我们会平安无事地走过，但总会忐忑不安，担心摔倒或前面有危险。一个行为诡秘的人不管他表现得多么礼貌高雅，我们总是免不了要猜测他高雅之后另有动机，或另有所图。他在生活中总是戴着面具，他总在尽力隐藏他的缺点，如果他自己不停止这样做，我们将永远看不到他真实的一面。我们因为不安而感到不舒服。他们可能行为端正，做事公正，但我们就是不相信他们。

一个开朗、不隐藏秘密、坦率真诚的人则大不相同，他很快就能够赢得我们的信任。我们非常喜欢他，相信他！我们原谅他的口误和缺点，因为他总是准备好承认缺点和改正它们。假如他有一些缺点，则一定会显而易见地赢得我们的原谅。他心地善良而真诚，他的同情心广博而活跃，他具有受人欢迎的特质——诚实和简单。在南达科他州的布莱克山区居住着一个谦虚真诚的矿工，他赢得了每个人的敬爱和好评。当有人问一个英国矿工为什么这里的每一个人情不自禁地喜欢他时，他说："你一定会喜欢他的，因为他有一颗热忱的心，他是一个真正的男人，他总是助人为乐，从他身上你会得到很多。"

到处在寻找机会的聪明英俊的小伙子，刚从大学里毕业的年轻人，其他一些精明能干的人都在这里寻找黄金，但是没有人能够像这个贫穷的人一样赢得公众的信任。他几乎不会拼写自己的名字，对上流社会的礼仪一无所知。但是当时在这个社区里，没有人能比他更加深得人心。不论有没有受过教育，他凭着众人的欢迎被选为地位显赫的官员——他当选为该镇的镇长，被派遣去立法机构，虽然他不能说出一句符合语法规范的句子。那全是因为他有一颗热忱的心，他是一个真正的人。

2. 性格就是力量

“你只不过是一介平民。”一个贵族对古罗马杰出的政治家西塞罗说。西塞罗回答道：“我是一个平民，但我家族的高贵将从我开始，而你家族的高贵将在你这结束。”

在这个时代，一个衣食无着的作家、一个衣衫褴褛的艺术家，或者外套袖子磨破的大学校长，都比许多百万富翁有声望，在报纸上也比百万富翁有着更多的亮相机会。作为一条法则，在这个金钱的世界里，每一个巨大的成功都意味着数以百计的对手的失败和痛苦。在这个注重个人智慧和品质的世界里，每一个成功都对社会有所帮助，并大有益处。

品质是区分人和物的一个重要标记，这个抹不掉的标记决定了所有人和他们所有的工作的真正价值。我们都相信人类的品质，一个伟大的名字当中蕴涵着多么神奇的力量！西奥多·帕克曾经说过，对一个国家而言，苏格拉底比许多像南卡罗莱纳州这样的州更有价值。

“这是英格兰社会的天性，”约翰·拉塞尔说，“要求天才人物的帮助，遵循有品质的人物的教导。”

“我的道路是通过品质得到权力。”坎宁在1801年写道，“我不会尝试别的道路，我满怀希望地相信这条道路。也许它不是最快的道路，但它是最确定无疑的道路。”

但是，有谁能够准确地测出一个人最突出的品质所带来的影响力呢？谁能够评估出一个小男孩或者小女孩的品质对学校的影响？传统、习俗、礼貌在一定时期之后已经被其他强大的品质所改变，他们通过自己的方式，都已经变成了学校的英雄——在生活中的真正力量就像火车头带动后面的载重车厢一样。任何一个老师都会告诉你，许多学校就因为这些强有力的品质而提高了等级，或者开始持续高效地运转。

古代神话里的弥达斯国王能够让自己接触到的每一样事物都变成黄金，为此他认为他非常快乐。他的要求被满足了，但是当他的衣服、食物、饮料、采集的鲜花，甚至是他亲吻过的小女儿都变成黄灿灿的金子之后，他祈求能够去掉他身上的点石成金术。他明白了许多其他的东西比黄金更有价值。

“这些就是我的珠宝。”科妮莉娅对要求来看她珠宝的凯姆帕尼亚的女士们说，她的手自豪地指向了她放学回家的孩子们。高素质的人口是任何一个国家最有价值的资源。

“我不认识大人物，”伏尔泰说，“除了那些为人类提供过巨大服务的人。”人们是通过他们的所作所为被衡量的，而不是通过他拥有什么被进行衡量。

生活中的失败者注定不会赢得荣誉，那些活着只为了吃喝和积聚钱财的人肯定难以获得成功。有这种人生活的世界是不会变得更加美好的。他从来不为一张悲伤的脸上擦去一滴泪水，也从来不为一个冰冷的心点燃篝火。他的心没有长肉，他不敬上帝，只敬金钱。

在废除奴隶制的岁月里，一个反对废除奴隶制的“拯救国家委员会”在纽约州的城堡花园召开会议，会上决定那些支持废奴运动的商人将被列入黑名单，要从经济上压垮他们。博文

先生和麦卡内米先生在他们的广告中声明，他们希望卖掉他们的蚕丝，但是他们不会出卖他们的原则。他们的独立立场在整个国家引起了巨大的轰动，人们都争着去购买那些不愿意出卖自己的人的货物。

据说，这个世界经常在寻找那些不愿意出卖自己的人，倾听自己内心的声音，并从自己扩展到周围。他们的良心像针尖刺进木棒那样坚忍，即使是天翻地覆，他们也坚持正义；他们能够分辨真假，能够用他们的眼睛区分这个世界和罪恶；他们既不吹嘘，也不逃避；他们既不张扬，也不畏缩；他们具备勇气，却从来不大喊大叫；他们知道自己的事业，并且全身心投入其中；他们从不说谎，推卸责任，或者逃避；他们不害怕强调说“不”，他们也不会因为说“我干不了”而感到羞耻。

任何地方都有些这样的人，他们还没开口就已经把别人给征服了。他们100％地发挥自己的能力来施加影响力，人们都想弄明白他们征服别人的魅力的秘密。所有人都相信并且遵循这些人的品质是很自然的，品质就是力量。恺撒从来就没有对罗马人强行施加什么影响力，但当他被残忍的匕首刺伤，躺在罗马元老院的大理石地板上，他的伤口使许多人开口为他乞求。

“我曾经读过，”爱默生说，“那些倾听查塔姆伯爵演说的人感觉人身上有比他所说的更美好的东西。”席勒这个名字的权威比他的著作要大得多。这种传记和轶事中存在的名誉的不平衡性，不是说名誉所带来的反响会比雷击持续的时间长久就可以解释的，但是这些人身上存在的某些东西却影响深远。这就是我们称之为品质的东西——一种直接表现在行为中的力量。其他人所受的智慧或者雄辩力的影响，就是这些有品质的人的吸引力。“他事半功倍。”他的胜利是通过这种优势的展示，而不是拼刺刀所取得的。他们是征服者，因为他们的出现改变了事物的面貌。

谢里丹将军说：“谁拥有原则，谁就能够统治世界。”年轻人很少意识到，他们生活中的成功更多依靠他们是谁，而不是他们知道什么。使华盛顿和林肯登上了总统宝座的是品质，而不是能力。诺亚·韦伯斯特对此评价很高。他的代价就是他的声誉——所有他以前的信念。当一个农场主听到他的提名失败后，他说：“南方人从来没有为他们的奴隶制付出代价。”

拿破仑和韦伯斯特所欠缺的原则是什么呢？没有对高尚理想的忠诚，这个世界能够发展到今天的地步吗？这就是我们所尊敬和爱戴的伟人高尚的地方，他们都有很深的根基。他们的品质是如此之强大，以至于使他们像大树一样屹立不动，而周围的树早已经随风摇摆了。

当彼特拉克作为一个证人靠近法官席进行习惯性的宣誓时，他被告知这是法庭对他诚实的信任，没有人会怀疑他作证的真实性，他用不着对他的证词发誓。

一家大银行为休·米勒提供了一个出纳员的职位，但是他拒绝了，他说他对账目计算知之甚少，他不能找到一个担保人。“我们不要求你支付担保金。”这个银行的总裁罗斯先生说，米勒甚至都不知道罗斯先生认识他。我们的品质经常处在别人的监测之下，无论我们是否认识到。

当梭罗处于弥留之际时，一个加尔文教派的朋友担忧地问他：“亨利，你和上帝和好了吗？”“约翰，”这个垂死的自然主义者低语道，“我不知道上帝和我吵过架。”

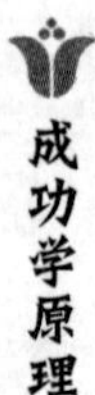

林肯虽然是一个伟大民族的总统，但是却沦为欧洲贵族和时髦人士的笑柄，所有的基督教教的插图报纸都用漫画讽刺这个小学都没有毕业的人的庸俗和不雅。政治家们都被这些报纸的直率给惊呆了，都要求这些报纸更加规范一些，但是林肯回答说："人们会理解的。"即使是在华盛顿，他也被讥讽为"猩猩"和"笨蛋"。读到这些公然的抨击和谴责，他曾经说："好吧，亚伯拉罕·林肯，你是一个男人还是一条狗？"在回击弗雷德里克斯堡时，他说："如果有个人在地狱里比我还痛苦，我很同情他。"但是人民群众的心是同他的心一起跳动的。尽管由于反对废奴的原料供应商的封锁，欧洲棉纺织厂到了几乎没有棉花加工，但是他们的经营者从来没有请求他们的政府破坏林肯颁布的封锁令。全世界的劳动人民都信任和同情林肯。

没有人像他那样在活着时被这样评价："这些因素在他身上结合，使天性可以确立，可以对全世界宣称：'这就是男人！'"

林肯的律师同行们称他是"倔强的真诚"，没有什么可以让林肯在一个案例中做出错误的判断，或者在知道一个案例是不正确和没有希望以后，仍然继续去做。在林肯花费了大量的时间处理完一个案例之后，他收到了一位女士支付的200美元。他退回了这笔钱，并且说："女士，您没有理由为了案子这样做。""但是这钱是你应得的。"女士说。"不，不，"林肯回答说，"那是不对的，我不能因为做我分内的事情而收受额外的报酬。"

一个人的生活中应该有比他的事业和成就更伟大的东西，比他获得的财富更伟大的东西，比天赋更高的东西，比名誉更加长久的东西。人类及其每个国家都相信，教育和文化可以使人们的生活更加高雅，但是单独这些并不能够提高和挽救人类。阴谋、奢侈和堕落已经使我们倒退了几个世纪。

如果这个世界上有一种力量能够让人自身感觉到，那就是品质。可能他没有文化、能力一般、没有财产、地位卑微，然而，如果他具有优秀的品质，就会产生影响和得到尊敬。

“一种正确的行动可以激发一股扩展到整个世界的情绪，接触每个人的思想，传遍世界的每个角落，产生最大限度的激荡，并且将这种激荡传递给上帝。”

路易十四问柯尔伯特，他应该如何去统治法国这样一个地域辽阔、人口众多的大国，因为他几乎连像荷兰这样的一个小国家都无法征服。“因为，”这个大臣说，“一个国家的伟大并不是靠地域广阔，而是靠人民的品质。”

你可以想象一下，没有阿莫西斯的埃及，缺了丹尼尔的巴比伦，没有德摩斯蒂尼、菲迪亚斯、苏格拉底或者柏拉图的雅典将会是什么样子。公元前200年，没有汉尼拔的迦太基又是什么样子呢？没有恺撒、西塞罗、马可·奥勒留的罗马又会是什么样子呢？没有拿破仑、雨果的巴黎会是什么样子呢？没有牛顿、莎士比亚、弥尔顿、皮特、伯克、格拉斯顿的英国会是什么样子呢？

在意大利几个世纪的衰落中，但丁的名字一直是这个国家的标志，而且，在许多奴隶的头脑中还响彻着西塞罗、大西皮阿和格拉古兄弟的格言。拜伦说：“意大利人谈论但丁、写但丁、思考但丁都到了可笑的地步了，但是但丁是值得他们尊敬的。”甚至是衰落的希腊在其鼎盛时期都没有停止过受到这些巨人的思想和道德的影响。他们仍然深深地扎根于思想和感情的泥土中毫不

动摇，甚至比他们活着的时候更加有力。我们的思想是受那些已经逝世的人和那些我们在生活中发生联系的人的两种交合作用的影响。我们的信条就是尊重那些经受折磨的先烈的奉献，崇仰他们。他们的奉献使其高贵，我们要做的就是把我们的理想在同样的条件下付诸实践。

与好人交友，就会产生好结果；与坏人结交，就会产生坏结果。无论多么狡猾、多么隐秘，也不论和其交情是多么泛泛，他们的形象迟早都会在我们的脸上和行为中显现出来。我们心中的偶像可以通过我们的眼睛流露出来，在我们的举止中表现出来。我们的交际圈、我们所热爱的、我们所憎恨的、我们的奋斗、我们的成功、我们的失败、我们的消遣、我们的渴望、我们的阴谋、我们的诚实、我们的欺骗……都会在一个人的思想上留下不可磨灭的痕迹，并且向这个世界显现出来。

我们生活中的每一个行动、每一句话、每一个关系都以讽刺的笔触在我们的生活里描述出来。我们浪费的机会与精力、耗费的时间，永远都会使我们深感自责，这种感觉永远都不会消失。如果理解喜欢就会变得相像；橡树果实会长成橡树；鸟类的羽毛都会聚拢在一起，相类似的东西之间存在着磁性吸引力，这会让它们不可避免地聚在一起。它们必须交流它们的特质，它们不可能去做不同的事。

愤怒会引发愤怒，怨恨会引发怨恨，热情也是可以传染的。演员们告诉我们，当他们必须扮演一个愉快高兴的角色时，他们经常是登上舞台却心情沉重、感情痛苦，对他们要扮演的角色没有一丝认同感。这种联想的定律是如此强有力，当他们要表现某种品质时，他们经常会出现真正的感情。

"品质是显而易见的，"爱默生说，"小偷永远别想富裕起来，救济品不能够消灭贫穷。凶手如果不说出真相，一个小谎言——举例来说，空虚，却试图表现出一种高兴的表情，做出快乐的样子——立刻就会暴露。但是讲出事实，所有的天性和所有的精神都会帮你取得意想不到的结果。"

贫穷就是穷人的资本。

"当我要了解一些关于这个国王的奇闻逸事时，"当他准备写作《路易十四的历史》时，伏尔泰说，"我并不是指国王本人，而是指他统治时期的繁荣艺术。我更喜欢关于拉辛、莫里哀、伦勃朗、普桑、笛卡尔和其他名人的细节性的陈述，而不是对诸多战役的详细描述。没有什么能和那些指挥军队和舰队的英雄的名字更让人铭记于心了。人们其实并不能从那不计其数的战役中得到什么，但是我提到的这些伟人却给还没出生的后来人带来了很多快乐。一条沟渠通向大海，普桑曾经描绘过的画面，一个美丽的悲剧、一个被发现的事实，比所有宫廷的沟渠都早了1000年，也早于任何战争的描述。你知道对我来说，伟人排在第一位，英雄排在后面。被我称为伟人的人是比已经公认的那些人更优秀的人物，那些城市的毁灭者只能够被称之为英雄。"

"我没有伤害过一个儿童，"一个埃及国王在他的墓志铭上写着，"我没有欺压过一个寡妇，我没有残暴地对待过一个牧人。在我的统治时期没有一个乞丐，也没有人挨饿。在饥馑的年月里，我耕种了这个国家从北到南的国界之内的所有土地，供养这些土地的居民并且为他们提供食物。国土之内没有饥饿的人，我让寡妇们生活得就好像她们的丈夫还在一样。"在我们这个开化的时代，还有哪个统治者敢这样说吗？

有人在他们的行动和生活中，选择诚实的人当做精神伙伴。他们这样说，他们这样生活，他们的手紧紧地抓住它，他们热爱它，这对他们来说就好像上帝一样。黄金、权位、名誉都不能够诱惑他们离开它。它让他们变成美丽的人、高尚的人、伟大的人、勇敢的人、正直的人。

3. 毅力

“我很遗憾地告诉你，你不适合干这行。”当谢里丹在国会发表完他的第一次演说后，一位名叫伍德弗尔的记者这样对他说，“你最好还是干回你的老本行。”谢里丹把头深深地埋在两手间，沉思了片刻，抬起头说道：“这取决于我自己，干好干坏在于我的努力。”正是这个人，在国会中发表了反对沃伦·黑斯廷斯的长篇演讲。有人称赞这篇演讲是迄今为止众议院里最为精彩的演讲。

伯纳德·帕利斯曾经说过：“除了天与地，我没有其他书籍，而这些对众人都是开放的。”1828年，也就是伯纳德·帕利斯满18岁那年，他离开了法国的家乡。尽管当时他只是一位玻璃彩饰工，却有着艺术家的灵魂。一只高贵典雅的意大利茶杯改变了他的一生。在他看到茶杯的那一刻起，他就决心要找到那种使其光芒四射的釉质。他满怀热情地投入其中。一个月过去了，一年过去了，他做了无数个实验，试图破译那种釉质的成分。他自己做了一个熔炉，但是失败了，于是又重做了一个。很长一段时间过去后，很多木头被烧成了灰烬，许多个陶器被毁坏了，伯纳德·帕利斯开始变得一贫如洗。他买不起燃料，不得不在公共熔炉上继续他的实验。他所得到的只是一次又一次的失败，然而这些都不能阻止他重新开始。不久，在新出炉的300多件陶器中，终于有一块覆盖上了美丽的陶釉。

为了进一步改善他的发明，伯纳德·帕利斯亲手一砖一瓦地建起了一座用草做燃料的火炉。最后考验的时刻来临了。不幸的是，尽管伯纳德·帕利斯的火炉整整燃烧了6天，但是他的陶釉却没有熔化。钱花光了，他借了一些，又买来陶罐和木头，试图能够融化陶釉。他再次点燃了火炉，燃料用尽了，却再次一无所获。于是他拆掉了自家花园的木栅栏，塞进了火炉里，结果还是徒劳。屋里的家具接着也被塞进了火炉。

当他把厨房里的架子劈碎，扔进火炉时，巨大的热量终于融化了这块陶釉。伯纳德·帕利斯最终发现了这个重大的秘密，“坚持”帮助他再一次获得了成功。

一个出版商在给他的一位代理商的信中写道：“如果两个星期没有卖出一本书，但是你仍然坚持在工作，那么你一定会取得成功。”

正是因为坚持，人类才能建起埃及平原上壮观的金字塔、耶路撒冷华丽的圣庙、中国雄伟的紫禁城；正是因为坚持，人类才能征服风雨肆虐、耸立云端的阿尔卑斯山，在茫茫的大西洋中建起一条水上公路，夷平新大陆的莽莽丛林，在那儿建立起一个个国家。坚持，能使一块大理石变成一件精美绝伦的天才作品，能使一块帆布上诞生最贴近自然的画卷，能在金属的表面上刻下精彩绝伦、难以言表的图案；坚持，使数以百万计的纺锤转了起来，使许许多多航天飞机在空中翱翔，给成千上万的货车配置了“铁马”，使它们在城镇之间、甚至国家之间穿梭来往；坚持，在满是花岗岩的群山中挖通隧道，以光速征服了空间；也正是因为坚持，经过100多个国家的航行探险，人类探索了每一片海域，开发了每一块大陆。坚持使人类从自然的千姿百态中总结出许多科学知识，掌握它的规律，预测它的将来，探测它不为人知的领域，并且计算它们的距离、尺度和速度。

“弄清楚你想做什么，然后全力以赴去做。”卡莱尔曾经说过。

“任何人，如果决心在绘画上或是其他一些艺术领域有所成就，”雷诺兹说，“那么他必须全身心地投入到他所做的这一行中，从他早上醒来这一刻起直到晚上入睡。”

“我没有任何秘诀，只会辛勤工作。”画家特纳说过。

“如果一个人在两件事情前总是犹豫不决，不知该先做哪件，”威廉姆·沃特豪斯说道，“他将一事无成。而一个人，虽然很有决心，但如果他的决心总是受到持反对意见的朋友的影响——在不同观点之间摇摆不定，在不同计划之间难以取舍，而像罗盘上的指针一样随风转向，反复无常——那么他一定成就不了大事业。与其事事都想完成，不如待在原地，静观其变，甚至后退一步，也未尝不可。”

经过努力得到的1美分比轻易得到的1美元更为牢靠。一匹速度虽慢但坚持行走的马将胜过风驰电掣、急速前进的赛马。天才一日千里，但会焦躁、会疲惫，而有毅力者坚持到底，必将获胜。时时刻刻都在奔跑着的马会赢得比赛的胜利，有毅力的人总能赢得荣誉，拼尽全力的最后一击往往产生意想不到的成功。

“您的众多发明是不是经常来源于灵感？”一位记者曾经这样问托马斯·爱迪生，“当你彻夜不眠时，是不是就会有灵感突然出现在您的脑海里？”

“如果我觉得一件事情值得去做的话，我就不会随随便便地去对待它。”爱迪生回答道，“没有一件发明来自于偶然事

件，除了照相机之外。当我已经下定决心，认为某件事值得我去努力的时候，我就会坚持将实验一直做下去，直到得到我想要的结果为止。我一直都在发明那些我认为有用的东西。我从来没有时间去想要创造什么电器领域的奇迹，仅仅因为它们价值连城或为了哗众取宠。我喜欢发明，”这位伟大的发明家继续说道，“我不知道这其中的原因。但凡任何事只要我开始做了，我就会一直放在心上，而且很难把它从脑海里清除，除非把它做完。”

一个做事全神贯注，全身心地工作的人一定会有所成就。如果这个人还具备一定的能力和学识的话，那么他的成就往往会更大。

布尔沃·利顿奋力与命运抗争，从而改变了自己的一生！他的第一本小说遭到了失败，他早期的诗歌创作也非常不成功，他年轻时的演讲更是遭到对手的嘲讽和讥笑。但就在嘲讽和失败中，他奋力向前，孜孜不倦，最终功成名就，终成正果。

爱德华·吉本写出《罗马帝国兴亡史》，整整花了20年的时间。诺亚·韦伯斯特则用了36年才完成他的字典，用了自己整整半生的时间来搜集和定义那些浩瀚如海的词语，这需要多大的毅力和耐心！乔治·班克罗夫特写《美国历史》花了26年，纽顿在创作《古代诸国年表》时曾15次易其稿。提香在给查尔斯五世的信中写道：“尊敬的陛下，我把这幅《最后的晚餐》赠送给您。这是我差不多用了7年的时间创作完成的。”提香创作另一幅名画则用了整整8年。乔治·史蒂文森投入15年的时间来完善他的火车机车，瓦特则用了20年的时间才发明了蒸汽机。

哈维在公布他关于血液循环的发现之前，曾经用了8年多时间来做实验，却被同时代的医生视为精神错乱的大骗子。在遭受了25年的嘲讽和鄙视之后，他的发现终于被医学界所承认。

牛顿发现万有引力定律时年仅21岁，但其中关于地球圆周测量的一个轻微错误影响了这一理论的正确性。20年后牛顿终于更正了这一错误，宣布行星按照一定轨道运行的原理和苹果落地的道理是一样的。

著名演员索斯恩曾经说，由于能力不足，自己早期的戏剧生涯经历了一次次的解雇。

“永远不要把希望寄托在你的天资上，”约翰·鲁斯金曾引用雷诺兹的名言说，“如果你有才能，勤奋可以锦上添花；如果你缺乏才能，勤奋可以弥补不足。”

不利的局面总能激发一个人的潜力，不利的处境往往能赋予我们更大的反抗力量。跨越一个障碍能给我们更强的能力去征服下一个障碍。

1492年2月，一个满头白发的老人失魂落魄地骑在一头骡子上，头深深地耷拉着，几乎垂到了骡子的背上。他就是后来发现新大陆的哥伦布。他慢吞吞往阿尔汉巴拉宫殿的城外而去。从儿童时代开始，他就时时有这样一种想法：地球是圆的。当时在葡萄牙海岸上发现了两具人的尸体，却与已知的人都有所不同，而在距海岸400多海里的海上还找到了一块刻有图案的木块，他认为这些东西都是从西边未知的大陆漂流过来的。他期望得到援助进行航行探险，去探求未知的大陆，但是这一最后的希望破灭了。葡萄牙国王约翰二世假装愿意资助他，却暗地里派出了一支自己的船队去进行探险。

希望破灭之后，一贫如洗的他只好乞求施舍，或是帮着画些地图和航行图来维持自己的生活。为此，妻子离开了他，朋友说他是疯子，并且抛弃了他。聚集在费迪南德和伊莎贝拉（西班牙国王和王后）身边的一帮智囊嘲笑他的想法，因为他认为只要往世界的西边航行。最后就能出现在地球的东边。

“但是太阳和月亮都是圆的，”哥伦布说道，“为什么地球就不是呢？”

“如果地球像一个球，那么是什么支撑着它呢？”一位智者责问。

“那么太阳和月亮靠什么支撑呢？”哥伦布反问。

“如果真是这样的话，我们就会头朝下，脚朝上，就像天花板上的苍蝇一样，那我们又怎么行走呢？”一位博学的医生问道，“而如果树的根在空气中，那么它还能活吗？”

“水就会从池塘中流出来，而我们就会摔下去。”另一位哲学家说。

“这一学说与《圣经》的说法恰恰相反。《圣经》上说：‘天似穹庐’——所以毫无疑问地球是方的。地球是圆的这一说法完全是歪理邪说。”一位牧师说。

哥伦布绝望了，他准备离开阿尔汉巴拉，去向查理七世寻求资助。正当他离城之时，却听到有人呼喊他的名字。原来，他的一位老朋友对伊莎贝拉说，如果哥伦布的说法被证实是真的，那么这将极大地提高她所统治的王国的声誉，而让他出海航行并不是一笔什么大开支。“是应该去做，”伊莎贝拉说，“我将抵押我的珠宝来筹集资金。快去把他叫回来。”

哥伦布回去了，而整个世界也因此而改变。但是当时没有一个水手主动要求参加这次探险，最后靠着国王和王后的强迫他们才勉强前行（1492年8月3日）。3天后，风暴袭击了哥伦布那艘比纵帆船大不了多少的船，尾舵也折断了，这是一个不祥的预兆。恐惧开始在船员中蔓延，幸亏哥伦布向他们出示了一些图片，上面画有产自印度的黄金和珍贵的矿石，这才平息了船员的惊恐。当船行驶到距加那利群岛西部200英里时，罗盘停住了，指向了北极星的位置。船员们准备叛乱，但是哥伦布告诉他们北极星的位置并非恰好代表北方。离开陆地2300英里时，哥伦布告诉船员只航行了1700英里。这时，一丛结着浆果的灌木从船边漂过，大群来自陆地的候鸟在空中盘旋，船上的人们从海里捡起了一块雕刻着神奇纹样的木片。10月12日，哥伦布高举起“卡斯蒂尔”号的旗帜，从此扬名西方世界。

“我曾经多么勤奋地做了大量的记录，因此所有的提高都可归功于这一点，”查尔斯·狄更斯说道，“我已经写过自己生命中某一阶段的毅力和勤奋，耐心和持之以恒的努力，那时我已经逐渐成熟了，我想以后我也会一直这么做。”

在《启示录》中我们读到这样的话：“面对困难勇往直前的人，我邀请他与我共享荣耀。”

一个成功的人，更多的是依靠他的意志和毅力，而不是他的蛮力、朋友或周围有利的环境。天赋在努力面前低头发抖，权势在勤奋面前屈服。才能是人人都希望具备的，但是毅力更是必不可少。

“你花了多长时间才学会拉小提琴？”一位年轻人问吉拉蒂诺。

“每天20小时，20年如一日。”这位伟大的小提琴家答道。

莱曼·比彻尔，一位著名的牧师，当有人问他用了多长时间才完成《上帝的政府》，他的回答是“大约40年”。

玛丽·莱恩曾经说：“如果我一天不练习，我自己就将能感到我的差别；如果是两天，那么我的朋友将看到我的退步；如果是一个星期，那么全世界将看到我的失败。”在她看来，坚持不懈的努力是获取巨大成功所必须付出的代价。

本杰明·富兰克林就是这样一位坚忍不拔、毅力超群的人。他在费城开办自己的印刷厂时，自己用手推车搬运原材料。他租了一个房间当做自己的办公室、工作室兼卧室。有一次，他发现一位强有力的对手，并邀请他来自己的房间。本杰明·富兰克林指着一小片晚饭时吃剩的面包说：“除非你能生活得比我还俭朴，否则你就甭想把我挤出去。”

无独有偶，卡莱尔在写《法国革命史》时也遭受了极大的痛苦。当卡莱尔完成第一卷准备交付出版时，邻居借去了这一卷手稿，然后随手放在了地板上，邻居家的女仆拣起了这部手稿，扔进了火炉中。这的确是一个巨大的打击，但是卡莱尔不是一个轻易就被打倒的人。在接下来的无数个日日夜夜里，卡莱尔重新仔细地阅读了数以千计的著作和文稿，终于又完成了第一卷，虽然这卷手稿在火中仅仅燃烧了几分钟。

美国自然学家奥特朋曾经在美洲的森林中整整待了两年时间，终日与枪和笔记本为伴，完成了许多鸟的画像。他把这些画纸装在了一个箱子里，并用铁钉牢牢固定，然后就去度假了。当他回来的时候，打开箱子，却发现自己的画卷成了挪威鼠的巢穴，没有一张画纸是完整的。这的确是一件令人十分伤心的事情。但是奥特朋重新拿起了自己的枪和笔记本，又一次走进了森林。他重新绘制这些图画，甚至比第一次的还要好。

一个有决心、有毅力的人才能受到大家的尊敬。马库斯·莫顿连续16次竞选马萨诸塞州州长，最后甚至连他的对手也因敬佩他的勇气而投了他一票，最终他以一票的优势当选。坚持到最后就是胜利。

有一次在公共场所，有人请求狄更斯朗读他作品的一个选段，狄更斯说他没有充足的时间准备。因为他有一个习惯，就是在当众朗读自己作品之前，他必须要花上6个月的时间每天朗读同一段文章。“我自己的作品，”狄更斯说道，“也是如此。我可以向你保证，我也必须得付出耐心和辛苦，才能很好地理解把握它。”

韦伯斯特曾经说过，当他还是菲利普埃克塞特学院的学生时，他从来不敢在学校当众演讲。他说尽管他在自己的房间里一段一段地背熟了，而且还演练了好多遍，但是当他听到自己的名字被叫到的时候，看到所有的眼睛都看着自己，顿时感到整个房间变成了一个黑洞，原来早已烂熟于心的演讲词忘得一干二净。但是韦伯斯特最终成了美国最伟大的演说家。当然，还不能很确定，这位美国的德摩斯蒂尼是否真的在国会里针对罗伯特·海恩发表了那篇伟大的演讲。早在学生时代，他就在一次事件中表现出坚忍的品格。因为他打死了几只鸽子，校长惩罚他背诵100句维吉尔的诗句。韦伯斯特知道这天下午校长要参加某一个会议，他返回自己的房间一口气背诵了700多句。在会议开始之前，韦伯斯特来到校长面前开始背诵。背诵了100句之后，他没有停下来，继续背到了200句。校长非常焦急地看着自己的表，越来越

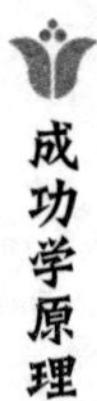

紧张，但是韦伯斯特仍然没有停下来。最后校长不得不打断他，问他到底能背多少句。“大约500多句吧。”韦伯斯特回答道，又接着往下背。

“你可以留到下一次犯错的时候再背。”校长说。

伟大的作家都以他们的坚忍的毅力而闻名于世。他们的作品并不是从他们才华横溢的头脑中迸发出来的，而是经过一点一滴的精心的构思创作出来的，但到后来他们的每一个努力都被忽略了。

流水不腐，户枢不蠹。行动缓慢的乌龟在赛跑中赢了敏捷但多变的兔子。每天一小时的学习，20年如一日的坚持，远胜过在大学4年花相同的时间学习。读书百遍，其义自见；阅读，再阅读，是许多人成功必备的素质。“毅力，”布尔沃·利顿说，“是征服者应有的品质，是一种卓越超群的品德。凭借毅力，人类才得以对抗命运，改变世界，灵魂才得以拯救物质。因此，这是福音赋予人类的伟大力量，它在社会中所发挥的重要作用——无论是在赛跑中或是在制定制度方面——无论怎么强调也是不过分的。”

大多数失败，都是因为缺乏不屈不挠的毅力。缺乏毅力，会使一个今天的百万富翁沦为明日的乞丐。谁能告诉我，世上还有什么真正的胜利不是因为坚持而获得的？使提香闻名于世的一幅作品曾经在他的画架上整整闲置了8年，而另一幅则搁了7年。那些广为人知的作家又是怎么成名的呢？年复一年的努力，却没有任何收入；几百页的文稿，只成了练习之作；像排版车间的奴隶一样在文学领域耕耘了半生，除了名声，别无所偿。

“不要灰心丧气，”伯克说，“如果你绝望了，就在绝望中寻找希望。”

大力神赫尔克利斯，被描绘成身披狮子皮、下巴深埋在两爪间的形象，这告诉我们当我们与不幸作战的时候，不幸就将成为我们的帮手。不可征服的意志万岁！

4. 勇气

“我的剑太短了。”一位斯巴达年轻人对他的父亲说。“那就再向前走一步！”这就是父亲的回答。

据说，海龟一旦咬住什么东西，就怎么也不会松口，即使把它的头砍下也无济于事。一个勇敢的人，就是死也死得壮烈。艰苦的环境能磨炼人，造就人。我们所说的运气通常是勇敢者的特权。这是走向胜利的最后努力：咬紧牙关，绷紧身体，用尽全力划出最后一桨。牛津大学的划桨手通常被称为“牛力”。

当格兰特在夏洛伊一战中首尝败绩时，北方几乎所有的报纸、每一位国会议员、各地的公众舆论，都要求撤换他。林肯总统的朋友们甚至恳求他任命别人为军队的指挥官，理由是这不仅是为自己着想，也是为整个国家着想。

有一个晚上，林肯听他们说了几个小时，只是偶尔在间歇的时候插上几句，就这样一直到凌晨1点。在沉默了很长一段时间后，林肯说：“我不能把他撤职，因为他仍在战斗。”正是林肯的远见卓识使格兰特没有成为公众情绪的牺牲品，而我们才有幸看到美国内战的一位大英雄。

坚持到底必将赢得人生的战斗，格兰特只知向前看，从不往后看。

一次，在激战数日后，双方不分胜负，陷入了僵持状态，格兰特召开了军事会议。会上，有一位将军建议从某条路线撤退，另一位将军认为另一条路线会更好些。大家议论纷纷，献计献策，但所说的无非都是如何后撤，或是在后方寻找一个有利的地形，等待敌人进攻。所有人都等待着格兰特作最后的决定。这时已经静听了几小时的他站了起来，从自己的口袋里拿出一卷纸，给每人发了一张，说道："各位，拂晓的时候按上面的命令进攻。"每一张纸上都清清楚楚地标出了进攻的方向。这天清晨，军队发起了进攻，成功突破了敌人的封锁线。

1841年的一天，巴纳姆对自己的朋友说："我决定买下美国国家博物馆。"

"买博物馆！"朋友对于他的这一决定非常震惊，因为他知道巴纳姆连1美元都没有，"你准备用什么去买？"

"黄铜，"巴纳姆立刻回答，"因为我没有黄金和白银。"

在纽约每个喜欢看马戏表演的人都知道巴纳姆，也了解他的经济状况。但是博物馆的所有者弗朗西斯·奥尔姆斯泰德，在听取了很多人对巴纳姆的评价后说："一个出色的马戏团老板，必定是个言出必行的人。"他决定同意巴纳姆抵押购买的方案。奥尔姆斯泰德任命了一位管账的人，并且贷款给巴纳姆以支付日常演出的开支，此外，他还提供给巴纳姆每月50美元的津贴，使他能够维持妻子和3个孩子的生活开支。巴纳姆夫人同意这样的安排，但提出家庭的开支应低于每天1美元。6个月后的一天中午，奥尔姆斯泰德先生来到了售票室，他看到巴纳姆在吃午饭，几片面包夹着一点腌肉。"你每天中午都吃这个吗？"奥尔姆斯泰德先生问道。

"自从我购买博物馆之后，就再也没有吃过一顿热午餐，除了安息日那一天。在我把所有的债都还清之前，我不会再吃其他

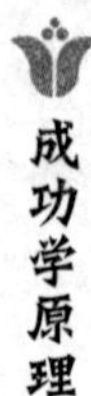

任何的东西。”

“啊！你一定能做到，而且今年你就能真正拥有整个博物馆。”奥尔姆斯泰德先生一边说，一边赞许地拍了拍巴纳姆的肩膀。奥尔姆斯泰德先生说得没错，一年不到，巴纳姆就还清了所有的债务。

“永远都会有提高的机会。”韦伯斯特这样鼓励一位想学法律又担心学的人太多而犹豫不决的年轻人。其实，每一个领域都面临这样的情况。如果这位年轻人希望成功，他就必须脚踏实地，努力奋斗。任何想要跨进成功之门的人，都会发现门上贴着三个字：“用力推。”

在英语中还有一个很难的词“不”，最能体现勇气的一件事就是以毋庸置疑的口吻说“不”。

坚强的性格、良好的习惯和勤奋的工作能够战胜任何厄运的侵袭，而愚蠢的人总是希望厄运永远也不要降临到自己头上。事实上，一个不奋斗、不细心的人是不会有任何好运降临到他头上的。任何所谓意外的发现，基本上都来自于那些努力去寻找某样东西的人。一个人遭遇意外的打击和意外的惊喜的机会是均等的。或许，在许许多多的成功之中，运气是一个重要前提，它使得人们付出的艰苦努力有了一个更加圆满的结果。但即便如此，我们还是可以看到，一个人的睿智决定他的努力方向，他的勇气决定努力的程度，确切地说，这些才是所谓的运气有所寄托的内容。当然，在某一件事上，我们能够找到显而易见的例外，但长远来看，这一规律则被证明是正确的。譬如，两位采集珍珠的潜水员，有着相同的专业技能，一同工作，甚至投入的精力都是一样的，结果一位带回来一颗珍珠，另一位却两手空空。如果两人坚持5年、10年，甚至20年，我们就会发现，他们最终的收获与技术水平和勤奋程度是成正比的。

要学会以坚强的意志和无限的勇气来面对艰难的处境。面对考验，如稻草一样软弱是毫无意义的，我们必须果敢坚强。许许多多出身贫寒的孩子，没有朋友，没有靠山，却凭借无比的勇气和无敌的意志，最终功成名就，衣锦还乡。

“各种各样的人的经历给了我很大的启发，我活得时间越长，”赫胥黎说道，“单纯的聪明才智带给我的就越少，勤奋和忍耐起的作用就越大。的确，我深刻地认识到忍耐是所有品德中最具有价值的一种。至于勤奋，则是一种努力工作的愿望。如果一个人的体质太弱，无法实现支撑愿望，那么勤奋的结果可想而知。人的一生都是有意义的，除非他是在懒惰、不正直或懦弱中度过此生。而一个真正值得骄傲的成功，必须是通过诚实的努力和勇敢地面对命运的惊涛骇浪得来的。”

运气能让一个蠢蛋像智者一样说话吗？能使一个不学无术的人做出一场关于科学的演讲吗？抑或使一个傻瓜写出《奥德赛》《伊里亚特》《失乐园》或《哈姆雷特》？运气能使一个诚实的劳动者忍饥挨饿，却使一个游手好闲者衣食无忧吗？运气能使常识打折扣，而使蠢行得到奖赏吗？运气能把聪明才智扔进阴沟，却把无知愚昧捧上天去吗？运气能禁锢美德，赞美恶行吗？

“运气，就是等待某事的发生，”科布登说道，“而以坚强的意志努力奋斗，同时细心观察，就能促成某事的发生。运气，就是躺在床上，希望邮递员过来告诉他有一笔遗产等待他去继承；而奋斗则是清晨6点起床，奋笔疾书或拼命干活，增加自己

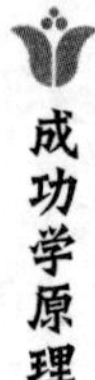

的才干，为将来打好基础。一味依赖运气的人只会怨天尤人，而奋斗者早已呼啸前行。运气，依赖机会的到来；奋斗，依靠品格的力量。”

看准某事，然后坚持到底。相信自己是这个工作的最佳人选，除你之外，无人再能胜任。拿出你全部的勇气去奋斗。时刻保持清醒，激励自己，为自己的目标全力奋斗。你只有学会如何彻底而有分寸地完成一件事情，才能成为命运的主角。那时，你将会对自己有一个更高的评价，别人对你的看法也是如此，因为整个世界都敬佩坚毅果敢的人。

一个人深受身体机能紊乱的折磨，痛不欲生，却因为一次肿瘤手术，而意外治愈；一个波斯人的舌头已经不管用了，而一个拙劣的手术，却完全消除了他说话的障碍；一个画家因为愤怒和绝望把画笔扔向画板，却获得了期望已久的效果；一个音乐家，费尽心思渴望演奏出海上风暴的声音，屡遭失败，他生气地将双手同时从键盘上扫过，却成功地模仿出了风暴的声音——当有人告诉你上面这些例子时，请记住，即便这些都是运气带来的，那也是因为他们努力了，而不是等待。

我喜欢这样的人，欣然面对残酷现实，时刻保持昂扬斗志，不惧怕生活中任何困难。

即便希望落空，仍怀不变信念：上帝毕竟是上帝，真实而又公正。他总为人类着想，庇护自己的子民。

心怀这样的信念，即使命运坎坷艰难，也不要失去信心。尽自己最大的努力，给艰难跋涉者带去信心。他尽管孤独，却很伟大，因为他在创造生命的奇迹，征服不幸的命运。

5. 决心

在很多紧急事件中，最后总是由一个敏锐果断而富有决定性意义的人的出场来改变事情的一切，即使他可能会做出错误的决定。他们的出现就像是群山之巅吹下来的风，令人精神振奋。对犹豫不决、不知所措的群众来说，他们的出现无疑将是一针强心剂。

历史上有影响的人物都是能做出重大而果断的决策的人。一个人如果总是优柔寡断，在两种观点中游离不定，或者不知道该选择两件事物中的哪一件，就无法掌控自己的命运。他生来就属于别人，他不是一个真正的人，只是一颗围着别人转的卫星。而果断敏锐的人决不会坐等好的条件的降临，他不会屈服于任何事，任何事最终必然臣服于他。

一个优柔寡断的人总是容易被和他最后谈话的人的意见所影响。他也许能看到正确的一面，但是他很容易滑向错误的一面。就算他决定了一件事情，别人一旦反对他就会改变主意。

当恺撒来到罗马与高卢人的界河卢比孔河时，看似神圣而不可侵犯的卢比孔河使他的信心有所动摇。按照罗马的法律，没有参议院的批准，任何一名将军也不允许侵略另一个国家。但是他的选择只有两种——“要么毁灭我自己，要么毁灭我的国家”，最后他的坚定信念再没有动摇。他说：“不要惧怕死亡”，于是他带头跳入了卢比孔河。就是因为这一时刻的决定，世界历史随

之而改变。发出“我来了，我看见了，我征服了”这样豪言壮语的他不能有太多犹豫。和拿破仑一样，恺撒能在有限的时间里做出重要的决定，哪怕牺牲一切与之有冲突的计划。恺撒带着他的大军来到英格兰，那里的人们誓死不投降。恺撒敏捷的思维使他明白，他必须使士兵们懂得胜利和死亡的利害关系。为了让士兵们不再抱有撤退的幻想，他命令将所有的船只全部烧掉，这样也就没有了逃跑的可能性。如果不能取得胜利就意味着死亡，这一举动成为这场伟大战争最终取得胜利的关键所在。

获得成功的最有力的方式是迅速做出决定该怎么做一件事，排除一切干扰因素，而且一旦做出牺牲，就不要再继续犹豫不决，使我们的决定受到影响。有的时候犹豫就意味着失去。实际上，一个人如果总在七上八下，左右摇摆，优柔寡断，犹豫不决，或者总在毫无意义地思考自己的选择，一旦有了新的情况就轻易改变自己的决定，这样的人成就不了任何事。这样的人缺乏足够的信心，而自卑消极的人总是一事无成。消极的人没有必胜的信念，也不会有人信任他们。但是自信积极的人就不一样，他们是世界的主宰，他们能支配一切。他们可以挑战一切考验，你可以想象凭他们的能力能够获得怎样的成就。

当有人问亚历山大大帝，他靠什么征服整个世界的时候，他回答说：“是坚定不移。”

优柔寡断的人总是不能果断地做出决定并付诸实施，而离开果断就失去了成功的可能性。在生活中好的机会往往很不容易到来，而且经常会很快地消失。

约翰·福斯特说：“优柔寡断的人从来不是属于他们自己的。他们属于任何可以控制他们的事物。一件又一件的事总在他准备继续自己的决定时打断了他。就好像小树枝和碎屑在河边飘浮，而被波浪一次次推动，卷入一些小漩涡。”

意志坚定的人由于不磨蹭和不犹豫节省了大量时间，而且还避免了精力和重要的力量的浪费，而犹豫不决的人会将这些消磨掉。他们把时间和精力花在一遍又一遍的思考上，一会儿支持这个，一会儿又支持那个，不断权衡，直到两边都达到平衡。在他们身上就没有一种决定性的力量，使他们来做出迅速的决定。他们处于一种稳定的平衡状态，不会以自己的意志改变什么，但是很容易随着别人哪怕是极其轻微的意志而改变。

有目的性的迅速决定使他取得了不可思议的成功，并以此震惊整个世界。他好像能够在很短的时间里到达任何地方。每天他都能取得成绩，这使每个认识他的人感到震惊，而且受到感染。他那无穷的力量鼓舞了他的军队。他能让即使是最迟钝的军队做出最迅速和最富激情的行动，也可以鼓励最愚笨的人充满勇气。他说：“‘如果’和‘但是’在目前都是没有道理的，所有的事都要迅速地做出决定。”如果有必要的话，他会熬上整个晚上来读信件、急件和详细资料。对那些懒散、偷懒而缺乏激情的人来说，这是一个好榜样。

当然，如果一个人只学习怎样做出迅速的决定，他也不是真正敏锐坚决的人。相对于那些从来不知道他们需要什么的犹豫不决的人来说，坚决的人办事效率要大得多。及时的决定曾经多次拯救了拿破仑、格兰特和他们的军队，而很多时候延误时机往往是很致命的。拿破仑曾经说，虽然一场战争可能持续一整天，但是通常是在几分钟之内就决定了整个战场的输赢。他的决心曾征服了整个欧洲，在战争中每个指挥的细节中都体现了他的敏捷与

果断。

华盛顿总统在决定人民的命运时表现出了强大的力量。在国会休会的时候，杰斐逊在巴黎给门罗写信说：“从他们的行动中，你可以看出我常告诉你的事实——他一个人压倒了所有的人，他坚持自己的观点，而使其他人和共和派代表们不得不向他屈服。”

每一种行业或职业都会遭遇到各种各样的困难，有时候甚至是难以逾越的障碍。一个年轻人如果在每次遇到困难时都动摇的话，他将不会取得很大的成功。没有决心就不能专心致志，而一个人要获得成功必须得专心致志地去奋斗。

优柔寡断的人不能很好地集中精力，他总在分散他的精力而一事无成。他不能在一件事情上集中自己的精力直到取得成功。当一种职业显现出好的一面时，他觉得这正是他想做的，而且对此充满了热情，以此作为他一生的追求。可是困难很快就出现了，于是他的热情抛到了九霄云外，他会后悔自己为什么那么愚蠢，怎么会相信自己适合这样的工作。

他会觉得他朋友所做的工作也许更适合他。他放弃了自己的选择，而选择了其他。就这样，他在生活中游移不定，如果遇到一种新的职业，他就会觉得对他是最有吸引力的，从来不用自己的判断力和常识去思考问题，只凭一时的感觉和印象做事。这样的人是从来没有原则的。你很难知道哪儿能找到他，今天在这里而明天又到那里，一会儿做这个一会儿又做那个。轻易放弃他好不容易在工作最繁重部分中所学到的技能。而实际上，在任何工作中，他都没能坚持到度过工作最繁重的阶段，而此阶段过后才是有利的和得到回报的阶段，或者说是最好的阶段。他们把生命浪费在各种职业的初始阶段，而初始阶段一般是比较舒适的阶段，他们可能一辈子都难以到达最后的令人满意的阶段。

亚历山大大帝有着一颗为伟大理想而跳动的心，他征服了整个世界。汉尼拔怀着对罗马人的仇恨，为到达目的地甚至穿过了阿尔卑斯山脉。当别人还在惧怕困难，在危险和障碍面前瑟瑟发抖，还在思考一个权宜之计的时候，这位伟大的人物没有抱怨和受到困扰，同印第安人一起，开始了他征服阿尔卑斯山的步伐。坎坷崎岖的山路在他们的决心面前变得平坦开阔起来。应当学习他们坚定和果断的精神，使你飘浮的生活稳定下来，让它不再东奔西走，就像一片枯萎的叶子随风飘荡一样。优柔寡断的人就像展览会入口处的旋转式绕杆，在每个人的必经之路上却挡不住任何人。

“整个事情的秘诀在于，”阿莫斯·劳伦斯说，“我们已经养成了用最短的时间做出决定的习惯，所以我们总能抓住最好的时机，而有的人总是等机会快失去的时候才作决定，这样常常抓不住任何机会。”

很多年轻人在我们的城市里堕落沉沦直至毁灭，就因为他们的薄弱意志抵挡不住城市中的诸多诱惑。如果当初他们有一点点决心，说一个坚决的“不”，他们就不会是这样。但是他们意志薄弱，不敢反抗，也不喜欢说“不”，因此他们放任自流，直到后来走向堕落毁灭的道路。其实只要当初怀有哪怕一点点决心，就能很容易地克服掉放任自流的思想。

好的习惯不可能由优柔寡断养成。在一个人知道他自己做了些什么之前，他已经将自己的生命赌了出去，那是因为他从来都没下定决心到底要做什么。在很多生前没有取得成功的人的墓碑上常常可见这样的字眼："他游手好闲""错过了时机""耽搁""冷漠""偷懒""松懈""总是落后"等。这些文字给后人以很大的启示和警醒。

韦伯斯特提到过一个优柔寡断的人，说他"像潮水来时的大海一样起伏不定，不前进也不后退，只是在那里盘旋"。这样的人受任何可能发生的事情所左右。他的生活是"对过去的生活的一种哀悼"。他没有能量把握眼前的事实，更不用说利用它们来为今后服务了。

司各特曾经警告过年轻人不要养成懒散的坏习惯，而这样的毛病很容易在闲暇的时间里滋生，经常毁掉一个本来很有前途的生命。他说："你们的座右铭应该是：'珍惜生命'——别犹豫。"这是防止懒散倾向的唯一办法。有多少时间都被浪费在了床上，浪费在翻来覆去而不愿起床的懒惰上啊！很多的工作都这样被荒废了。

伯顿自己不能克服睡懒觉的毛病，他认为这会毁掉他的成功。于是睡觉前他让仆人早上定时叫他起床，而第二天仆人怎么也不能让他起床，伯顿祈求仆人让他再多睡一会儿。可是仆人知道如果不把他叫起来，他就会被克扣工钱。于是他把冷水泼向床上的被窝里，伯顿被冷水一激，马上从床上跳了起来。

毫无疑问，作为一条基本规律，重大的决心通常伴随着强健的体质。一个性格坚强的人总有强壮和健康的身体。如果没有健康的身体，就谈不上意志的坚强。特别是如果身体受折磨或者体质虚弱，下决心的能力就会减弱甚至被瓦解。通常，身强力壮的人是肩负信任和责任的人。任何身体的虚弱、疲乏或者是缺乏精力都可能首先在下决心的虚弱力量中表现出来。没有什么比果断迅速的名声更能使人获得足够的信心，或者更有效率地从银行和朋友那里获得帮助。大家都知道果断迅速的人总会按时结付账单，所以会信任他们。

一旦有任务降临到他们身上，一些人就会感到很困惑和不安，他们十分惧怕作决定。当他们准备做出迅速和坚定的决定的时候，犹豫、困难、害怕就纷沓而来。他们不能轻松地做出决定，也没有勇气去尝试排除障碍。他们明白犹豫可能对企业发展是致命的，对进步、对成功也都是致命的。然而他们似乎命中注定有一种病态的自省，这种自省使他们心神不宁。他们仅仅拥有判断动机的能力，却没有能力真正采取行动。

他们不断地分析、判断、衡量、考虑、思索，却从来不行动。一个人一生只有几次反败为胜的机遇，应该在机会唾手可得的时候抓住它，毕竟很多时候机遇都只出现一次！

在这个竞争的年代，勇敢向前走的人肯定是果断坚决的人，就像恺撒，他必须烧掉船只，使后退变得不可能。在他拔出剑的时候他必须扔掉剑鞘，免得在气馁和犹豫的时候又想把剑收入鞘中。他必须像纳尔逊那样，在战斗中把颜色涂在桅杆上，如果不能征服敌人的话，就选择与自己的船一道沉没。迅速的决定和超凡的大胆曾帮助很多成功的人渡过了难关，而如果再多考虑的话，他们很可能早就被毁灭了。

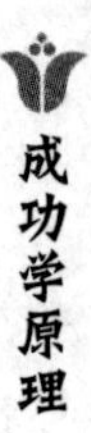

6. 勇敢

“挑战，再挑战，一直挑战到最后。”这就是丹东对于法兰西的敌人的勇敢的蔑视。1879年6月23日，路易十六派人要求革命者自行解散。丹东回答说：“我们已经知道那些人假借皇上名义的意图了。而你，先生，你不是国民大会的一员，你没有地位，没有发言权，没有人会理会你——你不是那个能给我们带来皇上的命令的人。滚吧，告诉那些派你来的人，我们为人民的意愿在这里战斗，我们不会被驱逐，即使用刺刀也不能！”

罗马与迦太基开战期间，元老院的一位元老请求雷古拉斯不要由于一个无理的承诺而返回迦太基。雷古拉斯镇定地回答道：“你是想要让我蒙羞吗？虽然有折磨和死亡在那里等待着我，但是如果我不去的话，我将如何面对因为自己懦弱的行为而产生的耻辱感，以及心灵上的创伤呢？我在迦太基也许会像奴隶一样，但是我仍然保存着罗马人的精神。我已经发誓要回去了，这是我的职责。其他的事情留给神来处理吧。”

1856年，鲁富斯·乔特在马萨诸塞州罗尼尔市面对着近5000人进行演说，支持詹姆斯·布坎南参选总统。突然大厅的地板开始下沉，在他演说的过程中下陷得越来越厉害，如果不是因为主持人本杰明·富兰克林·巴特勒十分冷静的话，那时地板下木头断裂的声音会给人群带来极大的恐慌，后果不堪设想。他告诉人们保持安静，他说他会去看看是否有什么值得发出警报。他发现支撑整个地板的柱子已经腐朽不堪，只要哪怕是最轻微的掌声也会把观众们埋葬在这栋建筑的废墟里面。

他走到讲台上，脸上带着颇为轻松的表情。当他经过乔特的时候，他悄声说："5分钟之后，我们就会……"然后他告诉人群，如果他们慢慢疏散的话是不会立即有什么危险的。他补充说，危险的柱子就在讲台之下，讲台是最危险的地方，而他和他的同伴会在最后离开。最终正是因为他的冷静拯救了很多人的性命。

一位朋友告诉马丁·路德："在沃尔姆斯有很多主教和红衣主教，他们会像烧死约翰·胡斯那样烧死你的。"路德回答道："尽管他们也许能够让火焰从沃尔姆斯烧到维滕堡，甚至一直烧到天堂。以上帝的名义，我也要穿过火焰到他们面前去。"他对另外一个人说："我要去维滕堡，这个地方的魔鬼像屋顶上的瓦片一样多。"还有一个人对他说："乔治公爵肯定会逮捕你的。"他回答道："去是我的责任，而且我一定会去的，就算乔治公爵无处不在。"

勇敢就是敢于保持独立的意见，即使是少数派；勇敢就是敢于被打败，敢于被嘲笑，敢于被愚弄，敢于被奚落，敢于被挖苦，敢于被误解，敢于接受别人对你的错误的判断，敢于一个人站起来面对全世界反对你的人。

"只有奴隶才不敢与坚持真理的少数人一致。"

"诚实的人不会因为狗对着他吠叫而动摇变坏。"

我们的生活方式很奇怪，因为我们害怕被别从看成奇怪的人。

"胆小鬼会因为一次嘲弄或一声冷笑就会放弃忠于自己的誓

言、男子汉气概和荣耀。”

就像最强壮的人也有弱点一样，最伟大的英雄也会有怯懦的时候。圣彼得曾经非常勇敢地抽出自己的宝剑保卫自己的主人，然而他却没法忍受在主教大厅里面少女们的嘲笑以及指责，最后他竟然还拒绝承认认识那个自己曾经誓死效忠的主人。

勇敢对年轻人来说就是当别人都在阿谀奉承的时候，能挺直自己的腰杆。勇敢就是其他人通过欺骗致富的时候，自己还能保持清贫和诚实。勇敢就是在周围的人都说“好”的时候，还能坦率地说出“不”。勇敢就是在别人因为逃避神圣的责任而拥有财富和名声的时候，自己还能默默地承担义务。勇敢就意味着展示真实的自我，在一片谴责声中暴露自己的污点，让别人知道你自己的真实面貌。

别像乌利亚·希普（《大卫·科波菲尔》中的人物）那样乞求每个人的原谅来获得在世界上生存的权利。在怯懦之中我们找不到一丝迷人的东西，而恐惧也从来不是什么可爱的东西。这两者都是畸形的东西，都是令人生厌的。只有像男人那样勇敢才是高贵而优雅的。

当布鲁诺被罗马宗教裁判所判处火刑的时候，他对法官说：“你在宣判我死刑的时候比我接受死刑的时候更加害怕。”

“我还以为恐惧会让你没法走这么远的路呢。”当一位亲戚发现小男孩纳尔逊很远地从自己家走到他的家的时候，他对纳尔逊这么说。“恐惧？”这位未来的海军上将说道，“我从来不知道什么叫恐惧。”

“要是你认为做成一件事情是不可能的，那么它就真的会变成不可能的。”勇气本身就是胜利，而怯懦只能带来失败。

还犹豫什么，赶快去实施你的决定吧，每种想法在其作用被尝试之前都仅仅是美梦而已。竞争使你感到困扰吗？不停地工作吧。除了你自己之外，谁还能成为你的竞争对手呢？在这个世界上找到你自己的位置，要相信所有的一切都只会为勇敢的灵魂敞开大门。像个男人那样与困难战斗，在逆境中勇敢地坚持下去，扬起高贵的头颅永远不向贫穷屈服，无畏地面对一次又一次的失望、失败。一个勇敢的人非常具有感染力，他会给身边所有的人带来一种富有感染力的高度热情。对于那些情绪低落的人来说，每一天都使他们更接近坟墓，因为他们的怯懦使他们无法做出一次又一次的努力。然而如果他们能够在某人的带领下迈出第一步，他们就很可能在有价值的事业上能够走得很远。

亚伯拉罕·林肯的童年一直在贫穷中度过。他从小几乎没有接受过什么像样的教育，也没有什么有势力的朋友。当他最后开始自己律师生涯的时候，他需要很大的勇气才能把自己的命运同那些弱者联系在一起，以至于有时甚至威胁到了他自己仅有的那一点点声誉。只有最崇高的道德勇气，才能让他在成为总统之后仍然坚守自己的立场，迎击敌对的批评和一系列的灾难，让他颁布《奴隶解放宣言》，让他不顾政治家和媒体的喧嚣而支持格兰特和斯坦顿。

只要林肯相信一件案子是正义的，哪怕它再棘手，他也从不会中途放弃。在几乎需要一位年轻律师以自己的饭碗和前途为代价来为一些逃亡的奴隶辩护的时候，别的律师都拒绝了，只有林肯总是一有机会就为那些不幸的人们寻求正义。“去找林肯吧，”当这些被追捕的逃亡者寻求庇护时，他们总是说，“他不惧怕处理任何案子，只要你是正义的。”

耶稣基督如何面对众人的嘲笑呢？他不顾围观者的冷嘲热讽，让中风瘫痪的手重新活动，让盲人恢复光明，让麻风病人的身体复原。

“我们的敌人马上就要面对我们了！”斯巴达人在塞莫皮莱说。“我们正在面对他们。”里昂尼达斯冷静地回答道。“交出你们的武器！”波斯国王薛西斯一世传话过来。“你们过来拿吧！”里昂尼达斯回话说。一个波斯士兵说：“在漫天的标枪和箭弩之下，你们甚至看不到天上的太阳！”一个内斯达莫尼亚人回答说：“那我们就在阴影里面作战！”就是凭着仅有的几个像这样勇敢的人，居然挡住了几乎征服整个地球的强大军队，这真是一个奇迹！

“这不可能！”当拿破仑发出命令要执行一个大胆计划的时候，一位军官这么说道。“不可能？”这位伟大的指挥官怒喝道，“只有傻瓜才说‘不可能’！”

勇敢的人是人们学习如何变得无畏的榜样。他的影响牢牢吸引住人们，人们跟随他，赴汤蹈火也在所不辞。

有勇气的人能够改变世界，而且常常是在他们进入壮年之前。令人惊讶的是，勇于走出第一步和坚忍的毅力成就了无数年轻人伟大的成就。

尤利乌斯·恺撒攻下了800座城池，侵占了300个国家，打败了300万人，成为一个伟大的演说家和迄今为止最伟大的政治家之一，而那时他还只是个年轻人。华盛顿在19岁时就被任命为副将军，21岁时作为大使被派到法国与法国人周旋，在22岁的时候就担任陆军上校打了第一场胜仗。查理曼大帝在30岁就成为法国和德国的主宰者；汉尼拔这位世界上最伟大的军事统帅，在坎尼给予罗马共和国几乎致命的一击的时候只有30岁；而拿破仑在意大利平原上一次又一次以战术谋略胜过并且打败奥地利陆军元帅的时候，年仅27岁。

即使是一些年事已高的人，通常也能表现出同样的勇气与决心。维克多·雨果和威灵顿都是在年近古稀的时候，达到自己事业的高峰。格莱斯顿在84岁的时候仍然用强硬的手腕统治着英格兰，而且在那时他本人在文艺和学术上的造诣也已令人叹为观止。

莎士比亚说："那些因为害怕蜜蜂针刺而不敢靠近蜂巢的人不配享用蜂蜜。"

很多聪明的年轻人身上没有一点对他自己或对世界有价值的东西，仅仅是因为他不敢动手开始。

行动吧！行动吧！！行动吧！！！

不管别人怎么看你，你只要做自己认为是正确的事就行了。用一种近乎冷漠的态度来面对批评或赞扬。

7. 节俭

节俭这个词，最初的意义是紧紧抓住我们现有的东西，主要是指在经济方面保持谨慎，与浪费和奢侈相对。它意味着自我否定和节省开支，直到我们通过节俭而积累的财富达到一定程度，我们才可以满足一些我们自然的欲求。

节俭的最显著的特征就在于一点：花的比挣的少。从工资或收入中积累哪怕是很小的一部分，为了将来的富裕，收入中只要有可能，都要按照通常的利率存一部分。

"每个人都应该意识到，在创业初期，不养成节俭的习惯，就不可能存下一笔钱。"拉赛尔·赛奇说，"即便他从一开始只能省下几便士，也总比什么都不省好。他会发现，随着日子不断过去，从收入中存下一部分钱会变得越来越容易。发现银行账户中存款积累得那么快，那种自豪和惊喜会让你兴奋得无以言表。一个人如果养成这种习惯，将来到了老的时候，就很有可能过得比较富裕。有些人总是把挣得的收入全都花在生活中的各种消费上，他们会发现自己永远不可能变富。他们总是挑出一个挣了钱的人，说他是运气好。事实上，在生意场上，根本没有运气一回事，一个总是依赖运气的人根本就不可能渡过所有的难关。那些在生活中获得成功的人，往往从少年时代就开了个好头。在学校的时候，他们好好地学习，开始工作以后，他们并不寄望于无所事事就能挣到工资，他们也没有总是寻找致富的捷径。他们埋头努力，从不等待一些永远不会到来的机会。他们明白一个既成的事实，就是时代不断在变化。”

“一个年轻人可能会有很多朋友，”托马斯·利浦顿先生说，“但他会发现没有永远不变的，随时准备回应他的要求，有不断推动他向前的能力的朋友。储蓄是成功的原则之一。它使人独立，它使年轻人有立足之地，使他充满活力，使他受到适当的激励。更重要的是，它为他带来了成功的很大一部分——快乐和满足感。”

“节省就是财富。”这个谚语已经被太多人重复了若干遍，直到我们对它感到厌烦或是满不在乎为止。但是我们要记住，这句话之所以能成为谚语，是由于它的正确性和重要性。许多人已经证明，如果秉持节俭，虽然不能即时获得大量的财富，但从长远来看，它是潜在的财富积累。

“一个年轻人应该养成储蓄的习惯，”已辞世的马歇尔·菲尔德说，“不管他的收入多么少。”

事实证明，第一笔存款是大多数年轻人工作生涯中的一个转折点。然而事实上现代都市的年轻人已经不太懂得节俭，他们生活奢侈，向别人炫耀自己的财富已经成为当今这个时代，尤其是我们这个国家的普遍现象。有人曾说过：“通过对比较富有的家庭的调查表明，家长如果很奢侈浪费，那么儿女就会很轻易地继承这种生活方式。”

安德鲁·卡耐基说：“一个人最先要做的事情应该是攒钱。攒钱可以使人变得节俭，而节俭是所有行为习惯中最有价值的。节俭是伟大幸运的制造者。它是区分野蛮人和城市居民的标准。节俭不仅会使信誉度增加，同时也会赋予人们良好的品格。”

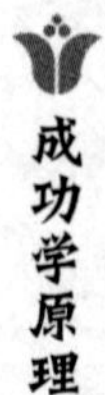

大多数人都不愿进行自我控制的尝试，不愿放弃目前的快乐安逸而换取美好的未来。他们把钱都用来换取短暂的满足和眼前的快乐，并不考虑明天的生活如何去过。他们嫉妒那些比他们更加有钱的成功人士，想知道为什么自己不能生活得更好。他们从不为自己的未来存钱，也不储备知识。松鼠都知道其生活的这个世界不可能一直都是夏天，因此它们会储备过冬的食物。但是看看我们人类，大多数人都不会存钱，挣多少花多少，以至于当他们生病或老了的时候，生活没有任何保障。没有什么事情是可以从头再来的，他们的现状建立在牺牲美好未来的基础上。

富兰克林说："如果你能做到支出少于收入的话，那么你就等于得到了古代炼金术士认为能使金属变成黄金的点金石。"对许多年轻人来说，由于没有节俭的习惯，他们永远也找不到"点金石"。他们总是入不敷出，不会节省开支。如果他们能够及时学会节俭的话，那么他们就会很容易地开始独立生活。这就是第一笔存款的重要性。

生活放荡会使人的能力无意识地、隐蔽地溜走。我了解到年轻人把较多的金钱用于不必要的东西上，相反他们花费在生活必需品、衣物和房屋上的钱却很少。由于他们对购物的欲望缺乏控制，而且也不关心钱的去向，因此他们很难知道他们都把钱用在哪些地方。他们总是很随意地花钱，虽然每次的花费都很少，但一年的总开销就是一个庞大的数字。

节俭通常意味着对一个人的拯救，也意味着人们与那些有害的不良习惯断绝来往，还意味着健康代替了放荡的生活。同时它还能够使人的大脑保持清晰，而不是处于混沌状态。

另外，节俭的习惯还意味着世界上一种新的野心的建立。它使人拥有了自信和自立的精神。任何银行的账户和保险单都表明，人们渴望改善自己的生活，想生活得更好。它不仅代表着希望，还代表着野心，同时也代表做得更好的决心。

人们都希望那些不是太贫穷的人，能够把自己的一部分收入存起来。如果年轻人能做到这一点，就表明他具有非常优秀的品质。商业人士说，如果一个年轻人懂得节省钱的话，那么他也在节省自己的精力和体力，以免浪费，同时也表明他对世界充满了希望，还表明他是明智的、有远见的，他愿意为了将来更多的收获而牺牲现在暂时的快乐。

一个足够你生活舒适的银行账户将增加你的自尊和自信，因为它能够表明你的实际能力和较强的独立性。如果你知道自己有一笔固定数量的金钱或是某种安全的投资，那么你就可以有信心面对这个世界，同时也有自信面对错误。它将在你的背后支持着你的意识，将使你在任何时候都会变得强大，同时它会阻碍那些对人有害的东西萦绕在人们左右。

它将会减轻你对未来生活的紧张与担忧，同时会激发出你身上潜藏的最大能量。把这种能力从压力、恐惧中解放出来，你就会在一种自由的最佳状态下工作。

包括借款、对日常消费没有详细记载、分期付款购买东西等在内，都是节俭不共戴天的敌人。特别要对分期付款的诱惑保持清醒。在这个国家里有数以千计的贫穷家庭，因为他们只能一次性地付出很少的钱，所以他们从来不买那些与生存无关紧要的东西。他们保持着一种特有的贫穷方式，他们经常省吃俭用以攒下一笔钱用来应对紧急事件的发生。

人们经常会玩世不恭地说：“贫穷不是一种耻辱，而只会带来不舒适。”但是贫穷经常都是一种真正的耻辱。那些出生于贫穷之中的人可能会因贫穷而奋发向上。那些被强迫接受贫穷的人可能会克服贫穷。在这片富足和充满机会的大陆上，贫穷是最能表现耻辱的了。

贫穷的确不是一件光彩的事情。除了一点个性以外，我们几乎没什么好展示给我们的支持者了。这种意识没有任何鼓舞作用。不知什么缘故，我感觉我所有的东西很有限，如果我们不能成功地有所积累的话，那么我们就会被认为是一无是处的、懒惰的、不认真的以及奢侈的。别人会觉得要么我们没有能力赚钱，要么我们不会节俭。

但要记住，节俭不是小气吝啬，它通常表示正确的消费。它可以永久地防止我们把重点放在一些错误的东西上。

我们不应该犯以下这些错误：不用广告来宣传自己的产品，从食品和衣着中挤出一些钱存起来。“省下1美元就等于赚了1美元。”但是1美元将会带来几美元的收入。现如今，具有进步、宽宏大量的精神之人会被那些不动脑筋埋头苦干的人远远地甩在后面。

美元的唯一价值就是它具有购物能力。“无论它被使用了多少次，它的价值依然是不变的。”囤积金钱还不如囤积黄金，因为在我们这个星球上黄金是非常稀有的，不会轻易贬值。如果我们保持货币的流动性，那么世界上的货币就会很充足。想象一下，世界上如果每个人都变得很小气吝啬，那么我们的公园、高楼大厦、电子器具将会变得怎样？未来发生的事和可怕的后果都是无法预知的。

8. 集中精力

成功者和失败者之间的巨大差别不在于他们各自所做的工作的数量，而在于有效工作的数量。许多拥有不光彩的失败经历的人为获取巨大成功，做了很多工作，但他们的劳动是徒劳无功的。因为当他们用一只手扩大产业的时候，却用另一只手毁灭他们的产业。他们没有抓住机会，也没有创造机会，他们没有能力把现实的失败转变为明显的胜利。即使有足够的能力和充裕的时间来编织成功的幻想，他们却始终都在使空梭子来回穿行，因此永远无法编织起真正的生活的织物。

如果你让他们中的一个人描述他的生活目标，他将会说："我不知道干什么最合适，但是我在真正艰苦的工作中绝对是一个信徒，我下定决心用我的一生从早到晚都要挖掘，我知道我会遇到一些东西，金子、银子，至少是铁。"聪明人会挖掘整个大陆去寻找银子和金子吗？一个人如果总是刻意想找到某些东西，他永远也无法找到。如果我们没有特意去寻找一些东西，往往会找到它。我找到了我们用心去寻找的东西。蜜蜂不是停留在鲜花上的仅有的昆虫，却是唯一把蜂蜜带走的昆虫。这与我们这些年的研究和年轻时通过辛勤工作收集的丰富材料无关，如果我们对未来的工作没有明确的想法而走进生活，就不会有令人愉快的过渡环境来设定工作结构，并无法使其协调。

伊丽莎白·斯图亚特·费尔普斯·沃德说："超越生活的巨

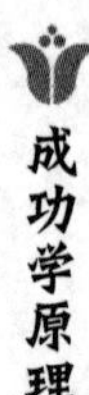

大力量，就是拥有清晰目标的力量。

“当一个人为某种原因而开始生活时，他或她的发言权、穿着、外表和举止都会被规定并发生改变。我认为走在拥挤的街道上，我会注意能维持自己生活的繁忙而快乐的妇女。她们有一种自我尊重和自我满足的意识，即使是最劣质的羊驼毛也无法隐藏，丝绸制的帽子也不会增加，甚至疾病和衰竭也不会拖延。”

风从来都不知道往哪一个方向吹，就像水手不知道他应该停泊在哪个港口一样。

卡莱尔说：“最柔弱的生物在把他的精力集中在唯一的事物上时，他就可以取得成就。然而，最强大的生物如果把他的精力分散于许多事物上，就可能无法取得任何成就。经过无数次滴落之后，水便可以穿透最坚硬的岩石，与之相反，急流呼啸着奔涌而过时，却未留下一丝痕迹。”

一个智慧的传教士说：“当我年轻时，我曾经认为是雷击死了人们，但是，等我长大后，我发现是闪电击死了人们。所以我很少解析雷，而更多地解析闪电。”

了解一件事情并能做得最好的人获得了他应得的表彰。即使仅仅是种植芜菁甘蓝的艺术，如果他因为一直集中了他全部的精力而种出了最好的芜菁甘蓝，那么他就是这种植物——芜菁甘蓝的恩人，并且同样被大家赏识。

如果把一只蜥蜴切成两段，它的前段将会向前爬，而另外一段则会向后爬。这就是它目标分散的必然结果，这足以证明分散的精力不会使人们取得成功。

一个人如果不能聚精会神、稳定而坚持不懈地从事一件有价值的事物，就容易导致他生活的失败。你无法使一根牛油烛的光线穿透帐篷，但是你可以使它射穿橡木制的木板。集中力量射击就可以穿过四个人的身体。即使在冬天，聚集太阳光，你也可以轻而易举地点燃炉火。

比赛中的大力士集中精力，用大锤在一个地方击打，直到他们实现了目标。现今的成功者都是具有压制不住的思想、不可动摇的目标、专一而强烈意愿的人。“精力分散”是美国社会的祸因。

要认真思考你的目标。

许多人没有成为伟人，他们宁愿做一个过得去的万事通，也不愿意成为一个绝顶的专家。

S.T.柯尔雷基极其聪明，但是他没有明确的目标，精神分散，以至于耗尽了他的精力。在许多方面，他的生活都体现了悲惨的失败。他在梦想中生活，在幻想中死亡。他不断地制订计划和下定决心，但是直到他死的那一天，它们还仅仅是计划和决心。

他总是打算做一些事情，但是从来都没有做过。“柯尔雷基死了，”查尔斯·拉姆在给一个朋友的信中写道，“据说他留下了4万多篇关于形而上学和神学的论文，但没有一篇是完整的！”

巴克斯顿把他的成功归因于平凡的方法和非凡的运用，一次只完整地做一件事，永远都毫不动摇地保持对一个可以成功的目标的追求。不做许多事情，却可以取得很大的成就，这是科克的座右铭。

为大物体打开通路的正是几乎看不见的针尖，是剃刀或斧子锋利且薄的边缘。没有尖端或边缘，大物体将一无是处。精通于

某一项工作的人，即有尖锐边缘的人，他们能排除万难取得辉煌的成功。然而我们应该避免狭隘地献身于一个想法，因为这个想法会阻碍我们的力量，不能协调发展。

每一位伟人之所以成为伟人，每一位成功者之所以获取成功，都是根据他拥有的运用某一特殊途径做事的力量而定的。

不可动摇的目标刻画了成功者的性格。

如果你让一个小孩学习走路时把眼睛固定在任一物体上，通常他将会走到那个地方，而不会摔倒。但如果分散他的注意力，他则会摔倒。

今天，如果一个年轻人找到了一份工作，没有人问他来自于哪所大学或他的祖先是谁。主要的问题是“你能做什么？”这才是年轻人需要的专门训练，多数大公司的老板都是从底层逐步提升的。

通常，心中渴望的事物，只要伸出手来就可以获得。知识、财富和成功的涌流就像大海的潮汐一样是必然且确定的。在所有巨大的成功中，我们都可以找到集中所有才能于一个不可动摇的目标上的专注，不怕困难而寻求一份事业的坚定不移，使一个人在所有考验、失望和诱惑之下都会振作的勇气。

“学习不可以投机取巧，”约翰·沃特斯说，“所有投机取巧的学习都是无用的。制订一个计划，明确一个目标，然后为之全力以赴，学习你可以学到的关于它的所有东西，那么你一定会成功的。我说投机取巧学习的意思是，某一天你发现所学的东西很有用，于是就毫无目的地去学习，就像女人在拍卖会上买下一个黄铜造的写有‘汤普森’的门牌，并认为它某天会有用的行为一样！”

目标明确是所有真正的艺术家的特点。真正的艺术家，用最明显的不同表现了最明显的统一，在主要人物上反映了主题，使所有的次要人物、光和阴影都突出主要人物，并感受艺术的表达。他不是那种只在同一块画板上画出很多伟大构想，并使所有的人物都同样突出的伟大画家。因此在每一个平衡的生活中，无论多么有天赋，或是知识多么渊博，都会有一个主要的中心目标。在这个目标上，所有的次要力量都被集中到一起，他们将会找到合适的表达。在自然界中，精力不会被浪费，机会也不会被错过。自从造物者的梭子第一次穿越了浑浊世界之后，每一丝金线就已经标记了图案，每一片叶子、每一朵花、每一块水晶，甚至每一个原子，都标记在其上，清晰地突出了万物的最高阶层——人类。

年轻人常常被告知目标太高，但是我们必须瞄准自己所要达到的目标，普通的目标是不够的。离弦之箭不会徘徊着去看它在途中可以击中什么，而是直接射向目标。

9. 在困境中崛起

1806年的一天，在新泽西州南安布伊的一家旅馆里，一个年仅12岁的小男孩对旅馆老板说："我这里有3辆马车，我得赶到斯坦顿岛去。如果你能帮助我们离开的话，我留下1匹马作为抵押，如果在48个小时内，我没有赶回来给你6美元的话，这匹马就归你了。"

旅店老板对这个建议感到很奇怪，就问男孩为什么要这么做。原来这个男孩的父亲需要把困在桑迪胡克的一艘船上的货物卸下来，然后用驳船运到纽约。男孩的父亲就给了男孩3辆马车、6匹马和3位车夫把这批货物运到驳船那儿。工作顺利完成了，但是男孩出发的时候身上只带了6美元，已经在新泽西州的沙地上走了很长一段路，当到达南安布伊时已身无分文。"就按你说的做吧。"看着男孩诚实明亮的眼睛，旅店老板答应了。不久这匹马就被赎回了。

1810年5月1日，还是这位男孩，向他的母亲借100美元去买一艘小船，因为他非常喜欢大海。母亲对他说："孩子，到这个月的27号你就是16岁了。如果到那天，你能耕完这8英亩地，并种上棉花，我就把钱给你。"这块地不仅坚硬无比，而且满是石块。但是工作还是被按时完成了，而且完成得很好。从这件小事开始，康内留斯·范德比尔特不停奋斗，并最终积累了巨大的财富。

1818年，范德比尔特不仅在纽约港拥有了3艘最好的纵帆船，而且积累了一笔大约9000美元的财产。但是，当他看到蒸汽船比帆船具有更为出色的性能时，他放弃了自己原本非常红火的生意，转而成了一名蒸汽船船长，一年只挣1000美元。这一干就是12年，12年来，他在纽约城和新泽西的新不伦瑞克之间不停地来回穿梭。1829年，范德比尔特终于拥有了自己的第一艘蒸汽船，而这也使他花完了自己所有的积蓄。

否极泰来，之后范德比尔特迅速积累了大量的资金，最后拥有了100多艘蒸汽船。随后范德比尔特投资铁路运输，随着铁路效益的不断增长，范德比尔特的名字开始变得家喻户晓，他成为当时全美国最有钱的人。

巴纳姆开始出来谋生的时候，连一双鞋都买不起。15岁那年，在父亲的葬礼上，他穿上了借钱买的鞋。巴纳姆的一生就是在困境中崛起的最生动的写照，任何困难都不能使他放弃，任何反对都不能让他退缩。

强者从不等待机会，他们创造机会。他们也从不等待有利的条件或环境的出现，而是紧紧把握现在，克服困难，征服环境。有志者将闯出一条成功之路。富兰克林并没有期望拥有精确的仪器来进行研究，他能用一只普普通通的风筝从云端获得电流。

威廉·希克林·普雷斯科特的一生就是一个很好的例子。他曾被认为不会有任何机会能有所成就，但最终他成功了。在大学的时候，在一次“饼干大战”中，他被一片坚硬的面包片扔中，导致一只眼睛失明，另一只眼也几乎失去了作用。但是他并没有从此消沉下去。他立志要成为一名历史学家，而且他把所有精力都倾注在这一方面。在其他人的帮助下，普雷斯科特用了10年的

时间学习，这时他才决定为自己的第一本著作确定一个与众不同的主题。之后，他又花了10年的时间搜集材料，查阅了数以万计的档案和文稿，最终他完成了自己的处女作《费迪南德和伊莎贝拉》。他的一生对于年轻人来说是一个多好的例子啊！对那些经常浪费机会、浪费生命的人又是一个多么大的讽刺！

在强者眼中，通往成功没有捷径。成功之路从来都是“自古华山一条路”——勤奋+毅力。几乎所有对人类社会有所裨益的发明创造，在得到公众的承认之前都有过一段艰辛的历程，甚至在当时遭到了最为进步人士的反对。

“伽利略用一副看戏用的小望远镜发现了一连串奇妙的天文现象。”爱默生说道，“而那些配备着大望远镜的人却没有做到。哥伦布仅凭一艘没有甲板的小船就发现了新大陆。”

所谓的不利环境，其实并不能阻止我们能力的发挥。在汉普夏尔的一座满是岩石的小山上，诞生了一位美国最伟大的演说家和政治家丹尼尔·韦伯斯特。事实证明，越是出身贫困、生活艰辛的人，往往越能成为我们这一民族的领导者和施惠者。

让我们来看看亚伯拉罕·林肯吧，还有谁能比他更能证明这一点呢？他的生命、事业和死亡或许正如希腊唱诗班所吟诵的赞美诗，无论是序曲还是尾声都是极其庄严崇高的。林肯出身卑微，诞生在一个简陋的小屋里。他的经历我们无法详加考证，但我们都知道，林肯的童年是在贫穷、悲惨的生活中度过的，没有希望的亮光，没有平等的环境，青年时代的林肯经常被奇怪的梦想和希望所困扰。林肯天生没有一种优雅的气质，他举止笨拙，缺乏风度，但是他却有着一种极其宝贵的品质，那就是在困境中不屈地奋斗。在他后半生中，林肯终于一鸣惊人，在一个非常时刻被赋予了非常职责，整个国家的命运都托付在他手中。这一刻，那些著名的政党领导人都袖手旁观；而那些经验丰富、功绩卓越的政治家，诸如苏华德、蔡斯和萨姆纳等都被送到了后方；这位还未被人们熟悉的政坛新星却被一只无形的手推到了风口浪尖上，而且拥有了举足轻重的权力。

每个人的成功之门都是自己亲手打开的，当他通过之后就对其他人关上，即便是自己的子女也不例外。因此，没有一扇成功之门能让人人通过。

一位贤者曾说："这个世界上，有谁是没有历尽坎坷就成就大事业的吗？"席勒在自己一生中最艰难、最痛苦的时刻创作了最伟大的悲剧作品。韩德尔在瘫痪之后，顽强地与病魔斗争，忍受着病痛折磨，用自己生命中最后的宝贵时间创作了《弥赛亚》，从而使自己在音乐史上名垂千古。莫扎特创作《安魂曲》时，正是他背负重债、身患重病之际。贝多芬在自己耳朵失聪之后却一连创作了许多部令世人惊叹不已的作品。

艰难不幸、穷困潦倒往往造就真正的天才。在破败不堪的小屋里，或在阴暗潮湿的小阁楼里，这些人埋头苦干、潜心研究，最终厚积薄发，一鸣惊人。他们有的成为国王的良师益友，有的脱颖而出成为同辈人中的佼佼者，有的甚至对整个世界产生了巨大的影响，流芳百世。

哥伦布曾经被视作疯子而被一个又一个的宫廷驱逐，但是他始终没有改变自己的信念，即便面对着全世界的怀疑和嘲笑。他的建议每每遭到国王的拒绝和王后的奚落，但是在他的内心深处仍牢牢坚守着自己的信仰，没有动摇半分。"新大陆"这几个字深深地刻在他的心中。为了它，哥伦布宁愿牺牲

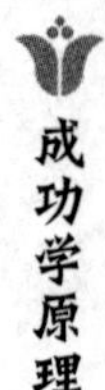

自己的一切：名誉、安乐、享受、地位，甚至生命。威胁、嘲讽、驱逐、风暴、漏水的破船、水手的叛乱，所有这一切都不能改变他的信念。

你无法阻止一个有决心的人走向成功。前进路上的绊脚石将会被他当做自己向上攀登的阶梯，一步一步迈向更大的成功。拿走他所有的钱，贫穷将激励他奋勇前行。

培根，一位对人类社会产生深远影响的思想家，在他研究自然哲学过程中也曾遭受过残酷的迫害。他曾被指控在玩弄巫术，他的著作和书籍被当众焚毁，他甚至身陷囹圄达10年之久。但是他坚持下来，获得了成功。

即使是我们所景仰的华盛顿总统，因为他没有迎合民众的要求，拒绝签署杰伊先生与英国达成的协议，也曾经在大街上被公众围着声讨。但是华盛顿坚持自己的主张，最终人们认可了他的立场。威灵顿公爵也曾在伦敦的大街上遭到一群暴徒的袭击，他家的窗户被打烂了，他的妻子倒在血泊之中，但是这位“铁血公爵”并没有因此后退半步，没有背离自己的信念。

一个通过自己的奋斗最终成功的人，他所得到的金钱，并不仅仅是钱，更多意义上是他们艰苦创业的一种回报。当菲利普兄弟在历经许多年的艰辛、反对、嘲笑和失败后，终于将自己的手放在了发报机上，使信息从大洋洋底传送过去，你是否在想，这些电流不会比他的手指指尖流得更远？当托马斯·爱迪生展示如何将电灯最终转化为巨大的商业成功时，你是否在想，这些明亮的灯光并没有他灵魂中最深处的东西更加明亮？

坚持不懈地努力，永无休止地奋斗，战胜种种艰难险阻，这就是成就事业需要付出的代价。

如果一个人从来没有为自己的生活奋斗过，从来没有感受过在绝境中奋斗的伤痛，那么他就不能理解成功的真正含义。

10. 做事有始有终

有一艘救生艇的船底发现了裂缝。在修理的过程中，人们发现在船舱里有一把锤子。这把锤子是13年前的造船者留在这里的。这些年来，随着船不停地晃动，锤子磨穿了船底的厚木板，露出了船壳板，于是才有了裂缝的产生。

许多人失去了眼睛、腿、手臂，或是有其他伤残。造成这些恶果的原因，往往是不诚实的工人生产出来的产品有问题。他们不重视自己的工作，把产品的缺陷或是弱点用油漆遮盖上敷衍了事。

有些楼房甚至在还未建成之前就倒塌了，建筑工人被掩埋在废墟之下。原因就在于有些人，雇员或是雇主，在工作的过程中不认真、不忠于职守，以致建筑物出现了问题。

大多数铁路事故，还有一些陆地和海上事故，夺走了许多人的生命，引起了巨大的悲痛。这些都是漫不经心、不认真思考，或是没有做完的、含有巨大隐患的工作所带来的恶果；都是对工作漫不经心、无动于衷的工人们不追求高品质的工作所结出的恶果。

这些惨剧的背后，正是某些人的粗心大意、工作失误和缺乏精益求精工作精神的恶习。这些最恶劣的犯罪没法按照法律条文来惩处。可是，和那些被驱逐出社会的罪犯相比，他们的粗心大意、漫不经心、不认真思考对社会造成的危害更大。这些都是对自己、对人性的犯罪。在一些情况下，小小的失误或是轻微的缺陷都会危及生命，此时的粗心大意和蓄意谋杀有什么两样呢。

如果每个人都能够认真对待工作、有始有终的话，将不仅可以使现在人们死亡、受伤和残疾的比率降低，而且还会给我们的世界留下更高质量的成年男女。

大多数年轻人只注重工作的数量而不是质量。他们想做得更多，可是工作的质量却不高。他们没有认识到，建立在做好每一件事情、让性格成为自己的商标的基础上的教育、舒适、满足、整体的改善和决心，其意义远远大于做成千上万件半途而废的工作。

人们必须遵循这样的规律，我们在工作中付出的劳动的质量，会影响生活的其他方面，并最终决定我们生活的质量。人们会在很多方面展现出自己做事的方式。精益求精的习惯会增强人的精神力量，使他们的性格变得更好。

相反，以随随便便、敷衍了事的态度工作，必将削弱人的精神力量，败坏道德，并降低生活的质量。

每一件在你手中由于你的敷衍了事而半途而废的工作都会在你背后留下道德败坏的印记。在轻视你自己的工作之后，把这件工作做得很差之后，你就不再是以前的那个你了。你将不太可能继续遵循自己以前的工作标准，或是像以前那样重视自己所说的话了。

半途而废或游手好闲对人的精神和道德都有影响。他们会使人精神衰弱、道德败坏。这种影响难以估量，因为其过程非常缓慢、细微。如果一个人习惯性地不认真工作，他不会因此尊敬自己。当人的自尊下降的时候，他也就没有了自信。而一旦自尊与

自信都没有了，就再也不可能出色地完成工作了。

敷衍了事的习惯会令人惊讶地逐渐附着在一个人的身上，并使他的生活态度发生转变，从而严重地影响其人生目标的实现，即使他以为自己是在尽其所能地实现这一目的。

一个人的理想和抱负需要他密切地注意和长期培养，这样才能使之保持较高的水平。很多人在独处或是和一些马马虎虎的人在一起长期相处之后，进取心也会随之衰退，对未来的理想也渐渐消亡。他们需要别人不断帮助他们，给他们提建议，激励他们从别人的例子中学习，从而使他们对自己的要求保持在较高的水平。

不是致力于把自己的工作做好，而是在商品或是产品中采取欺骗手段的人，既是对自己不诚实，又是对他的伙伴不诚实。他必将为自己的这种行为付出自尊、人格和社会地位的代价。然而这种对待工作没有诚信的行为随处可见。

现在已经很难找到那种精工细制的商品了，也很难找到那种有自己的个性、风格、制作者全身心投入的商品了。大多数商品只是简单地拼凑。正是由于这样粗制滥造的产品随处可见，才使得那些制作精良的产品在全世界享有良好的声誉，并因此价格不菲。

有人曾这样说过："在疏忽和无知之间有一场竞赛，它们比的是谁能够制造更多的麻烦。"很多年轻人因为一些在他们看来很小的事情而失败，比如疏忽、不精确。他们很少做完他们应该做的事，指望他们把事情做好的想法是不切实际的，他们的工作必须有人在一旁监督。当今，有成千上万的小职员和簿记员工资微薄、处境艰难，原因在于他们从来就不知道怎样把事情做得完全正确。

没有哪一种广告会像声誉那样有效。世界上很多大企业家都把声誉看做最重要的财富，并竭尽所能地维护自己良好的声誉。大笔的资金都用于维护他们产品质量上乘、精工细制的声誉。

永远不要满足于“还不错”“挺好的”或是“可以了”之类的话语。不要容忍自己没有把最好的一面表现出来。你要这样去工作：要让每一个看到你工作的人，从中发现你的个性、你的风格、你对工作一丝不苟的态度。要这样想：你做过的每一件工作都有可能因为质量不够高而影响你的声誉，而声誉就是你的资本。工作质量低劣，或是从你手里留下来的半途而废的工作将会让你付出高昂的代价。你工作的每一个细节，不管它看起来是如何的不起眼，都应该能够代表你严谨的工作态度。它必须是你竭尽全力的成果，必须是人类所能做到的最好成绩。

其实，艺术家与工匠的区别就在于是做到最好还是仅仅做得好。而大师们享有盛誉，也就是因为在别人已经停止工作的时候，他们还在继续改进自己的工作。

小约翰·D.洛克菲勒曾经说过：“成功的秘密就在于把平常的事做得不同寻常。”大多数年轻人并没有意识到，向上的路其实是他们每天平常的、简单的工作中良好的表现。你每天正在做的事情就能为你打开或是关紧通向成功的大门。

很多小伙子还不知道，其实他们早就被老板在心里内定为更高职位的候选人。或许在几个月甚至是一年之后，他们才会发觉老板很欣赏自己。而当提升的那一天到来的时候，那些能够更清楚地区分“好”和“更好”，区分“还不错”和“好极了”，区分大家评价的“好”和实际能做到的最好的人，将更有可能获得

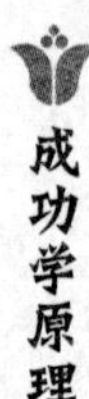

老板的青睐。

很多雇员每天都在期待着一些不寻常的事发生。他们以为这会给他们带来展示自己的机会。他们总是在想："每天做这些枯燥、平凡的日常工作对我会有什么帮助？"只有那些能够从这些简单的工作、普通的环境和低微的职位中看到绝好机遇的年轻人，才能出人头地。如果想要赢得老板的注意力，你就要比周围的人工作得更好，仪表更整洁，工作更有效率、更精确，更注意观察周围的世界，用更新的方法做普通的工作，多一点礼貌，多一点热心，多一点技巧，多一点乐观，多一点精力。

如果你天性就追求完美、不允许掺假，如果你能够在每一件事情上严格保持自己的标准，只要你能够有毅力、有决心地去追求你的目标，你就一定能够获得成功！

每一个成功的人做事都会善始善终。天才就是承受无尽的痛苦的艺术。很多美国人面临的问题是，他们似乎认为，即使自己的工作质量很差、马马虎虎、半途而废，他们也能生产出一流的产品。他们不明白，只有拥有极度的细心和高度的责任心，才能成就伟大的事业。

一个缺乏恒心、做事不精益求精的年轻人，是永远不会有什么大成就的。即使他的头脑像拿破仑那样非凡，可如果他养成了做事粗枝大叶、不求精确、半途而废的习惯，他终将一事无成。

做事有始有终、诚实可靠作为德国人的精神特征，正在当今世界中不断增强德国的国力。

今天的德国人之所以能够在世界上有这样的地位，除了他们对工作质量的高标准、严要求、有始有终之外，别无原因。德国的年轻人比英国或是美国的年轻人更有优势。德国的老板们寻找的是做事有始有终的雇员，而德国的雇员们在这方面的表现也十分优秀。对他们的培训成绩斐然，他们工作之前的准备也十分充分。在今天的英格兰，尤其是在银行业和商业领域内，这样的品质尤为可贵。

在德国这是一条规律，如果一个人想要从商的话，他必须先在商学院学习4年。毕业之后还要在他选择的行业内做3年不带薪的实习。

我们最大的缺陷就在于没有这种工作有始有终的态度。我们见过几个青年男女愿意为了自己终身从事的行业认真准备呢？他们得到一点点最基础的教育、随便翻一翻书就满足了，觉得自己已经准备得足够充分了。

无论你从事的是什么样的工作，全力以赴去把它做好。这应该是你的人生信条。在这件工作上留下你工作过的印记。让你的名字成为最优质的工作的代名词吧。让人们相信，你做的工作都是最好的。这是所有的老板都在寻找的品质。这会表明你拥有世上最优秀的头脑，这种品质完全可以弥补你不是天才的缺憾。它是比金钱更好的资本。在事业上，它是比朋友，或是有影响力的“贵人”更有力的推手。

对于那些高质量地对待工作的人，他们的个性中都有无与伦比的卓越素质。对于整体性，对于满意程度以及欢乐程度来说，他的生活永远不能被那些不尽力工作的人所体会。他永远不会被那些半途而废的工作，没有解决的问题所困扰，不会带着困惑的心情入睡。

当我们投入全部的精力的时候，我们的天性就会得到升华。当我们的情形每况愈下的时候，我们就会沮丧不已。希望可以鼓

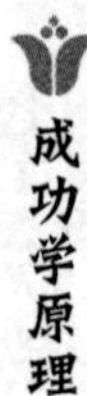

舞生命，消沉只能让人更加堕落！

你所做的每一件事都是你职业的一部分。如果由你经手过的工作都会被删节，没人接手，杂乱无章或被修正，那么你的个人形象就会受到损害。如果你的工作完成得很糟糕，如果工作没有连贯性，以次充好有水分，其中有不诚实的部分，那么可以说，你的性格中也会有虚假、伪装和不诚实的成分。我们的生活都是不连贯的。当我们常常在工作时间偷懒，做出一些有缺陷的材料和马马虎虎的服务时，我们也不会有诚实的性格，也不会有完全没受到玷污的职业。

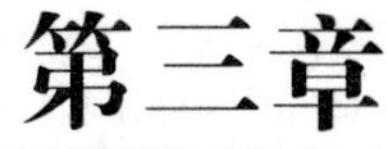

第三章

天赐的机遇

软弱的人等待机会，强壮的人制造机会。

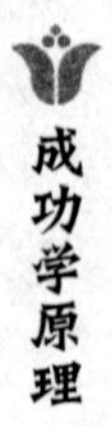

1. 人生与机遇

“那条路能过吗？”拿破仑向工程人员问道，他们是被派遣去探索圣伯纳德的那条可怕的小路的。“也许，”工程人员有些犹豫地回答，“还是有可能的。”

“那就前进。”拿破仑说道，根本没有注意那些似乎难以逾越的困难。英国人和奥地利人对于翻越阿尔卑斯山的意图表现出嘲笑和不屑一顾，那里“从没有车辆行驶，也根本不可能有”，更何况是一支6万人的部队，他们带着笨重的大炮、数十吨的炮弹和辎重，还有大量的军需品。但是饥寒交迫的莫罗正在热那亚处于包围之中，胜利的奥地利人聚集在尼斯城前，而拿破仑绝不是那种在危难中将自己的同伴弃之不顾的人，他除了前进别无选择。

在这个“不可能”的任务被完成后，有些人认为这早就能够做到，而其他人之所以没有做到，是因为他们拒绝面对这样的困难，固执地认为这些困难不可克服。许多指挥官都拥有必要的补给、工具和强壮的士兵，他们唯独缺乏拿破仑那样的勇气和决心。拿破仑从不在困难面前退缩，而是不断进取，创造并抓住了胜利的机会。

莱昂尼达斯在温泉关阻止了波斯国王薛西斯一世的强大东征部队；恺撒发现他的军队遭到了顽强的抵抗，于是亲自抓起了矛和盾，一边辨认己方士兵一边战斗，最终败中求胜；拿破仑亲自参加战斗，连续几年未尝败绩；惠灵顿虽然转战多处但从未被征服过；拿破仑的得力干将奈伊无数次在败军阵中力挽狂澜；谢里丹将军在北方联邦的军队要溃败的时候从温彻斯特来到前线，并在前线骑行了一周，最终扭转了局势；谢尔曼将军虽然面对着沉重的压力，却仍指示他的部下坚守前线，直到最终取得胜利。这些胜利难道都是轻而易举的吗？

的确，拿破仑只有一个，但从另一方面来说，每个普通青年在成长过程中，他所要面临的困难远不如当年拿破仑所面对的，他要越过高远和危险的无人能翻越的山峰。

不要等待绝佳的机会自动出现。我们应该抓住平常的机会，使它们变得不平常。

软弱的人等待机会，强壮的人制造机会。

也许在一百万个机会中只有少数几个能够使你得到不同寻常的帮助，但只要你行动的话，再少的机会你也可以很好地加以利用。

历史为我们提供了无数的证明事例，能够抓住机会的人就能够取得胜利，而这胜利在那些不够坚决的人看来是不可能的。迅速的决定和全心投入的行动能够帮助我们横扫世界。

没有机会是那些软弱犹豫的人常用的借口。机会！每个人的生命中都充满了机会。学校和大学中的每一堂课都是一次机会，每次考试都是生命中的一次机会，每个客户都是一个机会，每次训诫都是一个机会，每个患者都是一次机会，报纸中的每一篇文章都是一个机会，每笔生意都是一个机会——一个变得有教养的机会，一个变得有男子气的机会，一个变得诚实的机会，一个结交朋友的机会。你的每一次自信的表现都是一个很好的机会。你

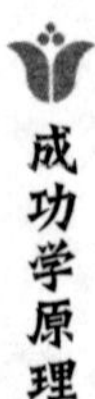

的力量和道义所承担的每一个责任都是无价的。机会的存在源于努力，如果一个人认真对待自己的生活，那么不知不觉间，与他的聪明才智相符的成功机会就将来到他的身边。既然像佛瑞德·道格拉斯这样连自由都没有的奴隶都可以成为一个演说家、编辑和政治家，那么那些正在怨天尤人的年轻人应该做些什么？他们的机会可比道格拉斯要多得多。整天抱怨自己没有机会没有时间的都是那些游手好闲的人，而不是认真工作的人。有些年轻人抓住了机会就会仔细认真地利用，从而一生受益；而另一些人则是随意地丢弃。蜜蜂从每朵花中吸取精华采集花蜜，同样的，我们每个人也在每天经历的各种环境中学到了有用的知识，或提高了个人能力。

“每个人一生中都会受到幸运之神的垂青，”一位红衣主教说，“但是一旦幸运之神从大门进来后发现他没有准备好迎接自己，她就会转身从窗子里出去。”

洛克菲勒在石油领域发现了自己的机会。他注意到这个国家还有许多人不能享有正常的照明，国内石油的储藏量十分大，但是提炼工序却十分粗糙，以至于生产出来的产品质量很差，而且不是十分安全。这就是洛克菲勒的机会。他与曾经在机械商店一同工作过的搬运工塞缪尔·安德鲁斯搭档，使用他的搭档所发明的先进工艺，于1870年生产出了第一桶蒸馏油。他们的石油产品质量超群，生意很快就繁荣起来。他们这时又有了第三个搭档，佛莱格勒先生，但安德鲁斯很快就产生了不满。“你到底想要些什么？”洛克菲勒问道。安德鲁斯随意在一张纸上写道：“100万美元。”在24个小时内，洛克菲勒先生就给了他这么一笔钱，并说道：“100万美元还不值10块钱。”20年后，这个在当时厂房和设备加在一起仅值1000美元的小炼油厂，发展成了标准石油联合企业（美孚石油公司），资本额达9000万美元，以每股价格170美元计算，其市场价值达到了1.5亿美元。

这些都是抓住机会发大财的事例。同样抓住了机会的还有新一代的电工技师、工程师、学者、艺术家、作家和诗人，他们从事着比挣钱高尚的职业。他们让我们知道，财富不是奋斗的终极目标，而只是一个机会；富有也不是事业的巅峰，只不过小事一桩而已。

你为这样一个难得的机会做好准备了吗?

每个人都注意到，当在盛满水的容器中放入固体时，水就会溢出来，然而却从没有人细心地发现那个物体排出了与它体积相同的液体。但当阿基米德发现这个情况时，他却察觉到这其中隐藏着一个测量物体体积的简易方法，即使物体的形状是不规则的。睁开双眼，就会发现机会无处不在；竖起耳朵，就会听到那些濒临死亡、渴求帮助的呼喊；敞开心灵，就永远不会缺少施展才华的对象；张开双手，就永远不会缺少崇高的工作。

众所周知，当一个悬挂起来的物体被移动的时候，它会稳定地前后摆动，直到空气阻力使它停止下来，却没有人意识到这个细小现象的重要性；而当比萨大教堂里的吊灯因为一个偶然的事件而晃动起来后，伽利略却在这种有规律的摆动中发现了重要的钟摆定理。即使是监狱的铁门也无法阻止他进行研究。伽利略用牢房里的稻草进行实验，掌握了关于同样直径的管子和杆子的相对强度的定律。

无数的苹果从树上落下，经常掉在那些漫不经心的人的头

上，仿佛在开启他们的思维。但只有牛顿第一个意识到，苹果落在地上与行星在自己的轨道内运动，而不是漫无边际的四处乱跑的原理是相同的。

从亚当那个时代起，闪电就使人目眩，雷声震耳欲聋，徒劳地努力提醒人们注意无所不在的电所具有的威力无穷的能量。但人们只是用恐惧的眼睛和耳朵去听去看这来自天堂的枪炮声，直到富兰克林的出现——他通过一个简单的实验证明了闪电只不过是一种不可抗拒但可以控制的能量，它的来源与空气和水一样充足。

和其他许多人一样，这些人被认为是伟大的，因为他们抓住了那些看起来很平常的机会，并利用、发展这些机遇，使其为人类服务。我们应该读一读每一个成功人士的故事，衡量一下他们的精神，所罗门在几千年前就说过："你看见那个勤奋的人了吗？他就站在国王的面前。"这个格言在勤勉的富兰克林身上得到了很好的体现，他曾经站在5个国王面前，并反抗过其中的2个。

对那些清醒、节俭、有活力、有能力的技工，有教养的年轻人，办公室勤杂工和职员来说，探索的道路比过去变得更多、更宽、更方便。通过这些道路，他们可以取得比历史上的同行大得多的成就。在不久以前，也许只有三四个教授的领域，现在则有50个；过去只有单桩生意的地方，现在则已有了100桩。

抓住机会并加以利用的人就像是播撒种子，不仅为自己还为别人结出了丰硕的果实。每一个诚实劳动的人，都为后面不断壮大的队伍提供了可以利用的知识和便利。

有些特定的时刻，其重要性甚至超过几年的时间。我们无法阻止。在时间的重要性和价值性之间没有均衡。一个偏离中心、出乎意料的5分钟可能就决定了一个人的命运。而这些重要的时刻，谁能料定不会发生在我们身上呢？

我们所说的转折点，只是综合我们之前的努力所取得成绩的机会。这些偶然的机会只对那些经过训练知道如何利用它们的人才有意义。

年轻人，为什么你们整天站在那里无所事事？是不是在你出生之前所有的土地就都已被占据了？是不是地球已经停止了发展？是不是所有的座位都被占了？所有的职位都已经满了？所有的机会都已经溜走了？现代社会的竞争是否如此激烈，以至于你仅仅希望过一种诚实的生活？在这个进步的时代，你是否在生命当中收到过这样一份礼物，过去所有的经验都包含在其中，为你带来灵感，使你作为单纯的生物而有所进步？

在这样一个知识空前丰富的时代，在这样一个机遇超常的国家，既然上帝早就赋予了你必要的本领和力量，你又怎能坐下来双手合十，祈求他再在你的工作中给你以帮助呢？世界上有很多工作等着人们去做，人的本性是如此之妙，经常一句令人愉快的话或一个小小的帮助就可以阻止即将发生在一个人身上的灾祸，打通他通向成功的道路。我们的能力如此之强，诚实、渴望和持之以恒的努力将帮助我们找到最好的东西。无数著名的事例鼓励我们勇敢行事，每个重要的时刻都会把我们带向一个全新的机会。

不要坐等机会降临，而是去创造它——就像拿破仑上百次完成“不可能”的任务那样去创造机会，就像所有人类的领袖——

无论是战争中的还是和平时期的——创造机会获得成功那样去努力。金子般的机会从不属于懒惰的人，只有勤勉才能将最一般的机会变为黄金机会。

2. 如何面对眼前出现的机会

现在，接受过良好教育的人比以往任何时候都多，社会对受过良好训练的人才的需求比以往任何时候都大。每个行业都在向人们敞开着大门，门上打着这样的标语："我们需要人才。"不管有多少人失业，这个世界总在寻找那些尽其所能的人才，这个世界总需要一个能够将事情做得更好的人才。任何地方都需要那种受过良好教育、经过良好培训、自身的能力得到很大提高的人才。

在任何时候，我们都不难看到那些智力并不出类拔萃但受过良好教育的人才，远比那些有天赋却没有接受良好教育的人取得更大的成就。那些没有受过良好训练或那种只受过一些训练的年轻人往往不能获得很好的机会，而那些受过良好教育的人才却能够拥有很多这样的好机会。今天，缺少知识已经成为人才竞争中最大的劣势。

机会总在等待受过良好教育的人才，但同时，当今大量的大学毕业生在进入社会时，会面临大量强烈的诱惑，它们都是当今大学生所面对的危险。

每年，成千上万的年轻人从中学、学院或大学毕业，手持他们的学历证书走进社会。他们心中充满理想和希望，充满了对未来的憧憬，去第一次面对现实世界。

对于这些年轻的毕业生而言，他们最需要注意的是对金钱的

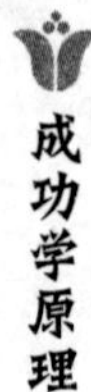

狂热崇拜。当今美国人被这种狂热所支配，他们完全意识不到对于人性的高尚追求，这里还有更为重要的东西。

任何教育，如果它不能提高受教育者的能力，提高受教育者的道德水平，使受教育者变得高尚，那么这种教育就是一种祸根，而不是一种福祉。那种毫无约束的教育只能培养出那种无耻、危险的无赖。与那些没有受过良好教育的无赖相比，受过良好教育的无耻之徒肯定会给社会造成更大的威胁。

财富能够提供给人们众多的权力，以至于多数事情的目标都栽倒在金钱脚下。一个男人的才干往往以这个人所挣的钱来衡量。“我可以从我画的画挣多少钱呢？”“我可以从我写的书中挣到多少版税呢？”“我从我的专业、我的职业中挣到多少钱呢？”“我怎样才能挣到更多的钱呢？”或是“我怎样才能发家致富？”这些话是这个世纪人们问得最多的话。这些刚刚从校园里走出来的学生将如何回答这类问题呢？

金钱的影响是如此巨大，以至于人们在谈论人生时，往往将理想放到了次要的位置，艺术也不像以前那么重要，精神的东西再也无法战胜物质。商业精神往往让人们的灵魂变得非常肮脏。这种微妙的威胁腐蚀着人们的理想。不论你走到哪里，美元的标志都会进入你的视野。金钱至上的思想，随时都在诱惑每一个人，每个人都对金钱充满崇拜。

如今的社会，年轻人承受着空前的压力，因为他们不得不出卖它们的智慧，将他们的个人能力换成金钱，廉价出卖他们的教育。商业所带来的回报是如此眼花缭乱，如此让人吃惊，以至于在那种物质回报非常有限的境况下，只有那种意志坚强、精力充沛的人，才能够抵制住这种诱惑。

今天，金钱的诱惑如此巨大，以至于人们不能按照他们的天性所决定的禀赋去做适合自己的事情，来自灵魂深处的微弱呼喊也被这种诱惑所淹没。

成千上万的年轻人在走出校园的时候，站在社会大熔炉的门槛边，他们一开始还对未来生活充满理想，拥有充满活力四射的幻想，充满憧憬和对未来的渴望，但是他们中的许多人很快就会变成金钱的崇拜者。

这种致命的病毒很快就会影响年轻人的本性。当这种病毒和年轻人的野心结合在一起，年轻人在跨出大学校门时的美好憧憬就会逐渐变得模糊，他们对理想的追求会逐渐消亡，取而代之的是对物质、低俗、自私的追逐。

年轻人最遗憾的事情是，他开始逐渐抛弃他心中的理想，降低对自己的要求。有一天，他的心中会出现自私、赚钱的病毒，这些病毒将扭曲他的本性。

你需要坚持抵制这种病毒的腐蚀。当你从学校毕业、走进这个世界，这些影响会一直伴随你的人生，它们会降低你对自己的标准，削弱你的理想。

当你投身于现实世界时，你的理想会受到一些低俗的东西的影响，这些理想仅仅是一些自私、肮脏的目标。如果这些低俗的理想侵蚀了你的灵魂，那么你的心就已经死掉了。如果你要抵制这些侵蚀，你就必须要有坚定的信念。

对于那些刚刚毕业、拿到学位证书的学生，这些学位和几十年以后他们的成就比起来太微不足道了！两者之间很难找到必然联系。

无论你从学校穿什么衣服走出来，无论你在自己的事业中取

得多大成就，再没有什么头衔能比绅士的头衔更加高贵。

“对荣誉保持敏锐坚定的触觉，”哈佛大学校长艾略特说过，“是大学所能提供的最好的东西。”没有这种敏锐和坚定的感觉的学生，就错失了大学生活所能提供的最宝贵的财富。

年轻的大学毕业生们，你们的未来就像一块洁白的大理石一样，没有任何痕迹。你可以自己拿着凿子和锤子——你的个人能力、你的教育经历——去书写自己的故事。在这块大理石中，可以镌刻上你理想的痕迹。这种理想是天使还是魔鬼？当你踏入社会这一门槛时，你的理想是什么呢？你会用锤子将这块美丽的大理石敲成一堆乱七八糟、丑陋的碎片吗？还是你把它雕刻成为一块高贵美丽的雕塑？这样高贵的雕塑会告诉我们的后世，什么样的生活才是有意义的生活。

一个人拥有的才能越是非同一般，他越是能够担负更大的责任，你不能将两者分离开来。自由开放的教育增加了个人的义务。我们从这种教育中得到的是责任，我们无法推卸这种责任，因为如果逃避这种责任，我们将会受到上帝的惩罚，我们的灵魂将枯萎，我们的思想将止步不前，我们将丧失自己的良知，我们将对社会一无是处。相比较那些没有受过良好教育的人而言，大学毕业生如果屈从于低俗、无聊的现实，将是更加耻辱的事情。受过教育的人已经得到上帝的恩赐，他们应当积极向上，做更加有意义的事情，而不是一味向世俗低头。

毫无疑问，相对于那些没有受过良好教育、没有获得上帝赐予的力量的人，如果那些受过良好教育的人没有很好地服务于这个社会，那么这将是更加遗憾的事情，因为人们期待这些受过良好教育的人才做出更大的成就。人们有权利对那些受过良好教育的人才抱有很大期望，就像林肯评价沃特·惠特曼一样：“他是一个男人。”

如果你有实力，又有很好的机会，那么你就肩负着一个更加伟大的使命，为你的同胞们做出贡献，那就是为人类的意义做出的最恰当的注解。如果知识的火炬传递到你的手中，那么你应当为那些普通人照亮前进的道路；如果你的知识可以为那些无知的平凡之人带来自由的信息，你应当充分释放你知识的力量。你所接受的教育，意味着你有更大的责任，让你的生命更有意义，符合你所获得的天赋和机会。你有你的责任，你必须充满男子汉气概，把这种信息传递到整个世界。

如果我们见到这样一个人，上帝赋予他超乎常人的天资，又让他接受了良好的教育，使他有足够的力量，改变同胞的艰苦环境，帮助他们从无知中解放出来。但他没有这样做，他不仅没有用他接受的教育帮助他的同胞，而是用他接受的教育教唆他的同胞做坏事，我们会怎样想呢？

我们将闯入我们住宅的小偷和强盗送进监狱，但是我们是否也应该将那些利用智慧和自己的天赋去破坏那些普通人生活的无耻之徒送进监狱呢？

你所能做的最伟大的事情，与你的伟大人格相匹配。曾经有位伟人说过，如果发现生活残缺不全，人们就不会满足于残缺的生活，因为所缺失的那一半生活更加崇高，时常萦绕在他们的心中。你所接受的高等教育让你看到了更加崇高的生活的意义，千万不要丧失你的这种眼界。

无论你走到哪里，世俗低级的追求总会出现在你的视野中，但是千万不要被这些现象所左右。如果有人向你建议，你应该将你所受到的教育变成金钱，将你的理想转变成为美元，降低你对生活的要求，出卖你所受到的教育，这时你应当把这些所谓的建议看做是对你的一种伤害。

对你自己说："如果我灵魂中高尚的理想不能给我带来成功，那些低俗的想法肯定也不会给我带来成功。"

受过教育的人的使命是向世界展示一种更加美好、更有意义的生存方式。

世界理所当然地希望从受过良好教育的人的工作中，获得更好的成果。相比较那些受教育层次很低、没有发掘到自己潜力的人而言，受过良好教育的人的工作应当更加优异、质量更高。用"很好""相当好"这些字眼来评价受过教育的人，无论是对人的性格，还是对他的工作的评价，都是很糟糕的。他应当展示受过良好教育的人所具有的熟练使用工具的能力，他已经学会了如何集中注意力，如何将他的身心投入到自己的工作中。漫无目的、毫无头绪、三心二意的状态不应当在他的生活中出现。

"你们应当向榜样好好学习，不要只知道埋头做自己的事情。"当一位伟大的科学家在他的学生中走来走去，批评他们的工作时，他这样说道。但是，对于我们当中的大多数人而言，最大的问题就是我们并未向榜样好好学习，我们已经丧失了我们年轻时的眼界。教育应当拓展人们的头脑，让他们能够总是看得到榜样，找到工作的理想，在生活中不为那些繁杂的琐事所困扰。在生活中，那些受教育少的人总是会受到这样那样的琐事影响，以致降低生活效率。

年轻人应当超越所有这些琐事，使自己能够充分释放所有的脑力和精力，并将所有的生命投身于更有意义的事业中去。

如果你仅仅得到了学位，而没有将你受到的教育用到实处，那么这只会让你的失败更加明显，只会受人嘲笑。

知识只有与实际结合得更加紧密时，才更具力量。

你只有充分运用所学的知识时，才对这个世界做出了贡献。

在现实世界中，你所面临的最大问题是，“怎样运用你的知识？”你是否将你的知识真正转化成了力量？能读懂拉丁文的能力并不是对你所受教育的真正考验。一个满脑袋都是死记硬背的东西的人，并不是一个真正受过良好教育的人。你所受的教育的内涵应当是你可以利用、可以转化为力量的知识。这个国家中，有成千上万的人，他们所学到的知识不能够运用到实际生活中去，不能够为实际工作服务。学习知识和将知识转化为工作的能力之间有很大的差距。就像蚕能够将吃进的桑叶转化为柔软的丝，你也应当将你所学到的知识转化为现实生活中的力量。

你从校园里带出来的东西中，最珍贵的不是你对科学、语言、文学、艺术的知识，而是更加稀有、更加珍贵的东西。那就是你的雄心，你对自己的认识，对你的实力、对你所能做的事情的认识。你要成为一个真正的男人的决心，是成就最伟大事情的信念。这些东西，比你从课本或讲座中学到的更有价值。

然而，如果你能充分利用你的机会，那么最珍贵的东西是你从你的老师、你的同学那里所获得的鼓励、启发和道德上的提高。这就是大学教育在你身上体现出来的，这就是你不断向上、不断得到启发的精神。

在生活中，任何优秀的教育都会让我们在生活中能够感受到它的作用。大学毕业生应当在任何场合都是出类拔萃的人才。如果意识到自己曾经受过良好的教育，我们在社会中会感觉很放

松。如果我们意识到自己的身心在大学中得到充分的发展，我们的能力将得到发掘。我们不仅会感到幸福，自信心也会得到极大提高，而自信心可以改变人的一切。

也就是说，良好的教育可以让一个人更加自信，确信自己能够做好每一件事情，因为他已经发掘出了自己的潜力。如果他知道，他没有忘记拓展他的思维，没有让年轻的岁月流逝，他会非常满意自己所做的一切。

我们大多数人所面临的问题是，我们努力出卖自己的才能，仅仅是出于自私的目的，为了得到更多的美元。在这样的过程中，我们已经扼杀了人类最美好的天性。

大学毕业生应该向世界展示他们身上那些神圣的东西，那种不容更改的东西，那种标志着“非卖品”的东西，那种神圣的东西，任何贿赂都不能玷污，任何影响都不能够收买。如果有人暗示你可以被收买或贿赂，暗示你可能动摇，向那些低俗的东西低头时，你应当向世界展示你的这种气质，坚决反击这种侮辱。

在大学里，如果你没有发现使生活充满光荣的秘密，那么你就没有从大学中学到最重要的一课。年轻的朋友们，当你们从校园里走出来时，不论你从事什么职业，千万不要让你最崇高的理想、最伟大的目标、最美好的想法，在追逐金钱中被扼杀。在谋生的过程中，不要让生命的光辉、对生活的审美观和积极向上的本能枯萎。不要像成千上万的毕业生一样，仅仅为了权力，就轻易地牺牲掉自己的友谊和名声。

所以，你应该认真地对待你的生活，让你的成就取代那些华丽的辞藻，让你的成功向人们证明你的伟大事业。然而，无论你拥有多少物质财富，你最伟大的财富是一个良好的记录、清白的名声。那么，你就不需要什么房子、土地或是股票来证明你的生活很富有。今天，接受过良好教育的年轻人所面临的机会比以往任何时候都多。在这样的机会面前，你会怎样做呢？

3. 如何把握时机

良好的洞察力就是，能在别人什么都看不到的情形下，发现好的东西，能够在机遇来临的时候，知道如何去把握住。但是很少有人拥有这样的能力。

乔治·艾略特曾这样问道："对于一个不能利用机遇的人而言，机遇又算什么呢？"

现在我只想证明这样一个观点：那些取得卓越成就的人都是能够发现机遇，并能真正把握住机遇的人。

发明家爱迪生的成功事迹几乎家喻户晓，他用了毕生的时间寻求机遇。通过把他的每一个想法付诸实践，他抓住了大部分的机遇。在他身上，直觉和决断能力得到了极大的发挥。

最近一个关于手工业的官方调查表明，欧洲的许多大工厂因为在机会到来之时没有做好准备，从而失去了发展壮大的机会。然而在美国，一旦人们发现了某种机遇，他们就会不遗余力地利用它，并把它推向全世界。

在前面，我曾提到过年轻人为了抓住机遇而必须具备的几种重要品质。我提到过，一个人只是具备了精确、全面、勤奋等好的品质是远远不够的，为了取得商业上的成功，直觉也是必不可少的。只有拥有了直觉力，你才能在机遇来临时迅速作出判断：哪些机遇是切实可行的，哪些只是海市蜃楼。

除了直觉之外，决断能力也同样重要。决断能力是必不可少的，如果你走进一座城市，对推动我们社会经济发展的生意人进行察访，你就会发现，这些成功人士有一个共同的特点：他们总能找到机遇，并能把自己的想法付诸实践。无论我们把对精神品质方面的培养说得多么神乎其神，有一点我们不得不承认：洞察事物的能力和付诸实践的能力是天生的。一个具备这种能力的人在做事时，就好像是一个有天生才能的统治者。然而这些人的才能展现方式是不同的，因此他们所能做的事情也不尽相同。

为了更好地证明这个观点，我将举一个查尔斯·古德先生的例子，他几年前是布法罗的一个收藏家。他是一个精明的生意人，但不富有。一次，他以500美元的价格从一个人手中买下了一个自动联结器的专利。那个汽车自动联结器的发明人坚持：如果这个发明被投入市场的话，作为发明人，他必须要在古德先生的工厂里担任要职。古德先生知道，华盛顿专利局已经给70种不同型号的汽车自动联结器颁布了专利。但是他的直觉告诉他，他手中这个自动联结器与市面上的任何一款都截然不同。他知道，他得到了一个无价之宝。除了铁路业的扩张之外，没有什么可以限制他手里这个发明的应用前景。更重要的是，古德先生有着非凡的决断力，他是那种一旦得到机会就会不遗余力地利用它的人。他毫不犹豫地付钱给了那个发明人，并签了一份书面协议来保证发明人能在他的工厂里得到一个职位。如今，有3600人在生产他的这种汽车自动联结器。

同样的例子还有一个，那就是纽约州州长康奈尔的事迹。康奈尔最大的成功就在于他创办了全美地区通信组织，这个组织已经为他赚了将近50万美元，之后接手这个组织的人也赚了大把大把的钞票。他是从一个不怎么富有的人手中以2000美元的价格把这个发明买下来的。如果康奈尔先生像其他人一样忽视这项发明的话，那个发明家就会灰心失望，从而放弃把这个发明公之于众的努力。我们可以这样说，其他人之所以没有发现这样的机会，是因为他们没有康奈尔那样的决断能力。

所以我们可以这样说，直觉和行动，敏锐独到的眼光，充沛的经历，灵敏的双手，这些是每一个成功人士应具备的素质。

4. 不要错过机会

他在耕地，他的犁头距离地下埋着的那罐金子，仅隔了一英寸。

“他最终还是错过了它！”对于他一生的最后结果，很多人有可能做出这样的评价。什么才是生命的最高追求？如果没有机会去拓宽、加深、提高上天赋予你的技能，将你自身全面发展成为一个匀称、和谐和美丽的人，那生命的意义又何在呢？人生意义的最高境界不就是为他人服务吗？

无论你正从事的生意、职业或工作是什么，你都要令它清白、有价值，并且努力使自己赢得他人的尊敬。选择一个有发展的职业，也就是选择了一个可以发展自我的机会。“你的生命，”一位小说家说，“是永远需要你关注的。”

如果一个人想充分地把握机会，他就需要有能够与灵魂交相辉映的兴趣。对于人生的真正意义的追求能够使我们热血沸腾，使我们的灵魂光芒四射。这种追求并不仅仅局限于一般意义上的维持生计，它在更高层次上与我们身边的社会息息相关，并且能够满足我们精神上的最终需求。不要忘了，我们所追求的自我提高，并不仅仅是赚钱。

“当天堂向我们敞开了大门，”法国诗人科奈勒说，“只有有心人才能有所收获，只有愚笨的人才会阻止上天给予我们祝福。即使祝福从天而降，它们也会被那些人送走。”维克多·雨

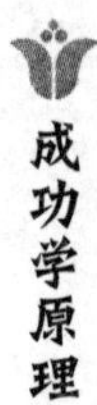

果也有过类似的比喻："有时，天堂的双臂向我们半开着，那就是人生中最重要的时刻。"

追求精神需求的满足，将是我们的终极目标。在实现这一目标的一瞬间，我们将体会到满足感如同植物发芽般迅速膨胀。你难道没感觉到这种膨胀所带来的狂喜吗？你难道没有找到目标，没有获取成长的力量吗？你难道还没有推动力，没有坚定生命的动力吗？现在好像你体内的天使正在挣扎着破茧而出，要找到一个更加高贵的事业而尽享其中的欢悦。今天，在全世界的年轻人面前，还存在着无数的机遇！而年轻人所要做的，就是用他们的智慧和道德在自己的一生中进行自我投资。年轻人应该为此而生活，为此而奋斗。

现在是有史以来时机最好的年代，只有那些什么机遇都看不见，无所作为的人才会盲目地、麻木不仁地行事。我们应该看准机会而迅速行动。看啊，机会正在敲打我们的大门，在朝我们的窗子里面张望，在大街上与我们擦肩而过，在我们的每份晨报或晚报里向我们提供着有用的信息。现在正是等待我们全面采取行动的黄金时代，去抓住机遇吧！连天使也要嫉妒我们得到了机遇这顶皇冠。

5. 把握生命中的机会

亨利·威尔逊曾说："我出身贫寒，在摇篮里就感受到了饥饿的苦难。我知道当孩子向母亲要面包而她却拿不出来时的滋味。我10岁便离开了学校，11岁就做了学徒，每年只能上1个月的学。在快满11岁时，通过努力工作，我用1头水牛和6只绵羊换得了84美元。我总是认真计算每一美分，从不将钱花在娱乐上。我知道艰难跋涉数英里的滋味，我也曾问过自己怎样才能摆脱苦难……从我21岁的第一个月开始，我赶着车进了大森林，做起了伐木工。每天早上，我总是不等天亮就起床，努力工作直到天黑了才休息。每个月我都会得到意义重大的6美元的工资，而每个美元对我来说就好像今天晚上的月亮这么大。"

威尔逊先生决不愿放弃任何一个自我学习或自我提高的机会。人们都不太去关注空闲时间的意义，尽管这些时间非常宝贵，但是威尔逊先生把空闲时间都用在了他所为之奋斗的事业上。当他21岁时，已读了上千本好书——对于那些乡村孩子来说，这是多么好的一个榜样！在他离开农场后，他长途跋涉到马萨诸塞内蒂克去。他经过波士顿，在那里看到了邦克山纪念碑以及其他一些历史古迹。整段旅程仅仅花了1.6美元。一年后，他在内蒂克当上了一个辩论俱乐部的头人。7年后，在马萨诸塞立法会，他慷慨陈词，发表了反对奴隶制的演讲。12年后，他与大名鼎鼎的萨姆纳肩并肩地坐在国会大厅里。对于他来说，任何时

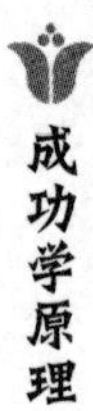

刻、任何场合都很重要，他就这样一步步为自己的成功打下了扎实的基础。

“不要穿得破破烂烂的在镇子上走来走去。去商店买双鞋把自己打扮打扮，贺瑞斯。”贺瑞斯·格里利看了看自己脚下的鞋，似乎他从来都没有注意过这双已经磨破了的鞋，他回答说：“你看，斯特雷特先生，我的父亲来到这个陌生地方，我想尽我所能帮帮他。”在7个月中，他自己仅花了6美元。他替伊利的J.M.斯特雷特法官做些零散活儿，为此他将得到135美元，他自己留了15美元，其余的都交给了父亲。他和父亲从佛蒙特州来到了宾夕法尼亚州西部，他帮父亲在晚上照顾羊群，以防被狼偷袭。他差不多21岁了，尽管他又瘦又高、头发蓬乱、脸色苍白、声音沙哑，他还是决定到纽约去寻找未来。他把自己的衣服搭在肩上，穿过丛林，走了60英里来到布法罗，乘着独木舟来到奥尔巴尼，搭一艘驳船顺哈得逊河而下，来到了纽约——那是1831年8月18日太阳刚升起的时候。他住进一家小旅馆，每半个星期就要去花2美元，而他600英里的旅程仅花了5美元！每天，贺瑞斯在街上走来走去，每路过一家店他就问人家需不需要帮手，但别人都回答“不需要”。他衣衫褴褛，让别人觉得他是一个逃跑了的学徒工。一个星期天，他在旅馆中听说维斯特印刷馆需要印刷工。星期一早上5点钟他便来到印刷馆门口，刚7点钟的时候便向领班询问招工的情况，领班觉得这样一个农村孩子不可能完成排版的工作，但是他仍然说：“给他登记一下，我们看看他是否胜任。”老板来了，他看不上这个新来者，于是便告诉领班让他在做完一天的工作后离开。

10年后，他成了一家小印刷厂的股东，他办了《纽约客》——美国著名的周报——可是并不赚钱。当哈里森在1840年提名总统候选人时，格里利开办了《小木屋》，它曾创了发行量超过9万份的纪录，但是他并没有从这份1美分一份儿的报纸中获利。他的下一项投资便是《纽约论坛报》，每份1美分。创刊时他借了几千美元，第一期共印了5000多份。要把所有的报纸都卖出去是很不容易的，他开始共有600个订户，6个星期后，订数增加到11000户。《纽约论坛报》的订户激增，甚至超过了新置印刷机的印刷能力。这是一份追求真理、反映事实的报纸，尽管编辑偶尔也会犯错。

瑟洛·威德说过："对于许多农村孩子来说，空闲时间就是他们提高自我的最好时机，他们通过刻苦学习，以提高自己的知识修养——至少，这是我的经验之谈。在晚上的时候，你只需生火照看炉子，于是便可以借助火光在旁边读书。我记得，正是这样，我学习了法国革命史，清楚地了解了在这段悲剧中发生在人们身上的恐怖事情。我还记得，那时我没有鞋，于是我用破毯子将脚裹起来。走两英里的雪地去凯斯先生那里借书。虽然艰苦，但能从他家里借几本书是多么让人高兴的事情啊！"

对于一个报童来说，他并不是成功或荣誉的最佳候选人。对于一个成天为生计发愁的人来说，生活已经不可能再将更多机会从他身上剥夺掉了。令人难以置信，一个在未来肩负国家工业复兴的伟大使命的人，竟然曾经是个地铁报童。托马斯·爱迪生那时才15岁，他已经开始涉足化学领域了，并且为自己设立了一个小小的流动实验室。有一天，他在火车上秘密地做一个试验，火车在拐弯的时候，他的硫酸瓶打翻了，火车地板被弄得一团糟，而且还散发出刺鼻的气味。列车员非常恼怒，于是他就把年轻的

爱迪生赶了出去，而且还给了他一巴掌。爱迪生克服了一个又一个困难，最终成了一位科学泰斗。当有人向他寻求成功的秘密时，他说，除了工作和学习，他在其他任何事情上都保持节制。

丹尼尔·曼宁是克利夫兰总统的竞选组织者，后来当上了财政部长，他曾经也是个没有受教育机会的报童。瑟洛·威德、大卫·希尔也都是报童出身——纽约似乎盛产有头脑、有前途的报童。

本杰明·兰迪和劳埃德·加里森一起在巴尔的摩进行着他们的事业。加里森永远也不会忘记，成群的奴隶从他们的家园被贩运到南部的港口，奴隶们随着一声声拍卖的锤声被推进了痛苦的深渊。加里森家非常穷困，但是他的母亲从小教育他反抗压迫，正因为这样，他把自己的一生都献给了废奴事业。

在他们的报纸的创刊号上，加里森痛斥了这种黑暗的制度，并且强烈要求立刻解放黑人奴隶。他被逮捕，送进了监狱。一个北方的朋友——约翰·G.惠蒂尔——被他的行为深深地打动了，他给亨利·克莱写信，请求他释放加里森，并且愿意承担保释金。于是，在经历了49天的监狱生活后，加里森重获自由。温德尔·菲利普斯这样评价加里森：“在他24岁的时候，他因发表自己的观点而被捕入狱。在他青春年少的时候，他就开始了反抗黑暗制度的斗争。”

在没有资金、没有朋友、没有影响力的艰苦条件下，加里森在波士顿创办了《解放者》。在创刊号中，他这样写道：“我将坚定不移地追求真理，我将永不妥协地寻求正义。我充满激情，决不含糊其辞，决不向黑暗势力低头。总有一天，别人会听到我的声音。”这个年轻人多么勇敢啊，他敢跟整个世界对抗!

南卡罗莱纳州的罗伯特·海恩先生写信给波士顿市长奥蒂斯，说别人送给他一份《解放者》，并向他询问有关出版者的情况。奥蒂斯回信说，这份“毫无价值的报纸”是一个穷困潦倒的年轻人办的，他躲在一间阴暗的小房子里印刷，唯一的助手是个黑人小孩，支持者只是一些有色人种，他在当地没有什么影响力。

但是这位在阴暗小屋生活、工作的年轻人，却让世界陷入沉思。南卡罗莱纳州警戒联合会曾开价1500美元抵制发行《解放者》的人，有几个州的州长曾开悬赏购买《解放者》编辑的人头，佐治亚州立法会开价5000美元要拘捕和审判加里森。

加里森和他的助手们四处被攻击。一个叫做拉夫卓伊的牧师被伊利诺州的暴徒们打死了，原因是他支持加里森的报纸。一伙富商、政府官员和文人墨客在马萨诸塞这个“美国自由的摇篮”大肆攻击废奴主义者。“当我听说有位先生曾把杀害拉夫卓伊的凶手画在奥蒂斯、汉考克、昆西·亚当斯身旁，”温德尔·菲利普斯指着墙上一幅画说，“我想这幅画中正传出一种声音，痛斥那些懦弱的美国人，以及那些诽谤中伤者。在这片流满爱国者的鲜血、为清教徒们所祈祷的神圣土地上，我们应该将凶手绳之以法。”

南北双方间的较量既持久又残酷，就连遥远的加利福尼亚也不能幸免，较量的高潮便是那场前所未有的美国内战。在战争结束以后，在经过35年不懈的英勇斗争后，加里森受到林肯总统的邀请，参加星条旗在桑特尔堡再次升起的仪式。一个获得自由的黑人致了欢迎词，而他的女儿则向加里森献上了漂亮的花环。

迪斯累利曾经是个没有获得受教育机会的穷苦孩子，但后来

当上了英国的首相，他曾经这样说："别人做得到的事情，你也能做到。""我不是一个奴隶，我也不是囚徒，我有旺盛的精力，能战胜一切困难。"他的血管里流着犹太人的血，虽然世上的一切事情都好像在与他作对，但是他时刻铭记约瑟夫斯的奋斗史，这位伟大的人物在4000年前就当上了埃及首席大臣。他还以但以理为榜样，这位希伯来先知在公元前5世纪就成了世界上最伟大的人。他从社会的最底层起家，然后进入中流社会，接着便和高层人士站在了一起，最后他终于获得了至高无上的社会和政治权力，坐上了整个国家的第一把交椅。当他在英国国会下议院被人冷落、嘲笑、愚弄和讽刺时，他仅仅说了一句："总有一天你们会改变对我的看法。"

当伽利略的父母把他送进医学院后，他怎么能够在物理和天文方面取得那么大的成就？当整个威尼斯都已经睡着了的时候，伽利略站在圣马克大教堂的塔顶，他用自己制作的望远镜发现了木星的卫星以及金星的变相。宗教裁判所让他当众下跪，要他放弃自己的异教邪说——地球绕着太阳转，但是这位70岁的虚弱老头决不低头，并且还咕哝着："它本来就是这样运行的。"后来，他被投入了监狱，但是他仍然保持了对科学探索的热情。在狭小的牢房里，他用一根稻草证明了：一根空心管，要比一根同样大小的实心棒更结实。甚至在双目失明的情况下，他仍然在坚持工作、学习。

有一个男孩出生在一个破破烂烂的小木屋，他没有老师、没有书、没有上学的机会，但是通过自己的努力，他在美国内战时期当上了总统，解放了400多万黑人奴隶，他赢得了全人类的尊敬。这就是林肯。

林肯的童年是悲惨的，他自己伐木修建了一间小木屋。就在这间没有地板和窗子的小屋里，他每晚都借着火光自学算术和语法。为了了解布莱克斯通的法律评论，他步行40英里去借书，在他回到家后，他一口气读了100页。他生来没有任何机会，也从不靠任何运气，他的成就靠的是持之以恒的精神和良好的个人品质。

在俄亥俄州另一间小木屋里，一个可怜的寡妇照料着她18个月大的孩子，她很担心森林中的狼会把孩子叼去。这个男孩渐渐长大了，为了帮助母亲，他开始伐木，并且在宽阔的地方开垦出了一小块地。他把所有的空闲时间都用在了读书上，那些书都是借来的，因为他买不起。16岁的时候，他得到了一个运河拉船时在路上赶骡子的活儿。后来，他又到一所学院里扫地和敲钟，这样他就可以在那里挣钱上学了。

在吉奥佳神学院的第一个学期，他共花了17美元。当他第二个学期回来的时候，他的口袋里只剩下6美分，第二天，他还把这点钱都捐给了教堂。为了赚够学费，他给一个木匠帮忙，每个星期可以得到1.6美元。他每天晚上、每个星期六都在那儿做活，到期末的时候，他把所有的学费都交了，而且还存下了3美元。第二年冬天，他开始在学校教书了，每个月可以领到12美元的工资。到春天的时候，他已经攒下了48美元。

后来，他上了威廉姆斯学院，两年后以优异的成绩毕业。26岁的时候，他就进了州议会，33岁的时候就成了国会议员。这个人就是詹姆斯·亚伯拉罕·加菲尔德。距离他在海勒姆大学做敲钟人不到27年，他就当上了美国的总统。加菲尔德的这种学习精神要远比阿斯特家族、范德比尔特家族和古尔德家族所创造的所

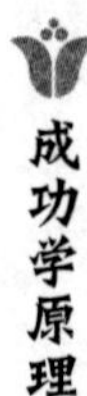

有财富更有价值。

乔治·史蒂文森的父母共生了8个孩子，但是由于家里很穷，所有的人都住在一间小屋里。乔治替邻居放牛，但是他一有时间便用黏土做机械模型。17岁时，他便开机车了。他父亲是锅炉工。乔治不识字，但是机车就是他最好的老师，当其他技工在玩乐或者在酒店里混日子的时候，乔治将他的机器拆开、认真清洗、进行研究。他做了很多有关机车的实验，终于改进了机车，成了一个伟大的发明家。而那些只知喝酒玩乐的人却在一旁说："他只是幸运罢了。"

"阴暗的小木屋似乎是所有伟人的摇篮。"一个英国作家在读美国伟人的传记后这样评价。

除了以上所举的这些伟人外，还有许许多多值得我们学习的人，他们生来就卑微贫穷，除了从上帝那里得到了勇气和力量外，他们完全依靠自己的能力在生命的惊涛骇浪中拼搏。

只要我们拥有一双勤劳的手和一颗永不动摇的心，不管你多么贫穷，你都不应绝望。只要把握住自己创造的机会，你就可以获得面包和成功。不管你出身贵贱，只要你有坚定的决心和坚强的意志，无论人还是魔鬼都不能阻挡你。

6. 穷孩子也能上大学

“我有钱上大学吗？”许多贫穷的美国青年常常这样问。他们知道上大学就意味着一大笔花销，就意味着要付出很大的代价。

但事实上，世界上那些有雄心壮志的青年总是通过自己的辛勤劳动，克服重重困难，完成大学的学业。历史告诉我们，那些主导人类历史潮流的伟人总是自学成才，靠自己的力量获得成功，这似乎已成了一条定律。

在今天，大多数孩子已经具备获取高质量的教育的优越条件。所有四肢健全、身体健康的人都有权利获取高等教育。当然，条件是要有意志，坚强的意志力可以克服一切障碍，帮助你获得成功——无论是过去、现在还是未来，都是这样。

有一个哈佛大学的毕业生曾写过一这样篇文章：“5000个哈佛在校生里，有500个是完全或者几乎完全依靠自己所挣的钱支付学校开销费用的。他们并不都出身穷困，而他们中的大多数可以挣到比其他学校的学生更多的钱。很多学生能够找到像撰稿、家教这样的工作，他们一年的收入从700美元到1000美元不等。

“还有一些人能挣得更多。我的一位同班同学进校的时候身上只有25美元。在大学一年级的时候，他真是特别艰难，但是到了二年级，他开始有钱了，在毕业前10个月的时候，他竟把所有的学费都付清了。这可不是个小数目，加起来要超过3000美元。

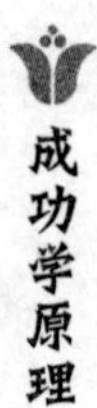

“他通过给杂志社找广告，为出版社撰稿挣钱，在毕业后几个月他就结婚了，现在他在剑桥过着幸福的生活。”

阿尔贝特·杰里迈亚·贝弗里奇上大学的时候仅有50美元，而且这笔钱还是从一个朋友那儿借的。他在学院俱乐部里做服务生，在大学一年级时又获得了25美元的论文奖。当夏天来临时，他回到农场干活，曾经打破了全镇的割小麦纪录。不管是早上、中午还是晚上，他总是随身带着他的书，只要一有时间就拿出来读。当他回到学校后，他成为大家公认的最能干的人——他就是这样一边工作，一边完成了学业。

就在哥伦比亚大学里，贝弗里奇他们班的班长靠卖农具挣钱，以完成学业。他的一位同学在上大学前曾在农场劳动了两年，在大学里兼职做家教、撰稿和抄写。通过不懈努力，他不但完成了学业，还能够经常接济他年迈的双亲。他们都相信自己能够承担这一切，而且他们也真的做到了。

在芝加哥大学，莘莘学子正勇敢、勤奋地向着自己的理想进发。挣钱的途径是多种多样的，这完全取决于获取工作的机会，当然也和学生们的能力和适应性相关。日报记者是大家最为渴望的一份工作，但是这种机会总是有限的，更多人选择了在夜校教课。还有的学生在公立中学教课，或者在大学里做一些兼职，这样他们便可以完成学业，拿到学位了。

伟人们总是在逆境中成长起来的。低起步对成就伟业并无任何障碍，一个靠自己打工挣钱完成大学学业的穷孩子，可能过得非常艰难，但是他将学会如何在以后的生活中面对困难。这些穷孩子在学校中总是佼佼者，在步入社会后也同样处处领先，而这都是那些富翁的孩子所做不到的。农民的孩子、工人的孩子——

这些就构成了我们国家的平民阶层，他们没有太多的钱，也缺少机会，但是他们是国家的好公民、未来的栋梁，整个社会都需要他们的支持。虽然目前还有很多困难，还受很多限制，我们都应保证他们能够受到良好的教育，这对他本人、对国家都是有好处的。我们应该多给这些年轻人以鼓励，让他们通过自己的努力，克服困难，完成学业。

越来越多受过高等教育、年轻有为的人士相信，大学教育是非常有必要的。他们在是否能够承担上学的费用这个问题上没有表现出任何迟疑。很明显，他们都认为只要通过自己的努力，就一定能够克服这个困难，顺利地完成学业。

在我13岁的时候我就离开了家，对于未来，我没有一个明确的目标。我仅仅是想去一个村庄，然后在那里挣一点钱。

我的父亲在邻镇给我找了一个安身之地——萨莫塞德——一个有着1000多人口的村庄。在第一年里，除去食宿，我挣了30美元。今天的年轻人肯定难以相信：每年30美元，从早上7点钟一直工作到晚上10点！但是，我仍然非常乐意来到这里。对于我来说，这是个开始。在我眼里，这个小村庄就是一个大都市。

后来，我到一家店铺当伙计，我就这样自力更生，自己养活自己。在我的整个童年里，我所拥有的每一分钱都是用辛勤的劳动换来的。一年过后，我到了一家较大的商店工作，在那里我每年能挣60美元，我的薪水翻了一番，这样我就不再那么拮据了。

我在那里待了两年，然后就离开了。虽然我的老板非常希望我继续干下去，但是，我决定要去上大学，接受更好的教育。

我不知道怎样完成我的学业，我所知道的仅仅是：一切都得靠我自己的努力。在商店工作的日子里，我存下了80美元，而这80美元就是我当时的所有财产。

当我向我的老板讲起我的计划，开始，他极力劝阻我。他说这是一条多么难走的路，我会遇到很多困难。他说只要我愿意留下，他可以付给我双倍的薪水。

那是我生命的转折点。一方面是我肯定能够得到的双份工资——120美元，还有职位的提升。120美元对于一些贵族富商来说可能算不了什么，但是对于一个像我这样的苦孩子来说可不是个小数目。另一方面是，我可以受到良好的教育，我知道这意味着难以想象的辛劳工作和自我克制，而且最后很可能一无所获。但是我已经下定决心了，我决不走回头路，即使失败了我也不会后悔。

带着80美元，我进了村里一所中学，为我上大学做准备。我在中学里只能待一年，因为我的经济状况不允许我待太长时间。每天我都在认真学习拉丁文、希腊文和代数，在接下来的40多个星期里，我度过了生命中最为艰难的一段时间。在年末的时候，为了得到夏洛特的威尔士王子学院的奖学金，我参加了该校的竞赛。由于我的准备并不是特别充分，当时我觉得希望很渺茫。但是结果却出乎我的意料，我竟然以第一名的优异成绩获得了奖学金。

这笔奖学金每年仅有60美元，这看起来似乎是杯水车薪。但是，在30年后的今天，我敢说，这是我一生中获得的最好的奖励。我曾获得过数不清的奖励，但是它们都没法和这个相比。因为这是我所获得的第一次成功，而这个成功对我是具有非凡的意义的。如果没有这次成功，也许我就不会选择上大学了。这次成功也为我今后的学习、生活、事业打下了基础。

年轻的舒尔曼在威尔士王子学院待了两年。他靠奖学金和为镇上一家书店打工所挣的钱维持生计。在两年的大学生活里，他仅花了100美元。随后，他在一所乡村中学里当了一年老师，然后到新斯科舍的阿卡迪亚学院继续深造。

据舒尔曼先生当年的一位同学回忆，他是一个非常优秀、非常有能力的人。在阿卡迪亚学院的几年里，他几乎包揽了所有的奖项。在大学的最后一年里，舒尔曼得知消息，伦敦大学为加拿大的大学生提供奖学金，奖学金为3年500美元。这个阿卡迪亚的年轻人非常珍视这次机会，他渴望到伦敦继续深造，于是他参加了奖学金资格考试。这次考试聚集了加拿大大学生中的精英，最终，舒尔曼赢了。

在伦敦大学的3年里，舒尔曼先生对哲学产生了浓厚的兴趣，并且决定把它作为毕生的职业。他非常渴望到德国去，因为那里有哲学界最伟大的思想者。机会终于来了，伦敦希伯德学会提供每年2000美元的奖学金。竞争这笔奖学金的人有很多来自于牛津、剑桥，但是，大大出乎人们意料的是，这个来自爱德华王

子岛的年轻人再次获得了胜利。

舒尔曼先生在结束德国的学业后，拿到了哲学博士学位，随后他回到阿卡迪亚学院，在那里当了一名老师。不久以后，他被邀请到哈利法克斯的达尔豪西大学。在1886年，康乃尔大学设立了哲学系，怀特校长邀请这位年轻的加拿大人来主持工作。两年后，舒尔曼博士当上了康乃尔大学哲学学院的院长。1892年，舒尔曼又当上了康乃尔大学的校长，而当时的他仅有38岁。

阿默斯特学院一个很优秀的毕业生曾经做过这样的记录（这对向往大学校园的孩子们来说有一定指导意义）：

> 我入学的时候，口袋里只装着8.42美元。在第一年里，我挣了60美元，学校奖学金60美元，额外赠款20美元，借款190美元。我在大一学年里，平均每个星期花4.5美元。此外，我买书花了10.55美元，买衣服花了23.45美元，捐款10.57美元，交通费15美元，杂项 8.24美元。
>
> 在第二年夏天，我挣了100美元。我在整个大二学年里做餐厅服务生，挣了4美元并且解决了部分伙食花销。租房每个星期花1美元。整个大二学年里，我共花了394.5美元。在这一年里，我共挣了 87.2美元（包括伙食），学校奖学金70美元，额外受赠12.5美元，借款150美元。
>
> 在大三学年里，我租了一间挺不错的房子，每年花60美元，我通过给房主干活支付房租。通过做文书工作等挣了37美元。我在餐厅做服务生，完全解决了伙食费用。学校奖学金70美元，额外受赠55美元，借款70

美元。全年的支出（包括伙食费、房租费和学费）为478.76美元。

第二年暑假，我打工挣了40美元。在大四学年里，我仍然住在之前那间房子里，仍然通过给房主工作支付房租。我全年都在餐厅做服务生，解决了伙食问题。通过做文书工作和助教，挣了40美元。获得学校奖学金70美元，获得奖金25美元，额外获赠35美元。大四全年的开支为496.64美元，这比其他几年都多，但是我获准在来年留校做老师，并且学校还为我筹集了一笔钱，使我能够不受经济问题困扰，顺利毕业。

全部开支为1708美元，我总共挣了1157美元（包括奖学金）。

有25个耶鲁大学的学生，通过这样的方式，半工半读，顺利完成了自己的学业。他们有的人做助教、抄写员，有的人替报社写稿，做文书工作，还有一些人做兼职画工、鼓手、机械工和邮递员。如果他们不找工作，他们便挣不到钱，没有足够的钱，他们便无法继续学业。

波士顿的一个区就有上万名学生，他们很多人来自乡村和工业小镇，还有一些人是从西部的农场来的。他们中的很多人需要自己挣钱来完成学业。曾有一句话说，没有挣到的钱便不是自己的财富。这些大学生为了上学而挣到的钱是其生命中最为珍贵的财富——这种经历对其一生都有非凡的影响。

还是那句话，每个年轻人在判定自己不可能上大学之前，一定要三思。

7. 在贫困中磨砺意志

今天，美国的农村正在作出牺牲，他们把最聪明的、最强壮的、最能干的孩子都奉送给了城市。农村的精英源源不断地涌入城市，他们受城市不良气息的影响，有的人丧失了原有的意志和品质，深陷沼泽，有的人则出淤泥而不染，为社会做出巨大贡献。我们的文明就是这样，如果没有新鲜血液注入，那么它就会一代代堕落下去。城市就像一个大泥潭，如果没有了乡村的支持，它就会丧失活力。

曾有一个伟人这样说道：现代文明最不幸的一点就是，它把乡村的孩子都吸引过去了，因为城市对于他们来说有巨大的诱惑力。在他们的想象中，城市就如同天方夜谭所讲述的那样——又迷人，又美好。对于做城市梦的乡村孩子来说，农村的生活太平常、太无聊，他们认为城市充满了机会、权利和乐趣。他们深陷于这种虚幻的梦境，不能自拔，直到有一天发现原来根本不是那么一回事时，才恍然大悟。他们不知道乡村的价值，不知道如何珍惜乡村给他们带来的机遇，也不知道如何享受那种美妙的田园生活。直到有一天发现摆在他们面前的城市是多么的虚伪和浅薄，他们才追悔莫及。

对于一个人来说，最大的福气莫过于在农村出生、长大。自立和勤奋几乎是每个乡村孩子与生俱来的品质。农村的孩子很早就懂得靠自己的本事生活，他们必须自己思考自己的问题。因此，他们有很强的独立性和创造性。与生长在城市的孩子相比，农村孩子思维更灵活，判断力更敏锐，而且他们还有更为强健的体魄。

意志坚定、精力旺盛、富有勇气、充满活力、体格强健和坚忍不拔——这些都是世界上那些成就伟大事业的人所具有的品质。而这些品质通常都是乡村孩子所具有的。坚强的性格似乎与土地、森林、山谷、纯净的空气以及明媚的阳光有着非常密切的联系。如果力量不是来源于土地，那么它肯定来自于某个临近土地的地方。农村孩子和城市孩子之间存在着巨大差别，无论是在聪明才智，还是在性格特征上，农村孩子都表现出独特的优势。

总体上来说，乡村长大的孩子更易于取得成功，因为他们有更强大的勇气和毅力。城市那种肤浅、浮华的生活并不能使他们变得软弱而丧失进取心，因为在很大程度上，我们就是我们生活环境的复制品，周围的环境对我们的思维、行为都起着潜移默化的作用。城市中长大的孩子所听到、所看到的东西都不是纯自然的。从早到晚，摆在他们面前的东西都是人造的、模拟的、仿真的。他们几乎见不到乡村中那些纯天然的东西，而只有那些东西中才蕴涵着勇气、力量和毅力。所以，对于一个成天只能和人造物品打交道的城市孩子来说，他很难具备这些品格。大片大片的商业区、成群的摩天大楼，还有冷冰冰的沥青马路不能赋予他这些品质。

事实上，城市里有很多吸引人、使人分心的东西，除非是个石头人，一般人都无法抵抗这些迷惑人心的东西。对于城市中成长的孩子来说，要让他们抵抗这些东西的吸引，实在是有点勉为其难。面对诱惑，他们不可能装作什么也没看到，什么也没听到。当其他人正在娱乐的时候，他们不可能与外界隔绝，一心一意地学习。

城市中的孩子有太多的东西可以玩、可以看，这些吸引他的东西虽然数量众多，但是却很肤浅。由于注意力很分散，他们缺乏深度，很难集中思考某个问题或办某件事。他们学习也很肤浅，由于有太多的报纸杂志可以看，所以他们对什么都研究不深。城市的孩子夜生活太丰富了，而农村的孩子在晚饭后就没什么事可做了，于是便可以专心致志地读书、学习。农村孩子读的书要比城市孩子读的书少，但是他们读得更深入，取得的效果更好。

乡下没有图书馆，报纸杂志、书籍资料也很少。因此，农村孩子经常把一本好书翻来覆去地读，而城市孩子呢？他们在奢华的图书馆里面对着成堆成堆的报纸、书籍不知所措，他们把这些书胡乱翻看一气，经常是什么也没有学到。

城市生活中，这种活跃、诱惑的环境不利于产生伟大的人物，那些意志坚定的人一般都来自于农村。城市孩子缺乏超人的力量、意志和决心，而这些都是农村简单生活的产物。

农村孩子总是在不断地锻炼身体，所以他们更加健康。他们每天都做大量体力活，每天都有时间专心思考。因此，比起城市孩子来说，他们更加深刻、稳重。他们的感知并不太敏锐，行动缓慢，思维不敏捷，而且可能也不大优雅，这是事实。但是，他们的能力在总体上是平衡的，因为他们干过各种各样的工作，已经是个多面手了。

我们都憎恶农场的苦差事、乡村的杂活以及平庸的山野生活，但是，正是这些东西教育着我们，正是这些不起眼的事儿赋予我们力量，让我们变得经验丰富。农村就是个巨大的体育馆，是个非常好的技术学校，一个天然的幼儿园，它能够培养年轻人的自立精神和创造力。一个农村的孩子必须自己制作玩具，因为他无处买或者根本就买不起玩具。他必须学习使用、调试、修理各种各样的农业机械和农场用具，所以，他的才智和创造力就在这些活动中得到了锻炼。如果马车或者犁坏了，他必须就地修理，而且经常是在没有完备工具的情况下。这种生活锻造了他们的意志，培养了他们的创造力，增长了他们的心智，为他们日后的成功打下了坚实的基础。

农村的孩子还具有一种在城市孩子身上无法找到的优势。农村孩子在户外劳作中，增强了自己的肺活量，使自己的体格更加健壮，而城市孩子则没有机会做到这一点。耕田、锄地、收割等农活都让农村孩子更加精力充沛，更加强壮有力。总体来看，他们的体格、力量和智力都高于城市的孩子。他们在劳动中积蓄的能量经常在关键的时候发挥作用，有的时候可以帮助一个州渡过难关，有的时候甚至可以改变一个国家、一个民族的命运。他们的这种体力优势是他们成功的基石，正是因为有这样的优势，很多农村孩子在后来做了银行家、政治家、律师、商人和企业家。

一个受过磨炼，有非凡自立精神和坚忍不拔意志的人，他们步入城市后将占得先机，对此你是否会怀疑？一个农村来的孩子在应付紧急事件或者危机的时候会表现出超人的应变能力，对此你难道不相信吗？只要把一个自立、坚强的农村孩子拿来和那些懦弱无能、无精打采的城市孩子相比，一切就一目了然了。农村来的孩子具有非凡的领导才能，他们很多人都成了银行家或者商界大亨，对此你是否会怀疑？——超人的意志力和才干是一种难

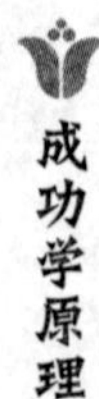

以名状的东西，它将具有这种品质的人推到了各个行业的领导位置上。

自立和毅力常常是乡村孩子的长处。他们常常需要自己处理自己的事情，需要自己思考自己的问题，久而久之，他们的头脑就更灵活，并且锻炼了自己独立生存的能力。研究表明，在使用工具的体力劳动中，人的智力会得到发展，不足之处也会得到改善，并且还能激发人的潜力。农村的孩子天天需要做体力活儿，他们在农业生产中需要学会规划、学会实施，在使用工具的同时也提高了智力。这就是农村孩子为什么总是有较为准确和全面的判断能力的原因，而且他们的智力水平也要略胜于城市孩子。

跟处处受限、到处是人造物品的城市相比，乡村的生活更加自由自在。乡村的事物会唤起他们的自主能力，激发他们内在的潜力，而且最重要的是，这些自然的景致、事物会让他们保持身体和心理上的健康！与城市的孩子相比，他们活得多么的真实、自然啊！在城市里，黑夜变成了白天，生活在这里的孩子成天只能与人造的东西为伍，没有目标，没有乐趣。

过去，那些没有天分、没有能力的孩子将继续留在农场里，而那些聪明的孩子将去上大学或者到城里自谋职业。但是我们现在发现过去的那种想法贬低了乡村的作用：在过去，人们都认为耕田犁地是一种非常卑贱的职业，农场是那些没有能力做其他事情的人赖以生存的土壤。很多人认为在农场工作会降低一个人的社会地位，它只适合那些没有接受过良好教育、没有聪明才智的人去做。但是，科学研究表明，今天的农场已经不是那么回事儿了。我们开始认识到，为了获得最大的产量，应该大力促进教育、农业研究，改进耕作技巧。我们发现农业是门科学，它跟航天学一样重要。没有知识的人用原始的耕作技巧将不能养活自己，因为他不知道怎样将聪明才智融入土壤。

从伟人一生的历史中我们可以看出：有利就有弊、有长就有短。假如林肯出生在纽约，在哈佛大学接受教育，那么又会有什么样的结果呢？假如他泡在图书馆里，淹没在书堆中，囫囵吞枣般地读书，那么他还会有那么强烈的求知欲吗？他还会跑20多英里地只为借布莱克斯通的法律评论，而且一口气就读完100多页吗？

城市的生活虽然富足，但是却激不起我们对知识的渴望和对美好未来的憧憬。农村的生活虽然平淡，却是产生伟大人物的温床，因为正是贫苦的环境才促使人急切渴望改变现状，才能让人安下心来读书、学习，才能磨砺我们的意志。在这里需要特别说明的是，这并不意味着城市的孩子就没有出人头地的机会，只要他们能够克服干扰、拒绝诱惑，那么他们就可以安心学习。这也不意味着所有的农村孩子都可以成为林肯、加里森，如果不努力，他们也将一事无成。

8. 了解并发挥自己的天赋

“詹姆斯·瓦特，我从来没有见过像你这么游手好闲的年轻人，”他的祖母对他说，“拿本书看看，让自己干些有用的活儿。你知道你一直都在干些什么吗？你把茶壶盖子拿掉，又放回去，又再一次拿掉。你在蒸汽里轮换着拿东西，先是茶碟，再是勺子。你一直忙着研究和收集那些在瓷器和银器表面因为蒸汽凝结而形成的小水珠。现在你难道不为你把时间浪费在这种无聊的行为上而羞耻吗？”

这个世界显然因为这位老妇人没有能够告诉瓦特究竟该把他的时间花在哪种更有价值的事业上，而获益不少。

你不能够仅凭往摇篮里看一眼，就知道那些由神之手刻画并且包在一点泥土里的隐秘的信息，就像你不能从指南针里看到北极星一样。智慧指引了年轻人生活的指针，使之能够指向自己的命运之星。尽管你可以通过人为的建议和不合乎自然规律的教育来让它转变，强迫它转向诗歌、艺术、法律、医药或者其他你所喜欢的领域，直到你浪费了数年的宝贵生命后，但是如果它得到释放，指针就会重新回到它原来的方向。

“他也许会后悔，但是他不应该经常后悔，”罗伯特·沃特斯说，“天才型的人物总是会受到不可抑制的冲动的刺激，去从事他与生俱来就喜欢的职业。无论遇到怎样的困难，无论前景有多么悲观，他都会满怀兴致和乐趣地去不懈地追求那一职业。当他的努力连最基本的生活需求都满足不了，并且他发现自己穷困不堪、无人注意时，他可能会像伯恩斯那样，经常满怀惆怅地回顾，后悔如果当初自己选择了其他行业，也许现在会好过得多。但是这些都不足以影响他坚持追求自己的最爱。”

当每一个人都选择到了适合自己的职业后，文明就会达到它的最高水平。没有人能够获得成功，除非他找到适合自己的位置。“他就如同河上的一条船，”爱默生说，“在朝一个方向前进时，要抵抗来自其他各个方向的阻力；而由于这一个方向的障碍被清除了，所以船才能一帆风顺地进入加深的航道并最终驶向大海。”只有狄更斯那样的作家才能够写得出关于《儿童奴隶制度》的历史，写得出那些可怜的孩子——那些所有的渴望和理想都被他们无知的父母愚昧地压制了的孩子；那些仅仅由于行为出格就被视作懒惰、愚蠢或者浮躁而遭歧视的孩子；那些被强迫按在方孔里因而受到压抑的圆形男孩；那些被逼着去钻研枯燥的理论书本而内心的声音却呼唤“法律”“医药”“艺术”“科学”或“商业”的孩子；那些因为对他们所厌恶的职业不热心并且反对他们从骨子里抗拒的东西而受到折磨的孩子——的历史。

一位父亲通常会具有一种狭隘的自私性，就是希望他的孩子为自己赢得荣耀。爱默生说过：“你是在把你的孩子培养成另外一个你，一个就已经足够了。”约翰·雅各布·阿斯托的父亲希望他的孩子成为一个成功的屠夫，但是在这位未来的商人身上那种从事贸易行业的本能更强烈。

大自然从来不会产生出两个一模一样的人。它在人一出生时，就打破了这种模仿。只有唯一的一次出现过这种神奇的结合。腓特烈大帝年轻时由于热衷于艺术和音乐而不注重军队的训

练，受到人们的广泛指责。他的父亲讨厌美术，于是把他监禁了起来。他的父亲甚至考虑过杀掉他，但是他的父亲在28岁时就去世了，这把腓特烈推上了王位。这个年轻人，因为喜爱艺术和音乐而被人们认为一无是处、无所作为，却使普鲁士王国迅速成为了全欧洲最为强大的国家之一。

当老鹰栖息的时候，看起来是多么的愚蠢和笨拙，但是当它展开它那强有力的翅膀直击蓝色长空的时候，它的目光又多么的敏锐，它的飞行又是多么的坚定和真实。

米歇尔·安吉罗的父母宣称自己的任何一个孩子都不许从事艺术家那种丢人的职业，甚至不许他们在墙上和家具上乱涂乱画。但是在他胸中燃起的火焰被这位伟大的艺术家点燃了，并且让他凭借圣彼得大教堂的建筑、摩西之石以及梵蒂冈的西斯廷教堂的壁画而千古垂名。

丹尼尔·笛福在他创作出名著《鲁滨逊漂流记》之前，曾经做过小商贩、士兵、商店店主、秘书、工厂经理、一位专员的会计师、外交使节以及几本普通小说的作者。

埃斯凯恩在海军里服了4年役，之后为了得到更快的升职，他加入了陆军。在陆军又服役两年多后，一次出于好奇，他去他部队驻扎的镇上的法庭旁听了一次审判。首席法官是他的熟人，邀请他坐在旁边，并且对他说，那名受到公开审问者的辩护人是全英国最有名的律师之一。埃斯凯恩在他们发言时进行了仔细的观察，他相信自己能够比他们做得更出色。于是他马上开始阅读法律书籍，很快他就成为他的国家里最伟大的法庭辩论家。

“乔纳森，”当切斯先生的儿子说自己在大学里非常出色的时候，切斯先生对他说道：“你应该在星期一早上去机械修理店。”数年之后，乔纳森才从那家修理店里逃出来，并且通过不懈的奋斗，成为美国国会来自罗德艾兰州的极具影响力的参议员。

帕斯卡的父亲决定让他的儿子去教授人们已不再用的语言，但是数学的呼声淹没了所有的呼喊，使这个孩子陷入欧几里得的原理中。

特纳原来可能会成为一个普通理发师，但是却成了现代最伟大的风景画家。画家克劳德·劳伦原来在糕点师傅那里当学徒；作家莫里哀在家具商那里当学徒；黎明的女神奥罗拉的创作者、著名画家提香，起初被送到一家音乐学院学习。

席勒被送到斯图加特的军事学院学习外科医学，但是他偷偷地创作了他的第一部戏剧《强盗》。在这部戏剧的首场演出上，他不得不给自己化了装才去剧院观看。他对他那如同监狱一般的学校的讨厌折磨着他，而成为作家的渴望又引诱着他，于是他身无分文地闯入了冷漠的文字世界之中。一位好心的夫人资助了他，不久他创作的两部辉煌的戏剧就让他名垂千古了。

有这样一个传说，如果上帝要任命两名天使的话，一个要去扫马路，而另一个要去统治一个国家，他们是不能交换位置的。尽管一个人感觉到上帝给了他一份特殊的工作去做，但是只有当他全神贯注地投入到这项事业中去的时候，他才会感到快乐。当年轻人找到自己理想中的位置的时候，他是会非常快乐的。如果他不去从事那项工作的话，他自己和别人都不会感到满意。大自然是不会让人休息的，除非他已经找到了适合自己的位置。它会一直围绕着他并且驱赶他前进，直到他所有的才华都得到大家的认可，并且他找到适合自己的职位。

让一匹拉货的马去赛马场上比赛是一件滑稽可笑的事情，但是这并不比那种只有法律、医学和神学才是最受欢迎的职业的流行观点更加荒唐。而同样可笑的是，我们全美国52%的大学生都在学习法律。有多少年轻人因为试图模仿他们事业成功的父亲而变成了穷困潦倒的牧师和传教士。因为同样的原因，还产生了很多贫穷的医生和律师。这个国家充满了太多从事不适合自己的工作的人，“失望、乖僻、事业荒废、游手好闲、穷困、信用尽失、缺乏勇气、衣衫不整、遭到冷落”。事实就是，几乎每一个在学业上非常出色的大学毕业生，在学校里准备展现自己，而毕业之后却令人失望。他的老师们教给他们最有价值的东西就是如何学习。从他离开大学校门的那一刻起，他就不再使用书本了，而是利用那些可以给他营养的东西。

我们并不能够就此贸然下结论——因为倘若一个人使出浑身解数也没有在他努力去做的事情上取得成功，他就会一辈子一事无成。我们来看一条在沙滩上困难地挣扎的鱼。尽管它把自己弄得遍体鳞伤，但是当我们再看过去时，一阵巨浪向海滩上覆盖而来，淹没了这个不幸的小生命。从它的鱼鳍接触到海水的那一刹那，它就又变回了自己，如同闪电一样穿过波涛飞快地游走了。它的鱼鳍现在终于有用武之地了，而它们刚才还在无力地拍击空气和沙土，那时它们还是障碍而不是动力。

我们中间很少有人在未成年时，就能在哪一门职业或者研究上显示出伟大的天赋甚至惊世之才。大多数15岁甚至20岁的男孩和女孩，即使在面对所有他们心里渴望获得的职业的时候，也觉得选择何以维持生计非常困难。每个人都绞尽脑汁，希望发现自己在某种行业上的天赋，但是一无所获。那不是为什么要推迟手头的工作，或者为什么自然而然分配给一个人的工作不能够被做好的原因所在。

对工作或者手头的平凡任务尽忠职守，以及对我们的父母、雇主、我们自己和上帝认真负责，这最终将让我们中的大多数人在恰当的时候找到适合自己的位置。

加菲尔德如果在从前没有担任过热心的教师、尽职的士兵和正直的政治家，就不可能成为总统。林肯和格兰特也不是一生下来就注定入主白宫，或者具有担当领袖的天赋。所以，任何人都不应该由于自己出生时没有被赋予各种才能而失望。他应该做的事情是尽最大努力做好自己的本职工作，并且抓住每一个珍贵的机会沿着内心的监视器指引的方向不断前进。让责任成为指路明灯，成功就一定会来临，并且会充分展示一个人的才华和勤奋。

什么职业适合我？我终身的工作应该是什么？

如果天资和内心都向往木工，就去做一名木匠；如果向往医学，就去做一名医生。凭借坚定的选择和勤恳的工作，年轻人就一定会成功。但是如果缺乏天分，或者天分微弱，那个人就应该进行慎重地选择，以符合自己最强的能力和最好的机遇。任何人都不应该怀疑这个世界是否对他（或她）有用处。真正的成功存在于踏实地干好本职工作，这一点每个人都可以做到。正如俗语所说："宁做鸡头，不为凤尾。"

在许多以前被人们称为傻子和笨蛋的人取得成功之后，这个世界对他们是非常友善的，但是当他们在挫折和误解之中努力奋斗的时候，世界却用截然相反的态度对待他们。给每一个男孩或者女孩公平的机会和适当的鼓励，即使他们做了某些蠢事也不要责备他们。因为许多所谓的一无是处的孩子、笨蛋、傻瓜或者差

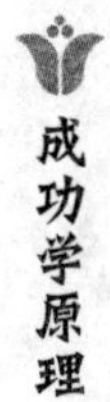

生，都只是暂时还没能找到适合自己的位置，是硬被按在方孔里的圆形男孩。

惠灵顿曾被他的母亲看做一个傻子。在伊顿公学，他被称做弱智、白痴、反应迟钝的学生，学校对他从来也不抱有什么希望。他毫无天赋，也没有加入军队的愿望。在他的父母和老师眼中，他的勤奋和毅力是他唯一的可取之处。但是恰恰是他在46岁时，战胜了当时最伟大的将领拿破仑。

林奈在学校里几乎被他的所有老师称做十足的白痴。他的父母觉得他不适合去教会，就把他送到了一家学院学习医学。但是这所学院的老师要比旁人伟大和明智得多，他任由小林奈去探索自己感兴趣的领域。病痛、不幸和贫穷也都不能迫使小林奈停止其内心的选择——对植物学的学习。最终他成为那个时代最伟大的博物学家。

塞缪尔·德鲁小时候在他家附近是最迟钝、最没出息的孩子之一，但是在一场几乎让他丧命的事故发生和他的哥哥去世之后，他变得非常勤奋好学，几乎达到了废寝忘食的程度。他吃饭时都要捧着书看，抓紧每分每秒提高自己。他说是潘恩的《理性时代》一书使他变成了一名作家，因为当时正是为了反驳书中的观点，他才会成为知名的笔锋犀利、辩驳有力的作家。

总之，正如人们所说，一个了解自己的天赋的人是不会一事无成的，而一个对自己的才能一无所知的人也不会取得什么成就。

第四章

宝贵的健康

错误思想和情绪是健康的杀手。

1. 健康长寿的秘诀

生命对我们来说无比珍贵。即便是一个囚犯，甚至是被判无期徒刑的最没有希望的罪犯，也不会希望自己的生命缩短哪怕一个小时。

不管我们的理想是什么，对我们来说没有什么比生命更值得珍惜的了。我们都希望生活十分美好，没有人愿意看到自己变老的信号，或者任何衰老的迹象。人们都尽可能地保持年轻、快乐和健康，然而很多人没有留意保持他们的青春和活力。他们破坏健康的规则和长寿的规则。把生命浪费在愚蠢、不合自然规律的生活和堕落的习惯中，同时他们还不明白为什么他们的能量在消逝。滥用能量和浪费精力必定会付出相应的代价，只有在生活中控制得当才能够长寿。

人的机体就像一台闹钟，如果得到正确的维护，将走得很准而且能用上一个世纪；但是如果不注意保护，随便滥用的话，它将很快就失去正常的秩序，越来越疲劳，寿命大大地被缩短。很奇怪的是，尽管我们如此珍视生命，渴望延长我们的生命，但还是由于错误的生活方式或者想法而使生命在碌碌无为中溜走，浪费很多的好时光。

心理上的观念决定了生活的质量，不管你年轻还是年老。每个人生来就有延长生命和长寿的能力，但是他首先必须明白心里的想法会影响他生命的质量。

如果一个人总想着他的生命日渐凋零，觉得他的身体每况愈下，他的能量也随着年龄的增长渐渐消逝，那么这个人不可能拥有健康、活力和充沛的精力。

一个人的心理状态会给自己设下障碍，他的心理想法也会限制生活的质量。

如果我们的心理状态是年轻的，如果我们身体的每一个细胞都在不断地恢复活力和自我更新，那么我们就会推迟年老迹象的到来。

很多人被动地接受年老的事实，而没有丝毫的抵抗。他们相信他们正随着年龄的增长逐渐衰老。他们总是在寻找年老的征兆和衰老的印记。报酬递减是他们的一触即痛之处。如果他们比以前累得稍微快了一点，如果他们不能承担像年轻时一样的压力，他们就会开始想象他们已经过了奥斯勒博士所说的"最后期限"。他们还会时不时地重复着一句很极端的话："我已经不再年轻了。"

我们头脑里最大的一个错觉就是，人到了40岁或者50岁的时候，就不可避免地开始失去能量，不管是在体力还是精力上，都会大不如前。

而实际上，人类被创造出来，就是要在生命的后期达到最大限度的成熟、最多的能量和最高的效率，以及内在的聪慧和眼光。造物主的初衷并不想让人们在50岁、60岁甚至是70岁的时候开始衰老。我们几乎花了30年的时间才真正成熟起来。在动物和植物的世界里，在大自然的任何地方，都找不到类似的例子：花了那么长的时间才成熟，却很快地开始衰落了。实际上，动物一般存活的时间，是它达到成熟所需时间的4～5倍，那么对于人来

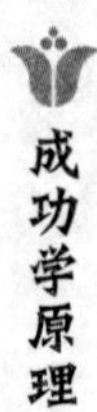

说，至少在成熟所需时间的2倍的时间里不应该开始衰退。我们应该积蓄我们的精力，储存我们的最大能量，至少活到完全成熟所需时间的4倍。

只要一个人还没有丢掉生活的情趣，他的灵魂就不会衰老；他的心脏仍然热血沸腾，他就不能算老。只要他接触生活的各个方面，他的灵魂就将保持常新。

很多人认为，到了一定的年龄我们的能量一定会开始递减，理想之火渐渐熄灭。这样的想法对我们的影响是最有害的。我们没有认识到，其实我们能够突破我们给自己设的“时间限制”，也能够做那些我们认为我们做不到的事。

一旦我们觉得自己正在步入老年，我们的这种想法就会加速进入老年的步伐，除非我们改变思想，彻底转变我们的态度，让年轻的思想使我们活得更年轻。

必定要变老的思想在我们的头脑中根深蒂固。如果我们相信衰老是必然的、不可避免的话，我们就难逃衰老的折磨。

另一方面，如果我们相信生活的基本原则，这种原则是不会衰老的，也不会受时间影响，这样的话我们就能在我们的生命中注入年轻。

我认识不少人，他们觉得自己肯定活不过60岁或者65岁。他们把这个年龄严格地限定为自己的最后期限，他们深信自己肯定不会超过这个期限多长时间。在他们死去之前，这段被他们自己固定的时间成了他们计划、思考和行动的焦点。

单调是一种迅速的催老剂。变化多端是年轻人的特点。在单调乏味的生活中，人的思想最容易变得迂腐不堪。

人类的很多发明和节约劳动力的设备把人们从单调乏味的工

作中解放出来。同样的，更大的繁荣，健全、乐观的生活哲学，更好的卫生条件和更科学的生活方式能使人的平均寿命延长很多年。人寿保险界早已经认识到了这一点。

我觉得年老的想法使我们失去了很多年值得珍惜的时光，也时刻使我们受着折磨。

如果我们坚持青春永恒的原则，宣布我们是永远不老的，那么我们就不会在外表上给人一种过早衰老的印象。这种习惯性的思想会使你的身体也变得年轻起来，表现出和谐、美丽和优雅，而不是皱纹或者其他什么衰老的迹象。

我们的想法是什么样的，实际上我们就处于什么样的状态，我们自己是无法改变这一点的。如果一个病人觉得他就快要死了，或者已经完全无药可救了，那么医生也无法挽救他的生命。身体的情况是和他的信念相一致的。

取得某种成就对一个人的长寿是很重要的。我们生来就是做事的。

挥霍青春、一事无成对年轻人来说是很致命的。“一个人还在做事儿的时候，他就还没有老，但是如果一个人什么也不干了，那么他就和死了的人没什么两样。”

勤奋能促进寿命的延长。停靠在码头的船比在大海中航行的船腐烂得更快，正如静止的池塘比流动的小溪更容易变污浊。诚实、勤奋会使人的身体和思想都变得更加健康。

无论是我们的思想还是身体，不常用的部分总是比经常运用的那一部分老化得更快。要想青春永驻，我们就得一直保持活跃。

真正的生活并不是一些没有意义的岁月的简单叠加。当我们的生活中已经没有了成长和发展、失去了它本来的意义，那我们就像已经死了的人一样。有些人在这个世界上白白活了1/4个世纪，他们实际上已是行尸走肉，就像已经不再长叶子、失去了生命的树一样，还在那里站立了很长时间。

要使我们的思想恢复活力并非想象的那么难，这主要看你是否能长期、坚决地把握正确的思想。但是这需要持续的观察、不懈的努力和坚定的决心，就像我们在获得财富和其他有价值的东西时必须表现的那样。

如果你想看起来更年轻的话，你可以想象着你时刻在更新、复原，因为你全身的每一个细胞永远都在不断地更新。把年轻看做是永恒的事实，而把衰老当做是一种多余、不自然的东西，很多时候是年老的思想和思维模式导致了衰老。告诉你自己："我不断地在创造新事物，所以我不会变老。新的细胞不会衰老，除非年老的思想和思维模式使它变老。"

拥有生活，享受生活；拥有年轻，感受年轻；把年轻写在你的每一个毛孔上。

时刻注意把年轻的敌人——所有的年老的思想拒之门外，忘掉所有痛苦的经历和不愉快的事，和谐的思想会使你永远年轻，大大地提高你的寿命。

幸福美满的家庭生活也有助于长寿。任何的冲突，特别是家庭的矛盾，都会让你的生活深受折磨。只有一个办法可以保持身体的和谐，那就是保持心理上的和谐。

一个人的寿命和职业有着莫大的关联。有的行业会大大地缩短人的寿命，特别是那些在拥挤、黑暗的厂房里工作的工人。阳光对恢复人的精力有很大的帮助。黑暗和阴影对人的生命是很不利的。

简单的生活——朴素的生活作风有助于长寿。牧师的工作性质决定了他的生活对长寿是有益的。他的脑子里满是高尚的思想，常常思考神圣的问题。他大部分的生活是在引导人们慷慨地将自己贡献到为他人服务中去。

我们衰老得很快，因为我们不能保持心理的和谐。不和谐、摩擦和冲突会迅速地消耗掉我们的生命。当我们处于不和谐状态的时候，我们会受尽折磨，因为我们破坏了神圣和谐的最基本法则。心理上的平衡、镇静对保持年轻是有好处的，它能使一个人的身体更新、恢复活力。很多人有一种错误的做法：他们希望从外表上保持年轻，通过对外表进行修饰和改变，掩盖住衰老的迹象和痕迹。

如果你想留驻你的青春，你就应该尽量和年轻人在一起。因为年轻人的精神、机智、机灵和聪慧富有很强的感染力。那些和年轻人经常在一起的人比那些常和老年人在一起的人要年轻很多。

一个高尚的理想、崇高的目标，只要是能够让人为之奋斗，就会有助于提高人们的健康状况。有远大志向的灵魂会使人更长寿。志向是一种永恒的激励，激励人们发挥出所有才能。

人类的本性是由公平、诚实、真实、美丽等原则构成的。如果我们在思想或者行动上破坏了其中任何一个原则，就会在内部产生不平衡，当然也会相应地造成对能量和生命力的浪费，造成身体和心理的衰退。

把你自己看做是年轻人；把自己打扮得和你年轻时一样尊贵和有气质；不要总是弯腰驼背，走路时也不要拖着步子，把你的

肩收回来，站直了走路。这样会显得更年轻一些。

永远在心里给浪漫留一个位置，浪漫有助于我们保持年轻的心态。在你的心中保持对别人的爱、无私、善良和助人为乐，这样使你感觉非常年轻。

每当想到你自己的时候，永远把自己想象成为你希望成为的样子。

不要总去想自己的不完美和缺点，因为这样会损害你的形象。把你自己想象成为你理想中的完美状态，就像造物主希望你成为的那样。很多人总盯着自己的不足，强调自己的缺点，以至于他们只看到了自己的一个侧面。他们会慢慢地失去自尊，也会失去别人的尊敬。我们在心目中是怎样看自己的，我们心中理想的状态是什么样的，那么我们在现实生活中就会表现出什么样子。

培养一个人的年轻愉快的心态是很重要的，这会使他们的精神保持饱满。不要让生活过得太严肃、太紧张，否则你就不会获得很大的成就，你就会衰老得很快，就会表现得非常没有活力，得不到你应该得到的一半快乐。

快乐使我们回到年轻时代，消除衰老的痕迹。快乐和年轻是一对孪生兄弟。要想生活得更健康，我们就需要大量的娱乐和放松，我们应该尽量过得更快乐，因为快乐是幸福生活的保障，快乐是生活的加油站。

紧张、严肃、冷淡的态度会使神经由于过度绷紧而疲劳，而且会使大脑慢性中毒，让人不可能拥有完美的健康和幸福。我们常常看到，那些过度紧张、自私、贪婪的人衰老得非常快。他们的皮肤很早就起了皱纹。这种人的外表令人厌恶，没有一点儿魅力，显得很愚笨。

幽默让人消除烦恼和忧愁，可以加速血液循环，促进消化。心情愉快的人入睡比一般人快，睡眠质量也比较高。愉快的人更适合做朋友，也会有很多的朋友，朋友多的人不会有太多的烦恼和沮丧。好的社会交际使人变得性格温和、平易近人，这些会让人身心健康，延年益寿。其他事情也是一样的，心情愉悦的人最长寿。

当一个人不再进步的时候，衰老的过程就开始了。当他的思想停滞不前，不再向外拓宽，当他的理想开始变得暗淡，对生活失去了渴望的时候，衰老正向他悄悄袭来。

堕落、停滞是年轻的大敌。要想保持年轻，你必须在生活的每一个方面保持活跃。如果你不想过早地衰老的话，那么你应该保持思想活跃，不断地用新观念充实自己的头脑。与时俱进，关注世界的发展和进步。如果一个人精力充沛，对生活保持好奇心，他就会永远保持年轻。

如果一个年迈的老人，还能对生活保有希望，凡事以乐观的心态对待，随时保持幽默、轻松，怀着一种孩子般的纯真，在工作中充满热情，对自己的目标永不放弃；如果一个人随着年龄的增长变得越来越友善，在同伴中从来没有失去过信任；如果一个人一直保持性格温和、和睦友善，拥有完美的品格，那是一件多么让人欢欣鼓舞的事情啊！

保持年轻的心态和轻松愉快心情的人能够真正做到永远年轻，他们的外表洋溢着青春与活力。斯韦登伯格说，年老的人应该像他年轻时候一样生活，那些长寿的人都是心态很年轻的人。随着时间的流逝我们的年龄逐渐增长，但是随着年龄的增长我们

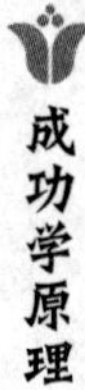

应该拥有更强大的动力。一个人年龄越大，别人就越尊敬他、崇拜他，这不是出于一种同情心，也不是因为他虚弱、依附于别人，而是因为他年龄越大越坚强、越有勇气。

年老应该使人更加有吸引力，更强大，更迷人。一个人会很快地长大，但是随着时间一年一年地过去，他的能力和眼界在不断地增长和扩大，他的一生将是积累智能和能量的一生。

总之，我们的生活、健康和永恒都取决于我们自己。知道这一点之后，我们就能够抵制时间流逝对我们造成的伤害，即使所谓的死亡也不能化解存在于我们身上的真实。

2. 心理的自我伤害

我们的生活是一个完美和谐的整体。任何不和谐的东西——虚弱的身体、疾病等都是不正常的，都不是生活的必要组成部分。

很少有人意识到他们头脑中的错误思想和情绪才是疾病的始作俑者。此外，对别人的恶意也是疾病产生的源头。任何不和谐的思想和情绪都会导致身体的不协调。

如果我们不想表现出疾病和身体不协调的话，那么我们就应该注意只记录那些我们希望得到的东西——和谐、健康、真实和美丽。

我们的思想会对我们的生活产生很大的影响。如果我们把思想集中在思考那些超凡神圣的东西上的话，那么我们的思想会变得非常崇高，不仅如此，这种崇高还会体现在我们的外表上。在人群中，我们很容易分辨出外表与众不同的牧师，或者那些思想集中在神圣的东西上的人。一个拥有崇高品质、不俗内涵和完美人格的人，会在外表上表现出他的性格，无论他的目光还是谈吐都会表现出他的崇高思想。同样，我们还能区分出医生、律师、公司职员等。一个人头脑中集中精力主要思考的东西，都会时不时地从他的外表、举手投足和谈话中表现出来，所以人们一眼就能看出这些显著的特点。

你是否已经认识到，你的外表和举止会把你头脑中的思维记录表现出来。你的外表就是一个公告栏，向人们展示了多年来你在头脑中留下的这些记录。

无论是你的贪婪、报复心，还是自私、嫉妒的心态，都会留下一个非常清晰的记录，而且这个记录是大家都能见到的。也许你觉得自己的思想是秘密的，可实际上你的思想已经在你的外表上暴露无遗。

在实际生活中，我们的真实想法会不经意地表现出来，所以我们无须掩饰自己真实的一面。我们心中想的是什么，都会写在我们的外表上。我们的脸上写满伤痕，那是我们内心思想的外在表现，任何错误的思想都是有反作用的。如果我们对待别人时怀着一种嫉妒和报复的心态，那么这种思想反过来会给我们自己带来无情的伤害。

如果我们的思想和谐、美丽、充满爱心，那么都会在我们的身体上表现出来。和谐的思想状态不会产生不协调的身体状况。

身体偶染小恙其实并无大碍，可是如果你总去想这些小毛病，总担心会出什么问题，那么这些小毛病就会真的恶化。

要让自己的身体保持健康，唯一途径就是使自己的思想更和谐、更健康、更有活力。只有拥有了思想上的活力，才能拥有身体上的活力。

很多人的心里总在想着自己的身体状况，想着自己身体某个地方有点疾病，想着自己的虚弱，这样的人是不可能拥有健康的。理所当然的是，他的身体状况是和他的这种病态的思想相一致的。

其实真实、健康、和谐离我们并不是很远，它们就在我们身边，潜藏在我们的身体里。认识到它们的真实存在，我们就能得到很大的帮助。

健康的身体需要健康的思想作保证。只有当一个人的思想年轻、进步，充满活力和创造力，他的身体状况才能保持健康。

试着想象自己处于最完美的状态，拥有良好的健康和强壮的身体，精力充沛，思想崇高，能够承受任何的压力。

不要老是担忧自己很虚弱，有着这样那样的缺点和不足，也不要让这样的思想在你的头脑中存在，否则这些思想会慢慢损害你的身体状况。

你对自己身体状况的看法，也会不断地影响着你的身体状况。我们的观点、想法、感情、情绪、心理态度，都会对我们的每一个细胞、每一个器官和身体机能产生不断的影响。我们的思想总是通过影响身体的上亿个细胞，来不断地影响我们的身体状况。

如果我们用指甲或者其他硬的东西刮一块长条形的木头，发出的声音会传到木头的任何一个地方。木头中的每一个小单元都感受到刮擦的震动。所以，任何思想、情绪和害怕、担心、嫉妒进入我们的大脑后，我们身体内的所有细胞都感受到了这种思想。通过这样的方式，思想对我们的身体状况产生了巨大的影响。

研究表明，不好的心理状态或者激烈的情绪会在头脑中产生化学变化，使全身每一个细胞都受到毒害。

我们发现，胃部的细胞和其他身体器官的细胞实际上是脑细胞的延伸，因此脑细胞所受的任何影响都会严重地波及全身的细胞。所以当大脑受到困扰的时候，身体的其他器官就会拒绝好好地工作。人的智力也是一样，当处于不和谐状态时，也很难发挥

最好的作用。

很多人都深信只有脑细胞才会有思想，这种想法是极其错误的。实际上，身体各个部分的细胞都是有思想的。一个人的大脑即使被切除一大部分，也不会影响他的智力水平，这也充分证明了以上的理论。

快乐、上进的思想就像闪电一样，将信息迅速地传递到身体的每一个细胞，即使是距离最远的细胞。

另外一方面，任何不和谐的情绪，任何憎恨、嫉妒和自私的思想都会把毒素传给身体的每一个细胞。

这个理论在很多有趣的试验中可以得到验证。例如我们从任何生物体身上切一小片组织，放置在事先放有硝化甘油的载玻片上。我们可以看到这些细胞一接触到硝化甘油就迅速地收缩，尽量使自己远离这种强力的化学药品，因为这些细胞能认识到这种化学药品是它们致命的敌人。

另外一方面，如果我们把这些细胞放到无毒的辣椒树脂一起时，它们会喜欢上这种东西，尽量使自己充分接触辣椒树脂。

如果我们把这些细胞和鸦片放在一起，它们会激烈地颤抖，很快变得昏迷，失去知觉。

我们发现，即使是变形虫这种单细胞的简单生命形式，都会有这种选择的能力。即使没有脑细胞的生物，也能够识别自己的敌人，迅速找到逃生的办法，或将自己藏匿起来。

人的身体是由无数个细胞组成的一个整体，这就是为什么身体任何一部分的细胞都会对思想上的疾病或者紊乱做出迅速反应。因为它们本身拥有智能，它们本身就是人的思想的一部分。当身体的任何一个器官或者组织出现萎缩或者异样的时候，其他有智能的细胞和脑细胞就会一起合作重组这些细胞。

智能修复对细胞来说是最有效的恢复和治愈途径，因为细胞的原始创造者就是智能。细胞所具有的这种智能修复功能对疾病和失去了的平衡做出反应，并迅速重新获得平衡，治愈疾病。

人的身体和思想是紧紧交融在一起的。如果将它们孤立起来看，这对人类是非常有害的。我们的智慧散布在身体的各个部分的细胞中。这些细胞都是专家，拥有或多或少的智慧，所有这些细胞的智慧加起来就是一个人的全部智慧。脑细胞可能会比其他细胞更发达一些，但是我们应该将全身细胞当做一个大的脑组织，因为每一个细胞都充满了神圣的力量和智慧，这种力量和智慧使全身的细胞不断地创造、维持、治愈、恢复和更新。如果我们能认识到我们全身的每一个细胞都是神圣的，里面包蕴着健康、和谐、美丽、真实和爱，那么我们就明白了我们的能量所在。

不同的身体器官会对不同的心理反应产生影响。

过度的自私和嫉妒会严重伤害肝脏，而猜疑会伤害心脏、肝和脾，尤其是长期的猜疑更严重。

我们都知道，极端、长期的嫉妒会给心脏功能造成巨大的伤害，而各种各样的心理不协调，如担忧、焦虑、害怕、生气对心脏也是有害的，特别是长期的心理不协调更有害。一个晚上的辗转反侧就可能使人犯病，持续的痛苦、长期的嫉妒、不断的忧虑和烦恼，都会让人陷入疾病的深渊。

我知道有一个脾气暴躁的人，他一旦发脾气就会在心里郁积几天，这使他的身体受到很大的伤害。嫉妒会在很短的时间里改变一个人的身体状况。暴躁的情绪伤害人体细胞的协调和

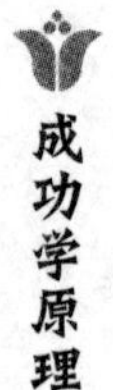

效率的速度是最快的。人们自身的激烈情绪往往会引起消化不良和肠胃不适。很多人就是因为无法控制的激烈情绪致使心脏病发作而死去。

沮丧失望、担心害怕往往使人脾气变坏，而实际上这是肾脏和皮肤的致命敌人，使身体所受的毒害越来越严重。憎恨、愤怒和各种各样的担忧对肾的影响特别大，有可能会造成肾病的恶化。严重的心理打击和暴躁的脾气往往引起黄疸病。

心理上的影响导致身体组织产生毒素，这些毒素发生化学变化就会使身体各个器官的组织受损。

不管什么时间和什么原因，只要心理上出现了不和谐，身体的组织就得不到充分的营养，因为全身只要有一个地方不和，就会使身体得不到足够的营养。

消化器官如肝脏和胃，同样需要和谐的环境，只要有一点点心理上的不和谐就会使消化器官无法正常运作，影响到食物的消化。

你摄入的食物多，并不代表你就获得了足够的营养。很多时候，由于消化系统遭到破坏，或者心理上的不和谐，使身体的很多组织得不到充足的营养，即使在消化器官里装满了大量的食物。

当一个人处于极度的愤怒、嫉妒、焦虑、害怕时，消化系统中的胃液分泌不足，因此十分稀薄的胃液只能消化一小部分食物。处于这种心理状态的人严重缺乏正常消化所需的物质。

虽然很多时候体内毒素是由暴饮暴食、生活无规律、同时摄入几种不相容的食物而引起的，但是更多的是由心理上的原因引起的，特别是长期慢性的心理障碍，如长期的焦虑等。

首先，当一个人处于不适的状态时，当他十分消沉，深受害怕、焦虑、嫉妒、愤怒、憎恨心态的折磨时，他的胃液分泌就会减少，而且缺乏了某种东西，不是完整的消化液。这样导致消化系统里产生不正常的化学变化，而且常常会含有毒素在里面。

很多人在进食过程中心理状态不稳定，使他们无法正常消化食物。争吵、生气和积怨在任何时候都是危险的，特别是在进食过程中。不管你做什么，不要把麻烦带到餐桌上，因为焦虑和心烦是最容易破坏食物消化的。

也许一天中某个时刻你过得很不开心，十分心烦和焦虑，但是不管怎么样，在吃饭的时候要尽量地保持轻松和愉快，否则你所分泌的胃液就会严重缺乏正常消化所需的物质。

那些把烦恼和情绪带到餐桌上的人会把毒素带到他所吃的食物中。

这就是那些长期受焦虑、害怕和暴躁脾气困扰的人，经常是病痛缠身的一个重要原因。因为他们从来都不能很好地消化食物。

在吃饭的时候和睡觉之前保持一份轻松愉快的心情对我们来说是很有好处的，因为这样对我们的身体健康有很大的帮助。

如果在受到坏消息的打击之后我们检查一下胃部的情况，我们会发现消化液的自然流动停滞了，胃腺萎缩，暂时完全失去消化能力。

消化器官和脑部联系十分紧密，以至于任何的震惊和害怕都会马上使消化系统停止运作，就像它们收到了立即停止工作的命令一样。

我们都知道我们的消化系统很容易受情绪和心理状态的影

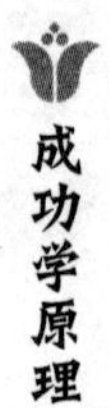

响。收到坏消息的电话或者来信后，我们震惊的心态可能完全破坏消化系统的功能。这种破坏是强有力的，即使心情恢复平静，它的影响仍会持续很长时间。

任何形式的害怕、愤怒、嫉妒、依赖和不愉快的心情都会影响一个人的消化。

如果我们发现在食物里有令人反胃的东西，我们就会很长时间吃不下任何东西。一想到那些令人恶心的东西，我们就马上没了食欲。由此我们可以看出思想对人的巨大作用，它会使我们很快失去食欲，使我们的消化系统完全停滞。

医学界一致认为，消化不良和其他病一样，也是一种心理疾病。因此我们应该尽量保持一种轻松、和谐、健康的心情，避免受那些会破坏消化系统的不和谐、不健康的思想的影响，这样我们就能克服消化不良的问题，也能治愈那些由错误的思想导致的其他疾病。

消化系统与心理状态息息相关。如果我们经常保持一种快乐、满意的心态，我们就拥有心理健康，而这有利于我们的身体健康、和谐和安宁，使我们的身体处于非常和谐的状态。另外一方面，不和谐的思想将表现在不同的身体状况上，或者风湿病，或者消化不良，或者头痛，或者其他症状。

人体血液循环也会受到意志消沉和情绪不高兴的心理状态影响。

很多人在长时间的愤怒、嫉妒和害怕之后，就会出现发冷、消化不良、心慌、恶心和头痛等症状。

有的人长期犯有头痛的毛病，因为他们长期心态不协调，神经受损。还有一些人长期受到自私思想的毒害。

有利于心理健康的东西肯定就有利于身体健康。乐观向上的精神状态不仅仅对心理，也对身体健康是一个促进。

如果你心里总是想到自己很虚弱，你的身体怎么可能抵挡住各种疾病呢？如果你长期处于心理不和谐的状态，你怎么可能希望自己的身体处于和谐状态呢？

不要总是觉得自己无法完全控制自己。要坚信自己可以抵抗任何身体上的疾病，永远不要觉得自己没有这个能力。

如果心里总是想着那些我们害怕碰到的事，总想着害怕见到的疾病的症状，这种心理状态会降低身体的活力和抵抗力，从而迅速加重病情。因为我们自己的心理很大程度地影响着我们，而这种影响很有可能真正给我们带来我们很畏惧的东西。

这种总想着将会有什么事要折磨或者毁掉我们的思想是非常可怕的。它会使我们失去一切希望，而这种希望是我们必须赖以生存的。它榨干了生命的根本来源，使人迅速崩溃。

想象一下，如果一个人多年来总认为自己天生就得了一种可怕的疾病，这种疾病正在吞噬着他的身体，而最终会彻底毁灭他，这样的人受思想的影响是多么的大啊！这会很大程度上影响他的内分泌系统，血液质量也会受到影响，因为每天这种忧郁、害怕的心理会杀死成千上万个红血球。

如果一个医生毫无保留地将恶化的病情告诉病人的话，那么这个病人很可能就迅速恶化，直至彻底崩溃。病人的红血球也会因为极度的害怕和恐惧逐渐死去。如果在心情愉悦的状态下，这种病人是有可能康复的。快乐和希望比任何的药物都管用。实际上，只要病人能保持一份轻松和愉快的心情，他们完全康复的希望就很大，因为思想对身体机能的影响是很大的。

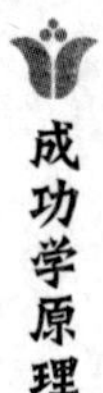

每个医生都知道，在病人病危的时候，只要让他们相信自己肯定会好起来，那么他们就拥有了很大的能量，得以迅速地好起来。坚定的信念使病人的身体状况逐渐好转，使病人自己创造出巨大的能量，彻底改变病人的状况。

实际上，病人的整个生活状态都会因此好起来。这种乐观向上的信念是最珍贵的药方，使病人逐渐康复，即使病人根本就还没有吃药。

很多时候，病人一吃下药，病情就有明显好转，即使他还根本没有完全吸收药物。这是因为吃药后，他会觉得自己充满信心，觉得自己很快就会好起来。实际上是这种心理起了很大的作用，而并非药物的作用。

各种各样的思想、情绪和暴躁脾气都会在脑细胞中制造毒素。当一个人的心情不好的时候，整个人会感觉十分颓废。有时候发脾气可能会破坏神经中枢，就像短路会烧掉电线一样。

脾气暴躁、心理上的折磨使人在生活中丧失真正的幸福、快乐和事业，这是一件多么遗憾的事情啊！

我们在生活中如果被滚烫的东西灼伤，被尖锐的工具戳伤或者被撞伤，都会马上做出反应。我们会尽量避免那些伤害我们的东西，利用和享受能给我们快乐和舒适的东西。可是为什么在思想上，我们会不断地用致命的错误思想和情绪伤害自己，毒害自己的脑细胞、血液和分泌呢？我们深受错误思想、暴躁脾气的折磨，但是我们还没有学会正视这些痛苦的根源。

很多人将自己置身于一种长期的自我伤害中，因为他们长时间怀着报复、憎恨、嫉妒的心理，或者他们的脾气暴躁，极易发脾气。这不但使他们失去了现在的幸福和成功，而且也失去了生活中的很多美好时光。

坏脾气和各种暴躁情绪会使我们的心理状态受到严重影响，也会使我们的身体承受折磨和痛苦，当我们认识到这一点后，就能学会尽量避免这些心理上的负担，就像避免身体上的痛苦一样。

当我们遭受心理不和谐、沮丧的情绪折磨时，我们很容易感染疾病。因为人体细胞的损害主要来源于化学变化、营养吸收的破坏、不完全的消化以及心理上的自我毒害。

当我们处于焦虑、担心、愤怒、嫉妒时，我们应该知道这些会大量地消耗我们的能量和活力。不但没有任何好处，而且会破坏人的神经系统，导致过早衰老和缩短人的生命。担忧、害怕和自私的思想具有很大的能量，能严重破坏人体的和谐与工作效率。而相反的思想会得到相反的效果。良好的心理状态能够让人心情平和，提高工作效率和能量。5分钟时间的暴躁脾气对人体的整个系统有很大的破坏，这需要几个星期甚至几个月的时间来弥补伤害，否则永远也无法恢复过来。

在我们的医学档案中常有这样的记录，有的慢性病人被突然完全治愈了。因为他们突然被告知原以为死去的亲人或者朋友还活在这个世上，或者当他们十分贫穷的时候突然获得一笔意外的遗产。病理的变化根本原因在于他们思想状态的变化。

在战场上，很多人在极度紧张兴奋的时候，即使被子弹或者弹片严重打伤，他们自己也不会有任何知觉，根本不知道自己受了重伤，除非他看见自己的衣服已经浸满了鲜血，或者别人告诉他他已经受伤了。当他们慢慢平静下来后，他们发现自己的真实情况后，就会很快地崩溃下来。但是，只要他们的思想被某一种

情绪占据，他们根本就感觉不到子弹或者弹片对他们的伤害。

我们都曾经历过这样的一种感觉，当我们碰到意外惊喜的时候，一时的兴奋会使我们暂时忘掉身上的痛苦。心理上的情绪可以减少或者消除身体的痛苦，至少是暂时性的。

当猎人们在全身心地狩猎时，也许他们在雨中或者雪中已经守了一天，而没有得到任何猎物，累得拖不起脚步，但当他们发现寻找了很久的猎物突然出现时，疲劳和饥饿就会完全被抛诸脑后，他们会像孩子一样活蹦乱跳。这种心理状态的变化使他们又能狩猎好几个小时，而不觉得疲劳。

一个人心理态度的改变是疾病得以痊愈，性格得以改变的关键。乐观的信念和心理状态是治疗病人的良方，有时甚至比吃药和看医生更有效。病人对医生和药物的信任，病人自己的信念，在整个治疗过程中起到了十分重要的作用。

信念是很神奇的东西，它会给人以巨大的能量。

很多虔诚地朝拜的人，凭着惊人的毅力和意志，常常是赤足徒步行走上千公里，身体受到很大的伤害却全然不顾，因为他们认为神圣的朝拜能够治愈他们全身的伤痛。很多人盲目、迷信地想得到某种包治百病的神水，就像印度的恒河或者其他东部河流的水一样，而不惜牺牲一切财产，甚至是自己的孩子和生命。由此我们可以看出，信念的作用是多么巨大啊！

这些可怜的人不知道那些无生命的东西根本就不可能给他们健康，实际上存在于他们心中的信念才是真正有效的治疗方法。也许这种信念正在无形地起着一定的作用。

那些多年受困于贫穷和疾病的人，在突然发现治愈疾病的秘诀后，就会迅速而彻底地恢复健康。在多年的痛苦之后，忽然间的顿悟使他们彻底改变了身体状况。

成功本身对人的身体是一种十分有效的治疗，特别是对经历过巨大失败和贫穷的人，成功会改善和影响人体的所有机能。

一个家庭在经历了多年的失望、折磨和疾病之后，会因为某个家庭成员一次意想不到的成功而发生彻底的改变。

相反的情况也同样会发生。意外的失败、突然失去大量财产或者巨大的悲痛，常常会彻底毁掉一个人的健康和幸福。

在不久的将来心理治疗会被看做是一门真正的科学，甚至比现在的药物治疗体系更加科学。多年来，人们都在地球上寻找能治疗疾病的矿物和植物，他们不知道最好的治疗方法实际上就存在于他们自己的头脑中，在他们的自我心理状态中。这种心理状态称得上包治百病的万能药，心理上的和谐可以很轻松地治疗身体上的不和谐。

要从心灵中排除有害的思想并不困难。人所需要做的只是用产生治病药物的东西来代替反面思想，因为它总能提供解毒药。混乱不会在和谐的状态中产生。慈悲与爱会迅速打败嫉妒、仇恨与报复心理。如果我们让今天快乐的画面进入我们的脑海，黑暗的思想就会消失。

当我们学会驱逐我们的健康、消化和吸收的敌人，以及我们的血液和分泌系统的敌人，当我们学会怎样使思想保持纯洁、敞亮，当我们学会用一个伟大的人生目标的力量来规范和净化自己的生活的时候，我们才知道怎样去生活。当我们学会用爱与善良来消除嫉妒和仇恨，当我们破解了用和谐代替混乱思想的秘密，当我们明白正确心态能产生神奇而巨大的力量，而错误心态可能导致悲剧和痛苦时，人类文明才会大踏步前进。

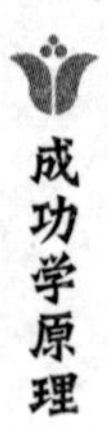

3. 抑郁之罪

有些人似乎天生就具有可以传播精神毒药的能力。无论你如何努力地保护自己，他们都有本事将自己的忧郁植进你的脑袋里。他们认为自己生来就是这样悲惨可怜，所以经常变得抑郁沮丧也是天经地义的。

他们说的全是一派胡言。没有人生下来就注定要悲惨一世，注定要将忧郁带给这个世界，或者生下来就是为了让其他人不幸。上帝把我们创造出来是要让我们快快乐乐生活的。

所以，你无权摆出一副苦涩的表情在大家面前走来走去，四处传播怀疑、恐惧、气馁以及沮丧的细菌。这就如同你无权给他们造成肉体上的伤害一样。你无权毒害大家的身体，同样也无权影响大家的快乐。

有一个奇怪的现象，那就是有很多人对抑郁好像已经变得习惯了。无论抑郁什么时候来袭，这些人都没有任何反对。而且，他们还要反复地对别人叨唠自己的痛苦，一遍遍地诉说他们所遭受过的种种不幸，描述他们的贫困和受苦的症状，详述一切骇人听闻的细节，对每个人讲命运对他们是如何如何的残忍无情。他们似乎对咀嚼那些令他们的生活苦恼、阻碍他们进步的东西有种病态的热爱。这样，他们不知不觉地就将这些有害的思维特征注入他们自己的性格中去了。

造物主让我们来到这美丽的世界上是要让我们快乐，而不是让我们悲伤，不是让我们整日闷闷不乐，牢骚满腹，抱怨不休，散布悲观情绪，更不是让我们在同类中贩卖苦恼和不幸的。爱默生曾告诉我们："一张充满睿智的笑脸，就是一切文明的终极追求。"

在人类的文明史中，那些乖僻、忧郁、沮丧的人从来都无法占据一席之地。没有谁会愿意和这种人相处。这种人的出现只会给大家带来沮丧，每个人都巴不得离他远一点儿。

更为可怕的是，忧郁焦虑的情绪还会通过破坏人们的快乐来降低人们对它的抵抗力和免疫力，从而引发更多的抑郁病。

可以说，没有什么东西比消沉沮丧的情绪更有传染性的了。

一个快活乐观、容光焕发的人走进一间被悲哀、气馁、沮丧的情绪所笼罩的屋子，用他那无法抗拒的幽默、他的笑声、他开朗乐观的天性感染每一个人，使快乐重新回到每一个人的心间。我们有多久未曾看到这样的场面了？

有相当多的人一生都无法取得与自己才能相当的成就，这是他们自己的坏心情害了他们。这种心情能使他们变得惹人厌恶，同时也阻碍了他们自己事业的发展。

人们总是远离那些忧郁的人，这就像我们对那些难看的图画敬而远之一样。本能让我们更愿意接近那些美丽、和善、乐观开朗的人。

看着一个身强体壮精力旺盛的人，造物主计划里强者中的强者，在精神乌云的笼罩下，变成为一个畏缩不前、卑微下贱的奴隶，这难道还不可悲可叹吗？想想看，一个有能力指挥千军万马干一番大事业的人，一个本来应该大有成就的人，一个上天赋予了他伟大使命的人，被抑郁所害，落入精神魔鬼的魔爪中无法挣

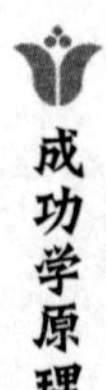

脱，终日里无所事事，而他本该毫不费力就能扼断那魔鬼的喉咙的。这难道还不可悲可叹吗？

无论在什么地方，我们都能看到那些本来野心勃勃的人在做一些鸡毛蒜皮的小事，这仅仅是因为他们在太多的时间里心情不好，或者是长期因挫折和抑郁而气馁。

一个总是受自己心情支配的人永远当不了领导者，成不了伟人。

气馁会影响判断力，在恐惧的压力下人们什么蠢事都干得出来。当头脑中存在恐惧、怀疑或是沮丧时，你完全无力完成正确的判断。只有不受情绪干扰、运转正常的大脑才能做出可靠的选择。如果你处于恐惧或是焦躁的状态，别人给你什么建议，你可千万别不假思索地照着去做。

你只应该遵循那些你在头脑清楚、心情平静时制订出的计划。恐惧会使我们的精神力量顷刻间土崩瓦解，使我们无法集中思想。冷静、沉着、心态平和以及情绪稳定对于正确的思想绝对是必需的。

许多人在生活中总是到处碰壁，原因之一就是因为当他们做重要的决定时，他们的精神根本没准备好。每当面临选择时，他们总是忧心忡忡，担心会有麻烦，担心会失败，或是担心会赔本。在这样的压力下做的通常都是蠢事。我们在紧急情形时需要的是智慧，然而智慧只能在沉着、冷静、清晰的头脑中产生。

一个人遇到麻烦或是面对紧急情况的时候，也正是他需要冷静清醒的头脑和可靠的判断力的时候。在这种时候，一旦你发现恐惧或是焦虑的情绪控制了你，你必须马上停止考虑那些重要的事。但是同时你还应该立即控制这种情形，调整你的情绪，矫正

好心态，让自己的思想进入镇静沉着的状态。努力试着去找回你的自制力，使自己的精神平和下来，

一个训练有素的大脑完全有可能在顷刻之间摆脱抑郁的控制。然而我们大多数人的错误在于我们总是让抑郁忧愁的心灵休眠关闭，却不肯敞开心扉，让快乐、希望和乐观的阳光照射进来，让灵魂的阳光温暖我们的心灵，驱散一切黑暗。

有很多平时头脑很冷静的人，一旦遇到挫折或是心情忧郁时，就会做出愚不可及的事情。这时候他们的头脑变得杂乱不清，极不稳定，而不像他们通常那样清晰、活跃而平静。在这种情形下，他们受情绪的控制，做出一些蠢事也就丝毫不足为奇了。

懂得如何驱散我们心灵的敌人——和我们的快乐、舒适以及成功作对的那些敌人——绝对是一门最高超的艺术。学会把自己的心情沐浴在美丽、真实、和谐、健康的阳光里，而不是成天沉浸在丑恶、虚伪、嘈杂、疾病与死亡的苦水中，这是一件非常伟大而艰巨的工作，然而又是我们每个人都应该做到的。你只需要懂得一点点思想上的技巧，养成正确的思考习惯就行了。

我们应该尽早培养出这样的习惯：那些令人不快，对健康和生命不利的想法一露头，就马上把它们从头脑中清除出去。每一个清晨，一起床，我们都应该有一个清清楚楚的大脑来迎接新的一天。那些令人不快的念头根本不应该在我们的头脑中有容身之地，我们应该把它们赶出去，用那些和谐美好、令人向上、充满生气的思想来代替。

我们做每件事前不要总去问自己喜不喜欢做，要斩钉截铁地对自己说：我喜欢做。那样一来，你就会发现你真的开始喜欢做

了。而且你就可以发挥出你的正常水平，从而把事情做得最好。“我喜欢做”这句话要刻意去说，坚定地去说，这样它就能变成现实。

如果你真的努力去拒绝那些掠夺你快乐的坏心情的侵扰，如果你能明白要不是你总是想着它们，它们就根本不存在，从而将其驱逐出你的心灵永不再让它们进来，那么这些坏心情就再也不会来找你了。

不想让自己的内心一片黑暗，最好的办法就是让生活时时刻刻充满阳光。清除嘈杂，让生命充满和谐；拒绝谬误，让真理统治头脑；消灭丑恶，迎接美丽；赶走一切酸腐和疾病，投入甜蜜与健康的怀抱。性质相反的思绪是不能在头脑中共存的。所以为什么不用有益的思想占据你的心灵，永远取代那些有害的想法呢？为什么还不赶快让和谐、美丽、真理之友代替那些只会在你的头脑中捣乱的敌人呢？

每当你发现自己又开始担忧、焦急、苦恼时，不要费力气去设法改变，也别千方百计去斗争、反抗。你只需静下心来待上几分钟，然后告诉自己：“这个样子不是有智慧、能思考的生命所应有的。这不是一个真正的人的生活。我如果再这样下去的话只能算是行尸走肉，愚昧无知，可怜得连生命中的一点点欢乐也享受不到。”

真正有前途的人永远不会这样对自己说：“我要等等看，看自己有没有心情去实施我的计划。要是抑郁的心情没来骚扰我，要是我那消化不良的老毛病没犯，要是我的肝脏能正常工作，要是身体上其他的零件也都肯合作的话，我今天就开始工作，好好大干一番。”

如果你以后再遇到麻烦，或是再次感到气馁，觉得自己快要失败了的时候，试一试这样去做：不停地、坚定地提醒自己说，所有真实的东西都一定是好的东西，因为是上帝创造了一切；那些不好的必然是虚幻的，因为造物主是不会创造这种东西的。反复强化这个信念，你会惊奇地发现那所有的凶险、不幸，艰难险阻一下子就消失得无影无踪了。

妄自菲薄是饱受抑郁折磨的人的特征之一，我们中的绝大多数人还没学会用乐观的心态和积极的暗示来鼓励自己。

抑郁往往由身体上的劳累而导致，这种劳累或是由过度工作引起，或是由长时间的兴奋引起，抑或是精神高度紧张的后果。抑郁其实是一种呼唤，是过度劳累的神经细胞对休息、放松和调养的呼唤。无数人饱受沮丧忧郁之苦，只因为他们的身体实在承受不了过多的压力，这要归咎于他们平日里无规律的生活恶习以及缺少放松和足够的睡眠。

不要让任何人、任何事动摇你这样一种信念，那就是你必将战胜一切威胁你的欢乐安宁的敌人。你是一切善良和美好的情感的天然主人。

当你感到抑郁或气馁时一定要尽可能地去适应环境，无论你做什么，不要总是盯着那些扰乱你头脑的事情不放，尽可能多想那些开心、有趣的事，让那些愉快的想法占据你的心灵，说那些你能想到的最和善最令人愉悦的话。尽你所能把欢乐带给你身边的每一个人，这样你将立刻感受到心灵上的超脱，长期笼罩你大脑的阴霾也将烟消云散，欢乐的阳光将点亮你整个人。

我们都应该养成这样一个习惯：永远不要让那些令人不快的、引发苦涩回忆的以及其他一切有可能给我们带来不良影响的

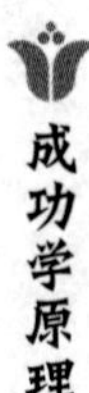

事情，占据自己的头脑。

每个人都应该把这样一种做法当做生活中的一条准则，即尽快把一切有关不幸的或是令人不快的记忆从自己的大脑中清除出去，我们应该把那些曾给我们挫折、使我们受苦、让我们气馁的事情忘掉，永远不让这些可憎的画面和令人压抑的情绪进入我们的大脑。对这些令人压抑的、有害的经历只应该有一个正确的做法，那就是彻底埋葬它们——彻底忘记它们。

我们都曾有过这种经历：一直困扰我们的东西最后被发现其实压根就不存在，都是自己凭空想象出来的，担心害怕了老半天，却被事实证明是自寻烦恼。一个敏感而有想象力的头脑，确实可以把各种各样恐怖可怕的现象联系起来，拼凑出一幅更加丑恶可憎的画面。这想象出来的东西给人的痛苦则一点儿也不逊于真实的烦恼。

有很多人通过阅读那些幽默机智、鼓舞人心或是使人振作的书籍来驱赶抑郁。我知道一些人从赞美诗、谚语及救世主的箴言中能获得莫大的帮助。这些绝妙的文章确实能带来令人惊奇的振奋和慰藉力量。

我们每个人都被赋予了享受生活的每一种能力，这些能力是无须回报的，然而又确实是完整的。更重要的是具有这些能力是光荣的。

一个年轻人在做一件有价值的事情的过程中，会经常面对极大的挫折，这些挫折会使他们觉得退缩要比继续前进容易得多。然而要知道，退却是不能带来胜利的。所以我们应该在前进的道路上有破釜沉舟的气概，要勇往直前，不要给自己的懦弱胆怯和优柔寡断留下任何退路。

一个医生，同时也是一位研究神经学的专家，曾宣称他找到了一种对付抑郁的新疗法。他建议他的病人在任何场合之中微笑，不管想不想笑，都必须强迫自己保持笑容。这位医生告诉他的病人们："要坚持微笑，一秒钟也不要停，不断努力翘起你的嘴角，然后观察这样做会对你的情绪产生什么样的影响。"他把他的病人留在诊所里，让他们微笑，并且不停地提醒他们至少要把嘴角向上弯起来，虽然一开始病人也许只是机械地摆出笑容罢了。

即使前方一片黑暗，或是有什么看起来不可逾越的障碍摆在面前，我们都应该有勇气，有胆量去努力进取，继续向前。

大部分的人，所面对的最大的敌人不是别人而是他们自己。我们总是让自己的缺点、乱七八糟的念头以及莫名其妙的坏心情把我们的生活搅得一团糟。其实每一件事的成败都取决于我们自己是否有勇气和自信，是否有充满希望和乐观向上的心态。可是有些人刚碰到一点点挫折、一点点失败和一点点坏运气，就马上让怀疑、恐惧、气馁等杂乱的念头进入自己的头脑。就好像在瓷器店里闯入了一头公牛，于是一切都被它撞得七零八碎、一塌糊涂，数年来的辛苦工作成果毁于一旦，不得不从头再来。我们中的大多数人就好像井底之蛙，爬了半天最终还是不得不再掉下去。或者说，我们总是功亏一篑。

下一次当你再感到气馁、绝望的时候，不妨试试这个办法：从一个相反的角度去看问题，明确告诉自己，向同一个方向走下去只会是死路一条。停下来，转个身，换另一条路试试。每一次我们觉得自己快要失败了，我们就会真的失败，因为思想就是我们生存的方式。我们永远无法摆脱自己的思想，一旦你在心里自

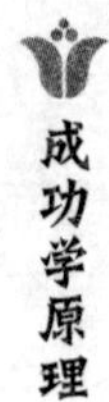

认失败，你就再也无力回天了，运气也将永远和你作对。在这种时候，你已经没机会和其他人在同等条件下竞争了，因为你的心态已经预示了最终的结果。

其实，你只需改变一下看问题的角度，你的前途和你的一生也就会跟着完全改变了。

缺乏勇气，总是打不起精神来的人，在这个世界上是没有什么前途的，因为这种人根本就无法面对失败。

什么时候我们才能学会把那些无用的、破坏性的思想当成危险的敌人来对待呢？建一所房子，也许要花上好几年，可烧了它只不过需要区区几分钟而已。一位画家偶尔一走神造成的一处小小的败笔，往往就能毁了他付诸数年心血的作品。同样道理，气愤、嫉妒、焦躁有害的念头、悲观的情绪、忧郁的心情，也能在一眨眼的工夫，就给我们一生的工作成果造成无法挽回的损失。

这世界上有数不清的人，他们失去了金钱，失去了一切奋斗了一生得来的物质上的财富，然而失败和他们的距离仍然同他们没有失去这些东西之前一样的遥远，只因为这些人拥有勇敢的心、顽强不屈的精神和一往无前的意志。只要拥有这些财富，他们就永远不会贫穷。

4. 恐惧的麻痹

很多受过良好教育的知识分子被那些占星家、看手相者、灵媒和算命者所迷惑，他们的智力在这些人面前扭曲错乱，失去了正常的判断能力，而完全按照这些人的建议来安排自己的生活。

在人类生活中，这的确是一个怪现象。人们一方面拼命强调命运的巨大力量，并对此深信不疑，另一方面却又相信只要在自己的口袋里装一些野兔的脚爪、叉骨或是马前腿内侧胼胝等，就能够逃避命运的安排！看看那些知识分子，一面剖析上帝，提倡无神论，另一方面却又干着荒唐可笑的事情。譬如在穿右脚的鞋之前要先在上面吐点口水；拿起每一根发卡，把第一根发现的生锈的发卡戴到头上；捡起每一根针头对着自己的大头针，他们认为这样做可以避开所有的坏运气！

我们经常听到一些受过良好教育的人说宣扬迷信对人没什么危害，但是迷信是要让人相信自己只不过是受一些标记、符号、征兆和没有生命的遗迹所操纵的木偶，在人类万能的智慧之外还存在另外一种力量在起作用，是人类所无法逃脱的，而且会对人类有所危害。这样的论调对于我们难道真的是无害的吗？

许多伟人也有他们自己的迷信思想，事实上如果他们不迷信的话，他们将更加伟大，因为迷信思想总要削弱人的思维能力。如果我们相信自己能够依赖其他存在的力量，而不必依靠属于我们人类自身一部分的智力，或是相信有那么一种力量能让我们避

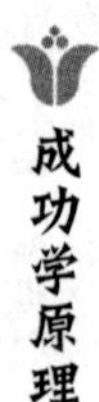

开统治万物的宇宙秩序和自然法则，所有的这些想法必将大大地削弱我们的自信、自尊和自身的力量。

当你向那些具有常识的人炫耀你的迷信思想时，他们或许只会付之一笑。但是之后他们就会轻视你，因为他们对你的判断力、思维水平和工作能力的信心将因此而打折。

很多时候我们都能看到一些很有能力的人却在干着一些平庸琐碎的工作，他们本来有能力做得更加出色，而且也有机会去做，但是他们却被那些愚蠢的迷信思想所束缚捆绑，无法充分地展现自己的能力。

如果你雄心勃勃地要发挥出自己最大的才能，那么请彻底与迷信思想划清界限。因为这样一来，你就能去除束缚你手脚的镣铐，完全凭借自己的智力和能力工作。没有一个人能成就伟大的事业，除非他从迷信和恐惧的牢笼中解放出来。

很多时候我们都能看到，因为恐惧的压制和阻碍，许多才华横溢的人无法施展自己的聪明才智，而只是干着平凡普通的工作。我们还看到，一些人很有能力，却因为恐惧而使自己的努力化为乌有，使自己的能力受到损害。恐惧让最为果断的人犹豫不决，使最有能力的人胆小怯懦、效率低下。

恐惧是强盗，它抢走人们的力量。恐惧会麻痹人们的思维，摧毁人们的自觉性、热情和自信。它对一个人的思想、行为和所付出的努力都有着不利的影响，摧毁雄心和效率。

每时每刻都有成千上万的人因迫近的不幸而心生恐惧。即便是在他们最快乐的时候，恐惧还是时时存在他们心中。快乐的感觉被恐惧所冲淡，正因为如此，他们从来没有真正地享受快乐，从中发现乐趣。恐惧是宴会上的幽灵、壁橱里的尸骸。

有些人几乎害怕所有的事情。他们害怕气流，害怕感冒或着凉，害怕吃他们想吃的东西，害怕亏本而不敢去做生意，害怕公众的舆论；他们害怕困难的来临，害怕贫穷，害怕失败，害怕庄稼歉收，害怕闪电和惊雷。他们的一生从来就是恐惧、恐惧和恐惧。

还有很多人害怕各种各样的疾病。他们总是想象着那些可怕的症状，想象会因此而失去个人的魅力，想象随之而来的痛苦和折磨。这种种的暗示，久而久之将会影响食欲，削弱营养，从而降低身体的抵抗能力，这恰恰使他们所担心的那些疾病有机可乘。

不久前一家杂志社采访了2500人，发现他们有超过7000多种不同的恐惧，包括害怕失业，害怕某些隐藏的疾病或遗传疾病的蔓延，害怕失去健康，害怕死亡等，还有其他几千种因迷信而产生的恐惧。

还有很多人单纯地害怕活着，畏惧死亡，因为他们害怕自己总有一天会死去。他们不知道该如何才能驱逐内心的恐惧，恐惧伴随着他们，从出生直至死亡。

众所周知，在一次大规模的疾病流行传染中，人们往往在和病人有真正的身体接触之前，就有可能感染上这种疾病。这主要是因为这些人整天胡思乱想，惶惶不可终日，害怕自己也染上这种疾病。

在中世纪的历史上曾经有很多这样的例子：囚犯们在看到断头台时就已经被吓得半死，他们中的很多人在被处决之前就因为恐惧而死在监狱里了。

在战争中，那些以为自己受了致命伤的士兵都会很快死去，

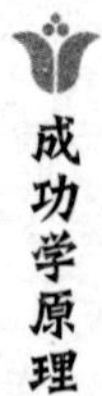

其实他们中的很多人并没有被子弹或炮弹所打倒，甚至连一滴血都没有流。极度的恐惧往往能使人一夜白头，某些巨大的厄运和危险将缩短一个人几年的寿命。

一本医学杂志曾经记载过一个德国外科医生的例子。一日，当这位医生正开车通过一座桥时，突然看见一个孩子在水中挣扎。他赶紧下车，跑过去救这个孩子。当他把孩子拉上岸时才发现原来是自己的儿子。第二天这位医生的朋友们几乎认不出他了，他的头发一夜间全变白了。

由于恐惧或突然的打击，在几小时或一夜之间头发变白，这样的真实例子还有很多很多，这儿就不一一列举了。

大家都知道，恐惧的力量能在很短时间就改变血液的循环，并促使部分分泌物产生，从而导致头发变白，或使神经系统瘫痪，甚至于猝死。

任何让我们觉得快乐的东西，能使我们产生一种兴奋愉悦的感觉，使毛细血管松弛，从而让血液循环流畅。那些让我们觉得压抑、苦恼、忧伤、焦虑的，实际上都是恐惧和焦虑的种种形式，它们会使血管紧缩，从而阻碍了血液的循环。我们经常说一个受到惊吓的人"脸色煞白"，就是这个原因。

如果恐惧能对神经系统造成如此大的影响，使他的头发在短短的几个小时内变白，那么长期的恐惧、焦虑和担忧的心理，又会给人的生理系统造成什么样的影响呢？是缓慢的死亡吗？

长期的忧虑就等于慢性自杀！但是很少有人能意识到长期处于一种忧虑的状态会对自己的身心健康造成多大的危害。这的确是一件很奇怪的事情，人类社会已经经历了一段很长的历史，但是以往的经验教训却没能使我们学会如何去摆脱恐惧、焦虑和担忧——这些使我们人类长期受到折磨，体验不到真正的快乐。很早之前我们似乎就能够找出解脱的方法，但是时至今日，我们还在被同样的“恶魔”所折磨——焦虑和担忧。从出生到死亡，我们无时无刻不被这些精神上的敌人所困扰，成为它们的牺牲品。其实我们很容易就可以压制和摧毁它们，只要我们改变自己的想法。

恐惧对一个人有很大的影响，尤其是当恐惧已成习惯时，一个人的生命之源亦将因此而枯竭。恐惧使人沮丧、压抑，甚至会扼杀一个人的生命。如果一个人终日沉浸在恐惧之中，那么他的生活态度必将因此而改变，一个原本积极、富有创造力的人将变得消极、无所事事，这样的生活态度是不可能有任何成就的。爱能驱除恐惧，爱对一个人的身体和智力有着根本相反的影响。它能够扩大充实一个人的本质，给人以足够的生命细胞，增加人脑的力量。

恐惧的巨大破坏作用往往是通过一个人的想象力得以实现的，因为人们总是不停地想象各种各样可怕的事情。信心是最好的解毒剂，当恐惧者只看到黑暗和阴影时，一个人的信心便是不幸中的一线希望，是乌云后的一缕阳光。悲观者总是预测失败，乐观者则是期待成功。悲观者充满恐惧，低头俯视，事事只往坏处看；乐观者充满信心，抬头仰望，总能看到好的一面。如果一个人对自已、对生活充满信心，那么在他心中就不会有对贫穷、对失败的恐惧。怀疑也将因此而不存在。信心将战胜所有的不幸。

谁能够估计遗传暗示所带来的恐惧和折磨？孩子们经常可以听到对那些可怕疾病的描述，那些疾病夺去了他们祖先的生命，因此孩子们会很自然地关注自身的状况，是否出现相同的症状。

想一想如果一个孩子从小到大总是想着自己很有可能因家庭遗传得了癌症、肺病或是其他导致自己父母死亡的疾病，那么或许最终的结果对他来说真的是致命的！长期对疾病的恐惧会对一个人产生非常不利的影响，将会阻碍一个孩子以后的发展。

长期生活在恐惧气氛中的孩子很难正常成长，他必将受到很大的束缚。他们的身体发育会受到阻碍，他们的血管会变小，循环会变慢，心脏也会因此而变弱。

强烈的信心将使一个人的生命得到极大的延长。有信心者永远不会焦躁不安，他总是能克服暂时的苦恼、不适与麻烦，他总能看到乌云后的阳光。他坚信天无绝人之路，一切都会好起来，因为他能看清自己的目标，而悲观恐惧者往往看不到这一点。

如果一个人处于困境之中，他必须投入自己全部的精力，但是如果因担忧分心，就只会阻碍自己能力的发挥。冷静、平衡的心态往往能给人以信心和保证。一个为恐惧所困扰的人是绝无可能发挥出自己的全部能力的。

长期的忧虑会削弱一个人的信心。一个有着坚强信念的人，相信有一种无限的力量，指引和引导宇宙间的万物，都朝着一个圆满的结局发展，犹如一个无所不能的计划者所设计的那样：万物的纷杂、零乱最终会归于和谐，真理必将战胜所有的谬误。当失望、损失、倒退甚至灾难纷纷向他袭来时，他心中的平衡不会因此受到丝毫的影响，因为他的信念使他相信不幸是暂时的，失望中有希望的力量，失败后有胜利的曙光。世间万物，看似错综复杂，互相矛盾，但最终总会走向一个庄重、仁慈、高尚的人类所无法解释的圆满——这样的人永远不会担忧。

许多人在奋斗过程中，总是不时地停下来想象他们最终能得到什么，猜想自己是否真的能成功。不停地想象最后的结果导致了怀疑，怀疑导致了失败。

其实，人生中的痛苦并没有那么可怕，真正使我们未老先衰，使我们的脸布满皱纹，使我们的脚步失去活力，脸颊失去光泽，使我们不快乐的并不是那些已经发生的不幸，而是我们的忧虑。成功的秘诀就是集中精力。担忧和恐惧会使人分心，无法集中注意力，并扼杀人的创造力。如果韦伯斯特总是为恐惧、焦虑和担忧所困扰，那么他根本无法集中自己的精力。当一个人的精神状态总是随着情绪的斗争而摇摆不定，那么效率也就无从谈起。

如果一个习惯于忧虑担心的人能够看到自己变得无忧无虑后的情形，将是一件多么美妙的事情。这将是一个巨大的震动，只要比较一下两个不同的画面：未老先衰，脸上因为忧虑和担心满是深深的皱纹，看不出任何希望和活力，远比实际年龄老得多，这就是他的实际情况；而另一面，看起来充满活力，乐观向上，生机勃勃，轻快敏捷。多么鲜明的对比！

教堂创立的本意是为人们提供一种摆脱各种形式恐惧的途径。换一句话说，就是人类努力为自己提供一个途径来摆脱恐惧和焦虑，来避免对心灵的伤害。但是正是这些教堂在无意中在人们心中形成了另外一种恐惧感，正是这种恐惧感使人们走进教堂，听从教堂的训诫。对于人类来说，这的确是一件很悲哀的事情。自上帝造物以来，人类生活在永远的恐惧之中，畏惧可怕的事情此时或彼时将要发生在他们身上。很多时候，人类仅仅是一个傀儡，生活在环境的控制之下。残酷的命运窥视着人类，随时

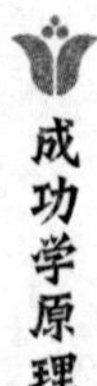

可能以致命的疾病或灾难的形式袭击人类。

在几乎所有形式的宗教信仰中，恐惧都发挥了不小的作用。中世纪的教士们发现这一招非常有效：把那些愚昧无知的人吸引到教堂里来，然后控制他们的言行思想。愚昧无知者往往易于受骗，历史上各个时期的统治者都充分地利用了这一点。

谁能计算出他们所宣扬的地狱和所谓永恒的惩罚给人们带来的恐惧感和所造成的恶果呢？几个世纪以来，这些宗教教条给人类社会蒙上了一层阴影。

如果一个人总是怀有噩梦般的恐惧，那么他又怎能成就一番不朽、永恒的事业？假如一个人经常畏惧死亡，畏惧死亡的突然到来，或畏惧自己的人生计划因死亡而瞬间消逝，那么他又怎能静下心去达到人生的最高理想呢？总是悲哀地去担忧突然的死亡，是很不正常的行为，它将阻碍所有的发展和成就，使人们无法获得快乐。

其实恐惧并没有我们想象的那么可怕。什么是恐惧？它的根源在何处？为什么它能困扰人们的思想，使那么多人变得胆小懦弱、碌碌无为呢？恐惧只是一个单纯的思想问题，是想象中的妖魔鬼怪。当我们清醒的时候，它对我们就没有任何力量。如果我们受到过正确的培训，视野开阔，能看到并相信外界发生的一切对我们本身都不会产生很大的危害时，我们就不会害怕任何的东西。

我们的民族过于清醒，过于悲观，对待生活过于认真。我们的宗教和我们的信条充满太多的焦虑和恐惧，太多的悲观和严肃，却缺少必要的快乐和喜悦。我们的灵魂深处充满太多的阴影，缺少应有的阳光。我们太多地关注彼时彼地的忧虑，却忽略了此时此地的快乐。

恐惧麻痹一个人的主动性。它打击自信，导致优柔寡断，让我们动摇退缩，害怕新的开始，使我们充满怀疑和猜测。恐惧极大地削弱了一个人的力量。太多的人往往将他们宝贵的精力的一大半浪费在了无谓的焦虑和担忧上面。

我们能够抵抗恐惧的力量，正如化学家通过添加碱性试剂来中和酸的腐蚀力。勇敢的想法、信心、坚定的信仰，这些都是恐惧的天然解毒剂。

近来，有一个外科医生宣称恐惧感就像勇气一样，对于人类都是很正常的。我不赞同这样的观点，假如有什么东西要摧毁一个人的能力，打击他的自信，压制他的抱负，那么这就是不正常的。这位外科医生很显然混淆了审慎小心、深谋远虑和恐惧感，前者能对人的发展有所裨益，后者却意味着打击、摧毁和扼杀。一个审慎小心、深谋远虑的人往往能很好地保护自己，不会去做一些有害的事情，但是通常而言，恐惧并不包含这些美德。恐惧只会损害一个人智力的正常发挥。上帝造人时并未有意使其效率低下、悲伤沮丧和郁郁寡欢。任何智力的发挥都是为了使我们提高、完善、增强自己的能力，而不是损害，否则就是不正常的。

我们与其说恐惧是正常的，不如说不和谐是一件好事。

如果一个人总是为恐惧所困扰，他的活力将被焦虑所侵蚀，他的精力也会因此白白地浪费，他就不能高效率地工作，取得大的成就。一个充满焦虑、愤怒和困扰的头脑不可能清楚而有效率地考虑问题。

对一个有着强健体格、精力旺盛并且过着清洁、理智的生活的人而言，忧虑是不会起任何作用的。忧虑只会对弱者产生影

响——那些死气沉沉、精疲力竭的人，尤其是那些品行不端的人，这些人往往被忧虑所占据。担心生病的人往往会得病。忧虑是恐惧的一个阶段，通常是出现在不正常的情况之下。

我们迫切需要的东西是要保持一个足够健康的身体、健全的智力和高尚的道德，使那些疾病细菌、担忧细菌和焦虑细菌在我们这儿没有任何立足之地。我们应该有足够强的抵抗力，使那些细菌没有任何机会侵袭我们的头脑和身体。

一个冷静、沉着、稳健的人，在离开办公室后就不再处理任何公务。在他看来，工作上的事情就应该在工作时间内处理完毕，无须将它们带回家，让家人和朋友看到自己阴郁、拉长的脸。他显示了自己的冷静和沉着，有能力主宰局势。

当恐惧及其所有的形式全部被消灭时，将出现一个幸福的黄金时代。到那时，人们将拥有全部的自信和崇高的信仰，拥有一种前所未有的安全感和自由，他们的力量和才智将成倍地发挥出来。

为了使自己能完全远离忧虑，我们必须理智地去做每一件事。无论需要多诚实或要经历多大的困难，我们都必须合理地饮食，合理地运动，合理地思考、睡眠、生活等，否则我们只会给那些烦恼以可乘之机。有几千种“敌人”伺机进入我们的身体，袭击我们最薄弱的环节。

我们越是软弱无能，越容易感到忧虑和恐惧。当我们意识到自己越来越强大，能够战胜那些曾经恐吓我们的事物时，我们将不再有恐惧。我们的担忧和恐惧往往与我们保护自己的能力成反比。我们都知道赫拉克勒斯从不感到畏惧，因为他清楚自己拥有超自然的能力，根本无须担忧或恐惧别人会伤害到他。

5. 大自然的账单

任何人违背了大自然的法则，就别想有何回报。大自然就像一家银行，你按照它的规则行事，它就会向你支付你应得的那一部分。但是如果你在这家银行透支，还把你的生命作为抵押的话，你要小心了，因为你恐怕连性命都要赔进去。大自然这家银行，可以借给你所有你想要的东西。但是，就像莎士比亚的《威尼斯商人》中的夏洛克一样，它也会向你索取身上的最后一磅肉。

经常有人感叹说，那些充满传奇的年代一去不复返了。但是，大自然的一切不也是神奇万分吗？那些在餐桌上消化的大鱼大肉、瓜果蔬菜居然成为我们所有思维的原动力。大自然拥有其他所有事物都无法比拟的神奇。一片面包吃到嘴里，首先被牙齿咀嚼，然后被食道和胃的肌肉挤压，再被身体里的酸和碱这些物质溶解，最后被吸收到那无比神奇的生命之河——我们的血管中。这条生命之河上的无数化工厂正在等待处理这些生命的来源，它们将这些物质吸收，就像施魔法一样，在这里将它们转变为一个骨细胞，那里转变为胃液，这里转变为胆汁，那里转变为神经细胞、脑细胞。我们不可能去跟踪这些物质转变的过程，也无法去观察转变后的物质是如何工作的，更无法得知是哪些物质让伐木巨人班扬具有别人无法企及的神力。但是我们知道，每当我们的胃唱起了空城计，我们就必须进食了，否则我们的头脑和

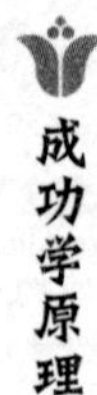

肌肉会停止工作。

我们身体的构造确实充满了神奇。你能够想象有哪一座城市的排水系统可以在瞬间将整座城市的污水净化为可直接饮用水吗？我们的身体中就有这样的系统：那些深色的静脉血携带着死亡的脑细胞和体内组织的残骸，流到肺里，经过一次呼吸，即刻变成红色的动脉血，回流到全身各处继续发挥作用。这就像是一位有神力的化学家在发挥作用。在经过了肺的净化之后，每一滴血都健康而长寿，但也可能是疾病和死亡的前兆。每一滴血中都包容了我们的希望和失望，每一滴血都是我们成功的因素，每一滴血都是我们体能的延伸，我们的勇敢和懦弱，我们的长处和短处，以及我们的成功和失败。这些血液将成就我们的骨头和神经，我们的肌肉和大脑，我们的美丽和丑陋。谁又知道这些血液中有没有善良和邪恶的因素，注定了我们将成为圣人还是罪犯？因此，我们应该遵守那些健康的法则，让我们的生命、健康之河永不枯竭。

斯宾塞曾经说过："我们听到很多人将身体看做是微不足道的，也有很多人因此违背了健康的法则。这些愚蠢的人因为对自然不敬而渐渐被淘汰，于是我们这个世界上只剩下了遵守法则的聪明人。"

假如你的手臂受了伤，不得不用绷带把它吊起来，慢慢的，手臂上的肌肉就会萎缩，而长期下去，你的这条手臂就毁掉了。但是，同样的，只要你又逐渐开始使用这条手臂，你又会发现，它慢慢恢复了往日的力量。而如果你长期不进行思考，懒惰而麻木，也就如同把你的大脑用绷带吊了起来，它也会慢慢地失去思考的能力。铁匠需要强壮的手臂，长期的锻炼也赋予了他这样的手臂，但是在其他方面，他可能就稍稍逊色了。当然，你也可以在身体的一方面有所长，不过，自然而然的，你在其他方面也就有所短了。

大自然将它所有的财富都赐予人类。它不仅向人类展示这些丰富的财富，还慷慨相授，毫不吝啬。但是它也绝不会长期保留那些无人问津的财富。不利用就是浪费，是大自然的信条。

年轻的女孩子为了美丽常常会束腰，但是这样的话，她们的脸色就会失去往日的红润，一天天变得苍白。她们也可以用脂粉来修饰平凡的脸蛋，但是这样也会使她们失去天然雕饰的魅力。健康也是一种财富。世界上的任何事物都是上天给我们的财富。可别忘了，健康也不是一天两天就能够得来的。

人类如果违背了大自然的法则必定会受到惩罚。一旦人类的行为触怒了大自然，人类就会付出沉重的代价，乃至生命。

在这个世界上，其实我们最不知道的就是我们精致的身体，它的构造和在它里边发生的化学反应。恐怕1000人中也只有一个能够准确地指出身体各个内脏器官的位置，说出它们的功能吧。

这对于我们人类来说，真是奇耻大辱啊。造物主按照他的样子创造了人类，如此神奇，而我们成千上万从高校毕业的莘莘学子，尽管对语言、对音乐、对艺术、对文化都有独到的了解，却不能准确地指出内部器官的位置，并说出它们的功能！弗朗西斯·威拉德就曾经预言过："总有一天，人类的子孙们知道的只是地球上的山川和湖泊，却对自己的身体一无所知。"没有什么能比了解自己更为重要，而人们对周围的动物的了解往往比自己要多。

人的脑子要是不用也会瘫痪。而人体内的神经系统是紧密相

连的。脑细胞的损坏可能会令全身的机能都受到影响。神经受到压迫会令人疼痛无比，也会让人的脑机能受损，这样的疼痛可以让拿破仑似的人物都变得无知。而脚上的一个鸡眼，肾或肝的疾病，或者身体内的任何一处疖子，都会影响到眼睛甚至大脑。身体的整个系统就是一个大的神经网络、器官网络和机能的网络，它们彼此相连，对任何一处的损坏在其他部分都能感受到。

人类的身体是造物主的杰作。不知道如何解读人类身体，不知道如何理解身体的信号，不知道如何欣赏人类身体的美丽和挖掘它的秘密，这都是对我们人类文明的侮辱。

人类为他的无知都付出了什么样的代价，让一个矮小、不开化而且短命的民族来告诉你吧。“一个疾病缠身的智者就好像精疲力竭的游泳者口袋里的黄金。”

大自然会记录我们身体的每一种活动，并把它记在我们的账上。

我们可以来大致浏览一下大自然的账单：

在青年时代，过度的运动、吸烟，饮用过量的茶水和咖啡，过分激动，学习时间过长，对心脏造成损害。这样易患心脏过敏症、褐腐病等。

由于进食过快，食用不健康的食品或未煮熟的食品，热的时候喝凉水，饮用过量的茶叶，或者进食时疲倦、焦虑而造成消化系统受损。易患消化不良、精神忧郁等。

由于豪饮，滥用药物，经常性失望，做人过于急功近利等，造成神经机能受损。易患神经衰弱。

由于经常开夜车造成脑细胞的损坏。这样易造成思维能力下降。

有时候，两个或多个账目也可能合而为一，而你所欠下的债务总是要归还的，因为它们都已经被记录在案了。

能继续活着就是奇迹。我们违反了那么多的自然法则，但我们还想着能够长命百岁。就像一个人虽然拥有一块质量优良的手表，却把它搁置在阴雨潮湿的路边，怎么能够指望它还能够准确地走时呢？就像一个房屋的主人，又怎么会开门揖盗呢？

我们的身体就像是上帝之手造出的一块无形的手表，本来可以运行一个世纪，习惯了冷热并能够自动调节温度。这块手表是如此的精妙，一粒尘土或是一个小小的摩擦都可以让它停止工作，但是我们却将它暴露在各种有很大腐蚀性的环境中。我们不经常用水洗去身上的尘污，也很少用快乐的元素来润滑身体中的各个零件，相反，我们却把身体暴露在各种尘埃、酷暑严寒和有毒的气体中。

我们往往在天气炎热的时候就将一杯冰水豪饮进肚，但是并不知道，这样一来，可能要过大约半个小时之后，我们的胃才能够从这种刺激中恢复，回到体内的常温状态。也就是说，只有在半个小时后，胃才能继续分泌胃液。

我们在过滤饮用水，清洗床单，打扫房间和分析我们的食品时，是多么的认真啊！我们从来不愿意接触到垃圾和病菌，但是却把含铅的墙布贴到墙上，以至于不得不每天呼吸这样有毒的空气。而如果我们过度地饮酒，酒精将会使胃壁上形成一层硬膜，使柔软的体内组织、神经细胞鞘和大脑灰质变硬。有

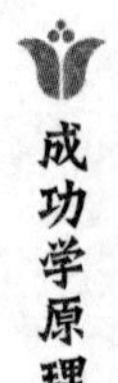

时候，我们只要高兴，就把肉啊、蔬菜啊、馅饼啊、糖果啊、水果啊、酒啊之类的东西全都往肚里塞，而且还指望胃能够把这些东西都消化掉。

除此之外，我们即使吃完之后，也不让胃好受，过量的运动往往把本该输往胃的血液都输向大脑和肌肉。其实血液本来是胃的好帮手，因为它可以传送大量的物质。

人体内的种种消化物质，包括胃液、胰液和酸性物质都维持在适当的温度，这是大自然的安排。如果我们将这些物质稀释了，或者用冰水把温度降低了，我们自然就降低了自己的消化能力，患消化不良之类的病症也就在所难免了。有谁见过马在饥饿的时候就着水吃燕麦和干草呢？即使是这样愚笨的动物也可以做人类的饮食老师了。

英国工人曾经每天工作14个小时，这引起了全世界的同情。但是有些人对待他们的胃比工头对待工人还要残酷，他们让胃全天候、没日没夜地工作。

尽管心脏自身的重量只有半磅左右，但它抽取的血液能够达到18磅，而且可以把这些血压送到全身各个部位，然后在大概不到2分钟的时间，这些血液会再次回到心脏。这个人体的小小器官可以说具备了世界上最完美的构造，它每天的工作量就相当于要把重达124吨的物体提升到1英尺的高度，而且消耗的能量大概是相当于一个身强力壮的人在努力工作时消耗的肌肉能量的1/3。如果让心脏以全部的力量去提升相当于其自身重量的物体，它可以在一个小时内将此物体提升到近2000英尺，就是最棒的登山运动员在它面前也要黯然失色。

我们常常会为自己的工作而付出代价。要知道有时候工作也可以导致人的死亡。那些珍惜自己生命的人应该尽量避免从事那些会吸进不洁空气或有污染气体的工作，特别是要避免吸入炼制钢铁和采煤时产生的灰尘和有害颗粒以及从大型搅拌机中产生的有害物质。采石者、矿工以及打磨铁器的人往往都很短命，因为他们吸入的灰尘和微小颗粒严重损害了肺细胞。你还可以发现在曼彻斯特和英格兰磨制刀叉的工人很少有人可以活过32岁的，而那些在工作中不得不吸入有害化学物质的人则更加短命。

劳动本身并不是一件坏事，相反是劳动创造了人类光辉灿烂的文明史，但是过度的劳动，超出人体承受范围的劳动也能将一个人给彻底毁掉。很多人为了追求金钱、荣誉或者地位不惜牺牲自己的健康，可是他们却没有意识到当一个人失去健康的时候，其他的一切对于他来说都是没有任何意义的。

曾在耶鲁大学任校长的德怀特在年轻的时候，差点因为过度的工作而丧命。当他在耶鲁的时候，他每天自学9个小时，还要给学生上6个小时的课，以至于根本没有时间做任何的身体锻炼。他一直固执地这样坚持着，直到有一天他发现自己已经不可能连续看书超过10分钟的时候，才意识到事情是多么的严重。他的思绪开始混乱，精神也变得不正常，后来他花了很长的时间才恢复健康。当然他算是比较幸运的，有很多像他那样的学者在还没有等到恢复的时候就已经丧命了。

在许多人的眼里，拥有财富的人往往除了财富之外一无所有。他们生前毫无智慧可言，死后也进不了天堂。这些富翁很少能够写出值得一读的书或者诗歌，也很少能够发表值得一听的演说。他们虽然也去上大学或者出国留学，他们也买很多的书放在书架上，可那些都只是一种摆设，是做给别人看的，是为了满足

自己的虚荣心而做的。事实上他们很少真正掌握了什么，所以他们是金钱意义上的富人，知识意义上的穷人。

过度的疲劳是大自然收取的最大账单之一，它往往也是人们身体状况恶化的一个前兆。如果我们长时间强迫自己从事繁重的体力或者脑力劳动，使我们的身心都疲惫不堪的话，我们也就等于亲手毁了自己的健康。失眠和精神错乱就是大自然对于人们长期缺少睡眠的一种惩罚。

长期的失眠不仅会造成人们的精神错乱，严重的甚至可以导致死亡。大自然的规律是不容人们肆意破坏的。人的一生就应该有1/3的时间用于睡觉。在睡觉的过程中，你才能恢复精力和体力，才可能为下一天的工作做好准备。

人们都是渴望幸福和快乐的。他们给自己设定目标，激励自己向着目标努力，这些都无可厚非，但可惜的是人们在追求心中所想的时候往往忽略甚至牺牲了自己最宝贵的财富——健康。生命对于每一个人来说只有一次，一个不懂得珍惜生命的人就将注定一无所有。

6. 焦虑的祸患

没有人能说出“焦虑”以及因它所产生的东西在未来会有什么样的影响。无论在哪里，它都是一种可怕的诅咒。尽管焦虑没有实体，但无论什么地方我们都可以看到这个想象出来的魔鬼的存在。

很难用语言来描绘焦虑所造成的损害。它强迫天才去干平庸的工作。自从世界产生以来，它造成了无数的失败，伤害了无数人的心灵，使得无数的希望破灭。

在焦虑的压力下，人们投入到各种各样的恶劣行径中去。他们会成为酒鬼、吸毒者等。他们为了逃避焦虑这个魔鬼，甚至会出卖自己的灵魂。

然而，尽管所有悲惨的不幸都是由焦虑引起的，但从另一个角度来看，我们会发现焦虑是我们最亲密的朋友之一。我们和它贴得这么近，甚至根本不想和它分离。

有一些人非常清楚，成功和喜悦都是建立在持续发挥他们最大可能的能量基础之上的。因此，也就可以解释他们在思想上封闭这成功和喜悦的敌人——焦虑。当他们了解到焦虑不仅会夺走他们思绪的平静和工作的力量与能力，同时也会夺走他们宝贵的生命的岁月时，他们所形成的那种预测可能发生不幸的行为习惯也就没什么可奇怪的了。

一个人如果把他的精力全部都浪费在毫无用处的忧虑上的

话，那么他就不可能发挥出应有的能力。世界上没有比忧虑这种行为习惯更能耗费人们的体力，更能打击人们的雄心壮志，更能减损人们真正的力量了。

我们不仅要在内心不停反复地考虑怎么处理，而且还要预测在事情发展中所将要面对的讨厌的事情。工作本身不会使人痛苦，但是工作前的焦虑却使大多数人品尝到了痛苦的滋味。并不是事情本身伤害我们，而是因为我们惧怕做事情，才使我们受到伤害。

很多人在面对不愿意接受的任务时的感受，就仿佛是一个人在已经跑完了一段很长很长的路即将到达终点的时候，突然面前横亘着一条用来测试他的敏捷程度的沟壑或小溪，他就已经精疲力竭无法跳过去了。

焦虑不仅耗费人们的体力，浪费人们的精力，还严重影响人们工作的质量。它会降低人们的工作能力。当一个人思想上有杂念的话，那他就不可能在工作中发挥出最高的效率。人的智力只有在头脑不被干扰的情况下，才能发挥得最好。人们是不可能在头脑受到干扰时还能够清醒地、有逻辑地进行思考的。当一个人的脑细胞受到焦虑的影响时，他就不会像平时那样容易集中注意力。

焦虑所造成的最坏的影响就是失败，它会粉碎忧虑者的雄心壮志并阻碍忧虑者实现想要达到的目标。

一些人有一个不好的习惯，总对自己的过去念念不忘，而且总和自己的缺点以及所犯的错误过不去。甚至他们所有的观念都是向后看而不是向前看，因为他们只着眼于事物阴暗的一面，所以他们对任何事物都带有偏见。

无论多么小的忧虑都会对人体产生影响，破坏人们生理和心理的和谐，并降低效率。这种不好的意识在头脑中存在的时间越长，它就会越根深蒂固，并且越来越难使它消失。我们不得不承认，有一种我们控制不了的力量在推动着宇宙的前进。每一个焦虑的时刻都会使成功转变为失败的可能性大增。看看这些精力旺盛的可怜的人，他们要承受着来自精神上的压力，整天带着一副焦虑的面孔，头脑中充满了各种各样的恐惧。他们担忧昨天、今天、明天，以及一切可以想象得到的可怕的东西。

大多数人都是害怕自己阴影的愚蠢的孩子，由于各种各样的阻碍，使得他们不能有效地投入到工作、生活中去。

一个内心总是装满恐惧的人不能算是一个真正的人，应该说是一个傀儡、一个懦夫。

像停止任何已经对你本身造成伤害的练习一样去停止害怕失误是不可能的。你应当充满勇气、希望和自信。

不要让恐惧的思想在你的思想中根深蒂固，不要仔细研究它，应当立刻采取措施消灭它。即使恐惧会在你的思想中扎很深的根，但与它相对的事物也能将它中和掉或彻底根除。

“恐惧在人的生命中自始至终都充当着不好的角色。”霍科伯博士说，“我们出生在一个充满害怕和恐惧的环境中。我们的母亲在我们出生之前也在同样的环境中生活了很长时间。童年的时候，我们害怕我们的家长，害怕我们的老师，害怕我们的玩伴，害怕魔鬼，害怕各种规章制度和处罚条例，害怕牙医、外科医生……我们的中年的恐惧又变成了一种比较温和的形式，我们开始害怕商业上的失败，害怕失望和犯错误，害怕公开的和隐藏的竞争对手，害怕贫穷，害怕公众的观念，害怕意外事故、疾

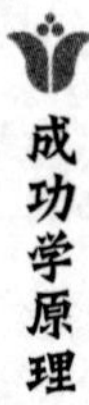

病、死亡甚至是死后的痛苦。人就像是一直在生与死之间不断徘徊的动物一样，是真实的与虚构的恐惧的受害者。这些恐惧不仅来自于人的本身，还来自于迷信、自欺欺人、幻觉、错误的信仰以及从古至今整个人类所犯的实际错误的影响。”

一次，查尔莫斯博士乘坐一辆公交马车，坐在车夫的旁边。他注意到车夫总是狠狠地鞭打头马，便问车夫为什么要这样做。车夫回答道：“你看，在那边有一个白色的石头，而头马很害怕这块石头，所以我狠狠地鞭打它，好让它能够因为腿上的疼痛而忽略对那块石头的恐惧。”查尔莫斯回到家后，仔细研究了一下这件事，最后写出了《新影响的驱逐力量》一书，在书里提出了用一种新的意识来消除思想中的恐惧的理论。

如果存在与忧虑和担心相对的思想，诸如英勇、自信、希望等，那么无论以何种形式存在的恐惧都不可能长期占据人的思想。恐惧是弱者意识的表现。它出现在人们没有足够的能力处理所面对的事情的时候。对于疾病的恐惧是出于人的本能，没有人能够成功地消除它。

我们所恐惧的事物都是那些还没有发生的东西。它不存在于这个世界上，至今为止也没有变为现实。如果你确实患上一种你曾经害怕的病，那么恐惧只会加重你的痛苦，甚至可能造成致命的结果。

很明显，精神上的压力（比如忧郁）会造成人体的各种腺体的分泌减少，从而使人体各种组织的功能逐渐衰竭。恐惧会扼杀创新的灵感和勇气，会抹杀人的个性，会削弱人的思维能力。当一个人害怕即将到来的危险的话，那么就不可能做出什么大事。恐惧是胆小懦弱之人的表现。恐惧这个魔鬼是生命的掠夺者，是幸福和雄心壮志的破坏者，是人们成就事业的阻碍者。《圣经》上说："受伤的灵魂将会损害肉体。"

如果你想在一生之中有所作为的话，那么请消除忧虑吧。因为细微的忧虑和紧张都会对人的自身协调能力产生很大的影响。一匹马被讨厌的苍蝇恶化的程度要比它被艰苦的工作所恶化的程度大得多。它会更加害怕鞭子的抽打和缰绳的猛勒，从而忽略拉马车所付出的体力。

因为人们不可能在恐惧的麻痹下，清醒地思考问题，做出迅捷的反应。恐惧会破坏人的正常思维，它会使人处于紧急情况下没有能力进行明智的思考，实施出正确的解决措施。

当一个人对所从事的东西不抱乐观态度时，当他对将来可能的失败充满恐惧时，他就会陷入他所有恐怖的思想中，他也就不可能获得事业的成功。这种失败应该说是一种心理上的失败。

一个人应当保持一种充满希望的乐观态度，不能向恐惧低头，这样他的事业才会走上系统化的道路，有长远的发展前景，失败的可能性才会微乎其微。相反，当一个人缺乏勇气和信心时，那么他是无法成为一个胜利者的。

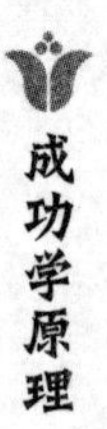

7. 学会放松

当你锁上你的办公室或工厂大门的时候，就要把自己的事业也一并锁起来。当你停止一天的工作的时候，就不要再去想着工作的事了。不要把工作中的烦恼、疲惫的感觉一起带回家。否则，那将破坏你的一夜好梦。

如果一个人在一天辛苦的工作后，晚上回到家中还在冥思苦想工作的事，那么他就不可能休息得很好，早上起床的时候还是会很疲倦。这样他就不可能保持清醒的头脑，精力充沛地进行工作，他的工作能力就会下降。就好比一匹第二天就要参加比赛的马在头一天晚上一直不停地跑，这样第二天肯定拿不了冠军。在这种情况下做事，即使你有着拿破仑一样的精力，你也不会获得成功。

我们只有在晚上停止大脑的胡思乱想，才能防止我们宝贵的生命活力不被消耗、浪费。很多人都有这种不好的习惯——晚上胡思乱想，而且他们总是在就寝后还为了一些琐屑的麻烦事而烦恼，这种不良的习惯应该被改掉。

保持身体健康的一个前提条件就是不要在晚上谈论给人带来刺激的工作上的琐事，更不要在就寝前谈论，因为这种刺激即使在入睡以后也会在人的头脑中保留很长时间，并进而影响人的神经系统。

如果一个人在晚上还烦这烦那的话，那么他在晚上衰老的速度要快过白天。白天，忙碌的工作会使人无暇去考虑生活中的不幸和工作中的麻烦。但是一旦回到家中躺在床上，所有烦心的事就会挤满他们的整个大脑。

晚上人们的想象能力尤其活跃，而且在寂静的晚上想象力会夸大所有的事，所以一切不高兴的事在晚上的影响程度都要比在白天大得多。我们都有过做梦的经历，梦中出现的大多是我们生活中曾唱过的歌曲或者经历过的印象深刻的情景。从中我们可以看出事物留下的印象对人的影响是多么的大。我们也不得不承认保持好的心情入睡是多么的重要。精神上的不和谐将会损害人的活力、减少人的勇气、降低人的寿命。生命是如此的短暂、如此的宝贵，因此我们不能把生命浪费在这些腐蚀思想、损害健康的事情上了。我们应当在入睡前把心态平静下来，保持安静平和，如果可能的话最好带着微笑入睡。千万不要皱着眉头、带着愤怒的表情入睡。抚平皱纹，把所有不开心的事扔到一边，不要带着任何对别人的批评、嫉妒和不满入睡。

当你心情不好或被人恶意挑衅时，你就会在心里产生敌意，而这对你的健康非常不利。但只要这种刺激一消失，这种感觉也就会随之消失。神经系统所承受的痛苦将对你的健康产生非常大的不良影响。因此，在每天的24个小时内，你至少有一段时间要对整个世界保持平和的态度。你更不能在睡觉的时候，让那些不开心的事情深深萦绕在头脑之中。

养成一种在睡前清空头脑中的思想、忘记一天的烦恼的习惯，对人来说尤为必要。如果在白天时你很冲动，行事不理智，对别人的态度很不友好，那么晚上睡觉前的这段时间就是你清除这些思想的最好时机。慢慢形成这种习惯，你会发现这对你的身

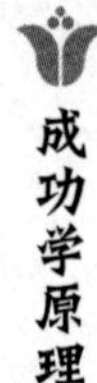

体健康很有好处。

当我们心情烦躁而又不得不面对许许多多辛苦的工作时，我们的火气就会很大，时常会很不友好地对待别人。但是，一旦你远离了那些惹你生气和跟你有敌对情绪的人，自己独处的时候，你就应该抛开那些不开心的想法和不高兴的感受。

如果你想在清晨起床的时候有一种脱胎换骨的感觉的话，那么你至少要在就寝前保持一种积极乐观的情绪，忘掉所有的烦恼。如果你在睡觉的时候头脑中充满了忧虑和压力，情绪很坏，那么你在第二天早晨起床的时候就会觉得很疲惫，大脑缺乏活力，思维的活跃性会大大降低。

这是因为你的血液中充满了不和谐的情绪，不可能对大脑进行清洗。

如果在睡觉前你还对某些人某些事耿耿于怀，那么希望你能用一些乐观、善良、慷慨大方的想法来置换自己的怨愤，把不好的想法彻底清除掉。如果你养成了这种每天在睡觉前清空自己头脑的习惯的话，那么你在熟睡的时候就不会被讨厌的噩梦所打扰，这样在第二天清晨你就会感到神清气爽。

我们应当尽可能地带着令我们最高兴最喜悦的思想入睡。我们应当带着崇高的理想、友爱互助的思想、积极向上的想法以及所有能够使得我们能在第二天恢复精力的想法入睡，这样在第二天的工作中才能充分发挥出我们自身的能力。

在睡觉前把思想的房子整理干净，把给你带来痛苦的事、令你不高兴的事、你所不期望的事和所有生气的、怨恨的、嫉妒的、自私的、邪恶的想法统统扔到一边，别再让它们的负面影响侵蚀你的思想。当你清空了这些头脑中的垃圾之后，应当用高兴的、甜美的、有帮助的、有鼓励作用的以及积极向上的思想重新填充进去。

相信每个家庭都会认为晚上开心地沐浴一次是很重要的，但是精神上的洗礼要比每天的沐浴重要得多。

如果你把这些付诸实践后，那么你就会惊奇地发现在睡觉前你会很彻底地改变你的思想观念和对事物的态度，你将面对正确的生活道路。

如果你认为消除这些不开心的想法有困难，那么你就应该强迫自己去读一些能够使你展开眉头开怀大笑的有激励作用的书，一些能够真正解释生命的魅力与伟大的书，一些使你懂得丁点儿的吝啬、狭隘的想法都是羞耻的书。

无论你多么累或是睡得有多晚，在睡觉前一定要把头脑中不好的印记，包括不开心的经历、邪恶的想法、对别人的嫉妒与偏见和自私自利等都清除掉。

一些人已经学会了要在入睡前与整个世界保持和谐的技巧，他们懂得在入睡前不能在头脑中保留一点儿对他人的偏见、怨恨、嫉妒、偏见等，因此他们就能比那些有回顾自己不好经历、总是想着麻烦事的习惯的人要能从睡眠中得到更多的东西，更能保持年轻，有更高的工作效率。

当你睡觉的时候，要保持思想的和谐以及乐观的态度。只要你把它当做一条规则来遵守的话，那么过不了多久，你就会发现你是多么的健壮、多么的精神、多么的年轻。

我了解到一些人已养成了在睡觉前使自己与世界变得和谐的习惯，而这种做法使他们的一生得到了彻底的改变。以前的他们，总是在睡觉前带着不好的情绪，如失落和各种各样的忧虑烦

恼。他们担心自己的事业和所犯的错误，并且有可能在晚上与他们的妻子咀嚼自己的不幸。结果，当他们睡着后，思想还是被这些所打扰，而且这些不好的东西在他们头脑中的印象也会越来越深刻。他们在第二天醒来后也不可能有新的抱负和令人鼓舞的决定，取而代之的不过是身心的疲惫。

应该养成一种好的习惯——在睡觉前与自己的心灵深处通一次电话，把自己向往并希望实现的自我完善、自我发展、积极向上等信息传递给它。如果你已经把这种习惯变为了一种下意识的活动的话，那么过不了多久，你的潜能就会帮助你建立更加长远的目标，帮助你看清你自己。

如果每天晚上睡觉前，你都在头脑中把自己想要得到的幸福生活和想要达到的事业目标生动鲜明地呈现一遍的话，那么你获得幸福和成功的机会就会非常之大。你会惊奇地发现，你的大脑将会潜意识地开始塑造你所想要东西的模型。这样的内心活动对你一生的影响始终是一个伟大的谜，那些获益的人就是能够找到谜底的人。

8. 吸烟有害健康

我无意和那些吸烟人士探讨到底该不该抽烟的问题，毕竟他们大多数都是成年人了，都有权选择自己的爱好。他们可以为自己的胃、肺和心脏负责，尽管我们都知道吸烟对那些部位没有好处。对于吸烟的人来说，他们其实也明白吸烟有害健康，但是他们总能找到各种各样的理由让自己继续抽烟。

我现在想做的是去提醒那些还未成年的男孩子，不要去接近香烟，不要去猜测吸烟的滋味。

对于正处于身体发育中的青少年来说，香烟的第一危害就是会毒害他们的身体，损毁他们的健康。也许这在开始吸烟的时候还无法看出来，但是吸烟的确会一点点地吞噬他们健康的细胞，会慢慢地危害他们的身体。在这个缓慢的过程中他们还是能清楚地感受到自己的消化功能在减退，心脏也变得衰弱，肺和肾的功能也一天不如一天。当这种毒物入侵了他们的整个身体系统时，他们就可以明显地感受到自己的身体状况越来越糟糕，而他们周围的人也可以一下子从他们的脸上对他们的身体情况一览无余。

一位化学家把从一支香烟中提取的有害物质分装在几个试管里，并将其溶于水，然后把其中一个试管中的液体注入猫的皮下。那只猫当即发生痉挛现象，15分钟后就死了。

一位博士曾做过这样一个实验，他从一支香烟中抽取了其中所有的尼古丁，然后他将一半的分量注射到了一只青蛙身上，结

果青蛙立刻死亡。他把剩下的尼古丁注入另一只青蛙身上，同样的事情发生了，后一只青蛙也死了。可见，一支香烟中含有的尼古丁就足够杀死两只青蛙。

而一个每天抽20根香烟的人吸入的尼古丁则足以杀死40只青蛙。也许有人会说那也没有让吸烟的人丧命，不过我们必须明白那只是暂时的现象，长期吸烟一定会引起很多疾病，最终导致吸烟者的死亡。毫不夸张地说，大量的吸烟就等于慢性自杀。

吸烟会引起人体很多器官发生病变，也会影响人的大脑，使人反应迟钝，记忆力衰退，而大量吸烟则会不可避免地导致死亡。

前不久一个年轻人死在了明尼苏达州。而他在5年前，还是一个富有朝气、前程似锦的外科医生。报纸报道说他曾经发现了医治3种疑难杂症的方法，他在专业领域是非常有发展前途的。但是他却是个烟鬼，每天抽很多的烟。开始他并没有发现那对自己有什么太大的影响，直到有一天，他站在手术台前，发现自己已经无法像平时那样正常顺利地进行手术时，他才意识到自己已经成了香烟的奴隶。但是为时已晚，不久癫狂病发作，他的生命就这样被夺走了。

还有一个同样的例子。那也是发生在前不久，一个只有21岁的年轻消防员被送进了布鲁克林医院。当然他住院并不是因为在救火中受伤。据他自己说他从很小的时候就开始学着抽烟，他抽得越来越多，也越来越不能控制自己，最近他整夜无法入睡，只是抽烟。他躺在病床上是那样的痛苦，他乞求医生让他立刻死去。他甚至用自己仅剩的力量以头撞墙，企图自杀。一个月后，他死在了医院。

事实上由于大量吸烟而导致的死亡每天都在发生，在每一个国家都在发生。

当你走在街上，突然发现一个人昏倒在路边，后来送进医院抢救，医生告诉你他是因为心脏衰竭才会昏死过去的。当你再追问他为什么会有这种病的时候，医生会告诉你这是因为他每天都在拼命地抽烟。

过度抽烟会导致心脏功能的衰退，在很多时候，它甚至可以使人的心跳减少到每分钟25到30次。心脏是人体最重要的器官，一旦心脏的功能受到影响，那么这个人的生命也就敲响了警钟。

吸烟也会影响人的身体的正常发育。耶鲁大学对所有在校学生进行调查研究后，专家们发现那些吸烟者在肺和心脏功能上远远不如同龄的不吸烟者。

据说正是由于大量的市民抽烟，才使得德国成了一个“眼镜国家”。烟草会大大刺激人的眼睛，伤害人的视觉神经。调查表明吸烟男孩的视力水平普遍低于正常人水平。

对吸烟者来说，伴随身体素质下降的同时，他们的神经系统也不可避免地受到影响。这不仅仅表现为他们反应迟钝，记忆力下降，智力衰退，同时也表现为他们开始变得焦躁不安，开始习惯撒谎骗人，开始失去对很多事物的兴趣，甚至失去向着自己理想前进的信心和勇气。吸烟几乎让他们失去了所有宝贵的东西。

纽约州的一位官员曾对我说：“你知道吗，那些10至17岁之间的犯罪的男孩子，他们中99%的人的手指都被烟熏得黄黄的。我个人认为烟比酒更能毁掉一个孩子。很多孩子当他们抽烟上瘾的时候，就谁的话都听不进去了。他们开始偷家里的东西，开始

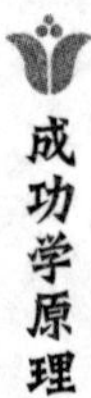

去赌博、去诈骗、去抢劫，因为他们想通过最快的方法弄到钱去买烟。而当他们发现通过这些途径可以不劳而获时就更助长了他们犯罪的念头，他们就是这样越陷越深，最后不能自拔的。”

同时，他还告诉我男孩子吸烟后普遍的发展轨迹：“首先是烟；然后就是啤酒和烈性酒；接下来是赌博，不过是小数额的；再是赌马，大数额的赌博；而后就是成为盗窃犯；最后当然就是进监狱了。”

一位美国官员说道：“昨天，我的面前站着35个犯了罪的男孩，其中33个是抽烟的。这样的比例我想可以从某种角度上说明吸烟和犯罪之间是有关联的。据可信资料表明，大多数的香烟里面都含有鸦片这种成分。鸦片就像威士忌，它可以起到麻醉的效果。当一个成长中的男孩开始抽烟的时候，他的行为在很大程度上就开始受到香烟里鸦片这种物质的控制。”

我想也许上面这个官员的表述有那么一点夸张，但是，我们必须承认很多年轻人都是因为吸烟而变得身体虚弱、脾气暴躁、记忆力衰退，开始丧失对未来生活的信心和憧憬、丧失活力和斗志，继而放纵自己在错误的路上走得越来越远。

一位高中的校长曾经无奈地对我说：“我现在已经不再去劝导那些吸烟的孩子戒烟了，我觉得那是在浪费时间，因为这些吸烟的孩子已经变得越来越笨，反应越来越迟钝，他们对我的忠告没有回应也就是很正常的了。”

另外一位高中校长也深有同感，他说：“那些吸烟的孩子往往学习成绩糟糕，而且他们脾气暴躁，喜欢打架，对老师也很没有礼貌，而且从来都是把老师善意的劝告当做是耳边风。”

吸烟就是在加速自己的死亡，就是在抛弃自己最宝贵的财富——智慧。他在无形中改变了自己的生活方式，丧失了对生活的热情。他们开始习惯于不劳而获，习惯于用违法的手段去获得金钱。他们不再像从前那样有进取心，而是抱着颓废虚无的生活态度。他们也不再有自制力，而是无度地放纵自己。

很显然，吸烟不仅影响了孩子的身体健康，也使他们在精神和智力上受到了极大的损害。如果学生吸烟的话，他们的聪明智慧将由于这种坏习惯而大打折扣，最后可能连平庸都做不到。

许多组织机构和企业都已经注意到了吸烟对人的身体、智力等方面的不良影响。他们因此制定了大量限制措施来避免吸烟对人本身造成影响。如今，已经有很多烟民发现，很多企业都不肯再接收他们了。

吸烟远不只是一个道德问题。现代商业社会已经把吸烟当做是进步和发展的致命天敌。美国许多知名的企业都已经明确表示不招聘烟民。许多公司有这样一条规定："所有员工都不能吸烟。"甚至有的公司在招聘的问卷中都提及这样的问题："你抽烟吗？"

说到这里，我们还应该对女性吸烟数量日渐增多的趋势保持警惕。酒店和咖啡店为妇女们提供了吸烟的场所。我们现在经常可以在纽约的饭店和酒店里看到吸烟的妇女。

不久前，我应邀参加了一次宴会，竟惊奇地发现许多在座的女士都吸烟，并且悠闲自得，仿佛抽烟是很自然的一件事。我还看到美国一位著名作家的孙女也在此之列，这对我来说确实吃惊不小。我心想，"如果她爷爷知道了这件事，不知道该作何感想。"

在伦敦和利物浦之间的列车上，还为女性的吸烟者提供了专

门的吸烟室。据说是由于美国女烟民才有了这个创新。而美国一家大铁路公司的官员在谈到这个的时候表示，他们也许很快就要在火车上推出同样的设施。

当然，吸烟的嗜好在许多情况下是遗传的。一位朋友曾经告诉我他认识的一个窈窕淑女也嗜烟如命，即使女性在公共场所吸烟还不被人们所接受，她还是无法抗拒香烟的诱惑。她说她的父亲就是一个烟民，而她自己对烟的爱好可以追溯到她的童年时代。在我看来，每个年轻人，包括男青年和女青年，都应该勇敢而坚定地对香烟说“不”。

第五章
美好的人生

不断追求更高的理想和更伟大的事物，这是一种精神上的提高和思想上的飞跃。

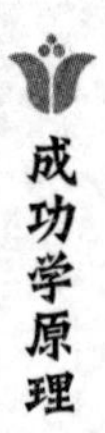

1. 理想的力量

我们所迫切期望并努力争取的东西将最终成为现实。我们的理想为我们展现了现实的轮廓，而现实的本质就隐藏在理想的背后。

你真正的信条是你的雄心壮志，是你的神圣梦想，而不是你的祈祷。

“在漫长的日子里苦苦地等待，没有任何希望，你的灵魂在强烈的渴望中叹息着，这并不是一件令人感到高兴的事。但是，如果你能够经受得住煎熬，那将是值得的。因为只有胸怀热情的渴望，幸福才会降临到你的身边。”埃拉·惠勒·维尔考克斯如是说。

心灵的期待以及灵魂的渴望并不仅仅是想象与梦想的夸大，而是一种预测、一种前兆，预示着某些事情可能在不久的将来成为现实。他们甚至能够衡量我们目标的高低以及能力的大小。当灵魂学会了期待，学会了渴望，它才能成为真正的灵魂。

一位雕塑家清楚地了解，他的梦想不是想象本身，而是将自己的理想变为现实。

当我们全身心地渴望得到一件东西时，我们首先会考虑我们的能力以及所能持续的时间，从而判断我们最终是否能够实现自己的愿望。

但是问题在于我们总是生活在现实当中，而忽视了自己的理想世界。我们应当时刻铭记自己所要实现的理想，活在自己理想的精神境界中。比如说，如果我们想变得年轻，那么，首先要在精神生活中幻想自己年轻；如果我们想变得美丽，首先要在精神生活中幻想自己美丽。

理想激发了我们对完美的渴望以及追求完美的信念，因为我们总会本能地感受到理想世界中的某些东西就是我们现实生活中的一部分。在理想世界中，任何事物都是年轻的、美丽的，在其中没有腐朽与丑陋的东西。把自己置身于理想世界中，对我们是很有帮助的，因为它给了我们一个永远值得为之争取的完美的模型。

生活在理想当中的好处在于，它可以消除自己生理、心理以及道德上不完美的地方。我们的眼中没有年迈，因为年迈是不完美的，它是不会存在于我们的理想世界中的。

确定自己想要的东西或自认为应该属于自己的东西，有着强烈的自信心，相信自己的完美无缺，这样做可以使你找到一种重获新生的感觉。时刻铭记自己的理想，及时扼杀那些不自信的想法。千万不要在自己的缺点、不足或失败中徘徊。保持强烈的信念并不断付诸努力，这样会有助于你早日实现自己的理想。

在强烈的信念背后蕴藏着巨大的动力，它将帮助我们最终实现自己的梦想和雄心壮志。坚信所有的事情都不会向坏的方向发展；坚信一切都会好起来；坚信不会有失败，胜利将最终来临；坚信无论发生什么事，我们都将快乐。假如我们能够拥有这样的思想、胸怀和态度，那将是再好不过的了。这种乐观的态度对我们是很有帮助的，它可以使我们摆脱悲观与无助的烦恼，并赋予我们追求完美与幸福的力量。

在做任何事情的时候，如果你总是保持一种乐观的态度，总能看到一幅快乐、幸福以及欣欣向荣的前景，那么在处理事情的时候你就很难再产生悲观的想法。只有当我们超负荷工作，极力克服不和谐、不友好的失误，以及应付那些威胁我们和平、舒适、效率和成功的敌人时，我们才会产生那种过分紧张的感觉。如果我们能让自己的孩子学会这种乐观的态度，那将改造我们的文明，而我们的生活也将获得长足的进步。

无论我们想做什么或者想成为什么，我们都要以一种乐观、积极、向上以及充满激情与希望的态度去对待它们。这样我们将会惊奇地发现自身的进步和能力的提高。

你相信一切美好的事情都会在你身上发生，你相信你的将来会充满美好与幸福，你相信你会拥有一个和谐的家庭与一幢漂亮的房子，这些美好的愿望都来自你乐观的态度，而这种乐观的态度将是你生活中最好的一笔财富。

尽管有些事情可能不会发生，但我们仍会坚持我们的信念与理想，而且将不断地为之努力。我们一再表达自己的愿望，希望有朝一日能够得以实现，不管我们是想获得充沛的精力，还是想拥有高尚的情操，或是想得到一份体面的工作，即使它最终没能实现，只要我们能够想尽一切办法去努力争取，我想我们所得到的结果总好过什么都不做。

许多人听任自己的愿望与期待随时间逝去。他们不知道强烈的、持续的愿望是有助于我们实现梦想的。为保持这些愿望所做出的一切努力将会提高梦想实现的可能性。

也许我们的理想看起来很不现实，但不管实现它的可能性有多么小，不管它离现实有多么远，也不管它的前景是多么的渺茫，只要我们能够尽可能地去想象它，使它形象化，并作出不懈而又顽强的奋斗去争取它，这些理想将渐渐地在现实生活中树立起来，并最终成为现实。如果我们只是空谈理想而不付诸努力，或者对我们的理想漠不关心，那么它将永远不可能变成现实。

只有将理想付诸行动才是有效的，我们的理想才能变为现实。伴随着强烈的决心，理想使我们更富有创造力。理想与奋斗相结合，我们美丽的理想才能开花结果。

是否能够提高效率，这取决于我们的思想、情绪以及理想。如果我们能够相信自己是完美的，那么我们所有的缺点与不足都会在这种强大的自信心的控制下，得到修正或者是改善。

每一个生命都在不断地追随着自己的理想，并因为这些理想而变得丰富多彩。理想在引导着人们不断地进行变化，并创造了人的个性，如果你了解一个人的理想，自然而然地，你就会知道他的个性。

不管你想在什么方面提高自己，你都应该尽力把这种想法铭记于心，直到你看到或感受到自身的提高，直到我们的想法最终成为现实。这样做将使那些懦弱的人逐渐变得坚强，使那些有缺陷的人慢慢变得完美，而最终会使得原本糟糕的生活变得幸福而又美满。

理想是一个伟大的个性造型师，它对我们生活的影响是无与伦比的。我们的想法或者说理想会自然地浮现在自己的脸上，并渐渐地成为现实生活中的一部分。我们是不可能把理想永远埋藏在自己心里的。

我们的想法、情绪、理想和志向会时刻对我们产生巨大的影响。所以我们应当尽量地使自己的内心世界向更高更好的方

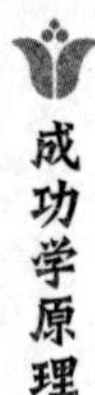

向发展。抛弃所有自卑的想法和行为，一步一步地走向卓尔不凡的境界。

不断追求更高的理想和更伟大的事物，这是一种精神上的提高和思想上的飞跃。这种飞跃与提高对我们的生活起到了积极提升的作用，它能使我们的生活逐渐转变，使我们的生活水平更上一层楼。

我们的生活在希望的基础上建立，信仰所能达到的前景是我们的肉眼所无法看见的。

信仰是我们所期望事物的本质，是我们所能想象的轮廓，真正的本质不仅仅是精神上的想象。总有一些东西隐藏在我们的信仰以及希望的背后，我们恰当的理想终将变成现实。

我们所期望的东西是最具创造力的前进发动机。也许你想成为一个有影响力的人，也许你想拥有一个美好的家庭，也许你希望我们的国家能够变得繁荣昌盛，成为某种事物的象征，也许你想成为一个在社会中举足轻重的人物，对你的生活来说，这些想法、这些期望都将是最强有力、最具创造力的助推器。

许多人认为纵容我们的梦想与想象是危险的，他们担心这样做会使他们变得不切实际，但是它们并不像我们所经历的其他可怕的事情那样令人感到畏惧。我们的梦想为我们指引了方向，带领我们追求崇高与美好，并最终使它们成为现实。我们的梦想也同时赋予我们力量，勇于面对外界对我们不利的环境。

我们的梦想为我们勾画了一个宏伟的目标，而且它就在不远的将来等待着我们。对我们来说，梦想就是一种前兆、一种迹象，预示着梦想中的事情即将发生。

任何发生在我们身边的事情都源自我们的精神世界，在没有成为现实之前，它已经在我们的精神中被创造出来了。就像刚才所说的，建筑师可以在没动一砖一瓦的情况下，在精神世界中创造一座宏伟的建筑，这能说明精神所创造出来的东西很有可能最终成为现实。

我们的理想决定了我们的人生结构，它就像一份计划，安排了我们的生活。然而如果我们没有付出艰苦的奋斗与努力去实现它，那么这个美丽的计划就会成为空中楼阁。就拿建筑师的例子来说吧，如果没有建筑工人按照建筑师的计划去建造，那么再伟大再宏伟的建筑也只能存在于建筑师的心里，或者被画在一张一文不值的图纸里。

切莫轻易放弃自己的理想，因为它们还没有实现，还没有真正来到你的身边。我们一定要坚持到底，不要随便放弃，别让生活中那些琐碎的事情消磨自己的理想。多读一些能够激发自己雄心壮志的书籍，多与那些和你有相同理想的人接触，从他们身上学习成功的经验，这些都对我们实现自己的理想有所帮助。

每晚在睡觉之前花上一点时间去思考，静静地坐下并思索你对理想实现进程的满意程度。不要被自己的想法或梦想赋予我们的力量吓坏了，因为“没有理想，人类便将灭亡”。梦想的背后存在着现实。你所梦想的内容不是用来嘲笑你的。我们的梦想是神赐予我们的礼物，它让我们的思想充满了神圣与美好，帮助我们排除障碍，摆脱恶劣环境的影响，将使我们从平凡走向高尚，并为我们展示了可能成为现实的所有伟大的东西。这些对天堂的想象可以帮助我们勇敢地面对失败与绝望，并最终战胜它们。

但是那些荒唐的短暂的所谓的梦想不会为我们带来任何好处，而那些切实的、恰当的理想以及灵魂中神圣的向往却能够对

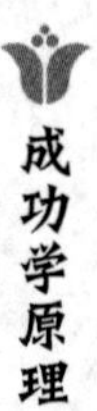

我们施以很大的帮助，它可以使我们获得更加崇高的生活；不管环境多么的不和谐、不友好，这样的理想都将帮助我们改变那些不利的环境，把我们带到所期望的理想梦境中去。

恰当梦想的背后蕴藏着巨大的力量。

有些人希望得到某些东西，但事实上这些东西并非他们所需要；有些人追求一些可望而不可即的不切实际的幻想，事实上他们根本没有实现自己梦想的能力。这类梦想不属于我所谓的蕴藏着神力的梦想，而真正蕴藏神力的梦想是那些合理的发自灵魂深处的强烈的期待与理想，它们是我们情愿花费大量金钱、时间去争取的，全心全意所追寻的理想。

如果一个人的思想就像一个捡破烂的人那样，那么他注定是一个“破烂王”。

我们的精神意识，我们的心灵期待是我们对大自然永久的祈祷。大自然认为我们所期待的就是我们心灵的祈祷，就是我们全心全意所追求的东西，她将帮助我们实现这样的理想。但是很少有人会意识到这一点。

我们心灵的期待为我们带来了伟大的极富创造性的力量，在这种力量的鼓舞下，我们将为我们的理想而努力奋斗。同时这种力量为我们打了一针强心剂，提高我们实现理想的能力。大自然就像一个商店的主人，只要我们付出了代价，她就会为我们提供我们所想要的等价的东西。而我们的思想就像树根一样向充满无形能量的宇宙延伸，向各个方向延伸，与现实的物质产生共鸣，而最终变为现实。

我们都很清楚在我们的生活当中有一种精神在伴随着我们，保护着我们，为我们指引方向。他们会回答我们所有的问题。没有人会嘲笑我们，即使我们无力实现自己的理想。但如果我们有正确的思想态度，并虔诚地为我们的理想而奋斗，真挚地向往自己的理想，那么我们的理想将最终得以实现，至少是基本实现。因为有一种神圣的、富有创造性的力量伴随着我们的理想或雄心壮志，这种力量将使我们找到或创造出我们所期待的一切。

一个最富天赋的人，拥有最好的教育和机遇，在任何竞争中都无人能敌，即使在他走到了人生尽头，处在坟墓的边缘，他仍不会觉得自己的人生进程已经结束，而是刚刚开始，就像一颗正待发芽的橡树果。

当然这样完美的人是不存在的。但是所有的比喻只是要告诉大家，任何人都会迎来能够萌芽成长的机遇，迎来能够完全展现自我的机遇。只要我们能够坚定不移地追求自己的理想，我们就一定能够迎来这样的机遇，让我们的理想变成现实，让我们的雄心壮志得以实现，就像含在花蕾中的花瓣一样，总有一天会绽放。

我们期望获得时间与机遇去完全自由地展现自己的才能，这样的理想是与生俱来的。在成长的过程中，在走向成熟的过程中，我们都不希望得到不公平不合理的待遇。这些都说明了现实的境遇与思想的观念是一致的，这是科学所无法解释说明的。

我们应当明白，任何一个普通人都具备成为完美的人的基本素质。如果我们能够让这个追求完美的理想始终导引我们，很快我们将会编织出一个完全不同的人生，我们也将把自己打造成一个完美的人。

2. 成功与幸福都属于你

没有人会永远处在窘困的境地，没有人会一辈子壮志难酬，也没有人会永远是贫穷的附属品。我们的自尊告诉自己必须改变这种不利的环境。找到尊严获得独立是我们的责任，当我们受到疾病或其他事情的困扰时，我们首先应想到依靠自己，而不是指望自己的朋友或亲人去战胜病魔或克服困难。

我们来到这个世界是为了追求伟大与崇高，丰富与充裕，而不是贫穷与饥饿。匮乏与短缺不符合人类神圣的本性。然而我们的问题在于尽管美好的事物触手可及，我们却没有足够的恒心与毅力去追求它们。我们不敢去全身心地投入，去满足自己的欲望，不敢全力以赴地去追求充裕——这一个本属于我们的与生俱来的权利。我们总是祈求一些微不足道的东西，总是考虑一些琐碎的事情，把我们的愿望压缩在一个很小的范围，把我们的需要局限在一些本不重要的事情上。我们的意志受到限制，从而失去了表现自我的机会，失去了实现理想的机会。我们不敢去实现自己灵魂中所期盼的理想，不愿敞开心扉去迎接美好的事物。

我们的创造者是慷慨的，他会批准我们的任何请求。这是他的本性，他愿意让我们的梦想得以实现，他绝对会毫无保留的。日出并不会要求太阳只是散发微不足道的光和热，因为太阳的本性是要倾其所能，让所有的一切都能够沐浴在光芒下吸收能量。蜡烛不会因为点燃了另一根蜡烛而丧失自己的光芒，同样我们也不会因为付出了友情和爱情，而失去它们。

造物主并不吝啬，对于每一个人，每一件事，他赋予我们的能力都是足够的，同样也是公平的。我们完全可以运用我们的能力去使自己变得丰裕，造物主不会对你施加任何的限制或者是约束。

生命中最大的奥秘在于学会如何完全掌握上天赐予我们的力量，以及如何能够更加有效地运用这种力量。如果一个人真的学会了完全自如地运用自己的力量，那么他的效率将得到成倍的提高，因为此刻他已进入了完全自由的境界。

当我们真正明白了什么叫无私，当我们把思想中的暴力、虚伪与自私完全摒弃，那我们就真正懂得了什么叫美好。我们思想当中的杂质影响了我们看待事物的态度，使我们对美好的事物视而不见，所以只有最纯洁的心灵才能目睹到最美好的事物。

当我们不忠的思想完全消失，当我们不再利用自己的兄弟姐妹，我们将会发现自己从未这么接近美好，这世上所有美好的事物将不由自主地向我们走来。可是问题仍然存在，我们的一些错误的行为、错误的思想阻挡了自己获取美好的步伐。

我们所做的一些丑恶的事情就像一层无形的面纱，遮蔽了我们的双眼，让我们无法看见美好。我们每走错一步，就与高尚的距离拉大一步，可能获得美好的几率就会变得更小。事实就是这样。

如果我们能够用宽阔的胸襟去对待任何事情，不让看似残酷的现实刺痛自己的心灵，那么我们就不难发现，原来我们所一直找寻的东西同样也在寻找着我们，它终将与我们相遇，美好终将成为现实。

不要总是无休止地抱怨自己条件不足。你总是嫉妒你没有的东西和你无法做到的事情；你总是埋怨社会不公，不给你机会实现自己的愿望。事实上每一次抱怨都会使你的将来变得更加黑暗，你为将来绘制了一幅惨淡的图画。在你不停复述自己不幸的人生和悲惨的经历时，你的精神意识便开始渐渐地集中在这上面，你的大脑没有多余的精力去考虑解决问题的方法以将你从现有局面中解脱出来。

所以，精神必须与我们所追求的现实相结合。

繁荣富有首先出于精神意识，如果你的思想意识抵触繁荣和富有，那么它就不可能成为现实。如果我们持有一种消极的态度，总是认为自己穷困潦倒，那么思想将使我们偏离自己所期待的方向，无论在精神上还是在现实中，我们都将无法获得财富。如果我们在思想里为自己绘制了一幅贫穷失败的图案，那么我们将无法编织出富裕与繁荣的生活——任何织物都是按照图案来编织的。繁荣与富有要先树立思想意识，在没有真正得到它们之前，应当在思想上认定自己将过上繁荣富有的生活，为自己绘制一幅这样的图画。

那么为什么你就不能成为上面所说的这一阶层的人呢？原因很简单，因为你自认为低人一等。造成这个结果的人就是你自己，你约束了自己，你在自己与财富之间建立了一条不可逾越的鸿沟。你使自己本应富有的生活断送在自己的手中，就是因为你的自卑把自己创造富有的意识封闭了，你认定了美好的东西不属于你，所以你才落得如此的下场。

限制与约束来源于我们自己，而不是造物主强加给我们的。造物主希望自己的子民能够拥有这个世上最美好的东西。如果我们得不到造物主的恩赐，唯一的原因就是我们在约束自己，不让自己去获得那些本该属于自己的东西。

总是有许多人认为别人过上舒适安逸的生活是理所应当的，而自己却注定没有奢侈的饰物、漂亮的房子、旅游的机会和美丽的衣裳。这些人在思想上已经建立了一种悲观的态度，他们认定舒适安逸的生活不属于自己，而是属于那些与自己处于不同阶级的人。

这个世界上最可怕的咒语之一就是相信贫穷是必然的。大部分人坚信一些人注定贫穷，他们的贫穷是与生俱来的，然而在造物主建造这个世界的宏伟计划中是没有贫穷的。这个星球不应当有穷人。地球上仍有许多我们没有探知的资源。为什么我们在这样资源广博的环境下还会贫穷呢？这一切都应该归因于我们自己悲观的受限制的思想意识。

我们应当下定决心放弃那种贫穷的思想，乐观而充满活力地去期待繁荣与富有；我们应当持有一种坚定的信念，相信自己能够得到充实的生活；然后我们再通过艰苦卓绝的努力去实现我们的理想，去创造自己的生活，真正使我们感到一种充实与富有。这样做可以帮助你得到自己长期追寻的东西，因为在强烈的愿望下隐藏着一种极富创造性的力量。

我们渐渐发现思想并不是无形的，它有着巨大的能量与驾驭力，影响着我们的生活，塑造了我们的某些个性。如果我们持有一种恐惧的思想，害怕贫穷，害怕生活中的某些不足，那么这种害怕贫穷的思想将影响到我们的生活，使我们更有可能变得贫穷。

但是我们并非注定要经历那种艰苦的日子，并不一定要过着

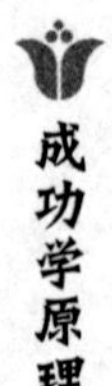

畏首畏尾的生活，得不到舒适与安逸。我们也并不是注定要花费毕生的精力去为生计而奔波，我们的目标是全身心地去创造自己的生活，使它向好的方向发展。富有、充实、自由与美好的生活才是我们应有的生活。

事实是这样的。我们生活在各自的世界里，而我们自己是由我们的思想创造出来的。每一个人的思想意识为他们建造了各自的世界。他们可以通过想象，通过思维，让自己置身于一种富有的充实的精神环境中，也可以把自己囚禁在一个贫穷的落后的思想牢笼中。

对于人类来说，没有任何东西是美丽得以至于我们无法争取的。而对于我们来说，没有任何伟大的、重要的或是神圣的理想是我们无法实现的。正是那种贫穷的态度、那种思想中的狭隘，束缚了我们，限制了我们。如果我们能够持有一种更为开阔的思想，拥有更加伟大的人生观，对我们与生俱来的权利有更加深刻的认识；如果我们能够不再满腹怨言，不再充满畏惧，而是大胆地站出来维护自己的尊严，勇敢地追求美好的东西，那么我们的前景将一片灿烂，我们的生活将更加完整、更加充实。我们不应该因为思想的狭隘，或是因为对与生俱来的权利理解肤浅，而受到贫穷的折磨。

如果你对自己的生活条件不满意，感到生活的艰苦、命运的残酷，从而抱怨自己的命运，那么你最好明白不管你的环境如何，你的家庭生活、你的职业生涯以及你的社会生活状况都是你自己思想的产物，都来源于自己的理想，除了你自己，你不应该抱怨任何其他人。

正确的思想将创造正确的生活，纯洁的思想将创造纯洁的生活，而富有慷慨的思想伴随着理智的努力，将使我们的想法成为现实，使现实生活中出现与我们理想相应的结果。

在人类世界里，我们拥有大量的事实可以证明，任何人都能够获得伟大崇高而又美好的东西，这些东西并不仅仅属于那些最幸运的人。

只要我们相信命运不会亏待我们，相信只要有播种就会有收获，不要关注明天会怎样，只要注重今天的成长与进步，尽我们所能去改善对自己不利的环境，我们将永远生活在美好与富足之中。

人类最需要的是自信。我们应该像孩子看待父母那样看待那无限的资源。小孩不会这样说："我不敢吃这个东西，因为我怕吃了它，我就将永远得不到它了。"拥有充足的信心，我们的任何需要都将成为现实。

对于我们的理想，只有实现与不实现之分，不应该有什么实现了一半这样的想法，也不要满足于实现一半就够了的想法。我们不需要一半，否则我们得到的只是不完整的东西，我们会产生一种畸形的满足感，这是吝啬鬼的作为，我们不应该这样做。如果我们不去争取所有属于我们的东西，此后我们的生活将会变得不完美，不健全；如果我们对自己的理想没有足够的信心，此后我们只会满足于一些小事。我们不能这样做，我们应当去争取那些本来就属于我们的美好的东西。没有人愿意永远生活在贫穷与不幸当中。

坚持自己的信念，全力以赴追求自己想要的东西，大声地向它呼喊，召唤它，时刻将它铭记于心，绝不要怀疑自己的能力，这样你将会很快接近自己所期待的东西。

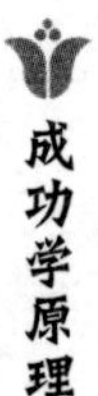

在这个国家里，有许多穷人仿佛安于现在贫穷的生活，他们停滞不前，不为改变自己的生活而不顾一切地去奋斗。事实上，他们工作也许很努力，但是问题在于他们丧失了希望，失去了对富有美好生活的向往。

许多人一直过着贫穷的生活，他们被贫穷吓怕了，不相信自己有能力改变现状、改变生活，从而也丧失了追求美好生活的希望。没有信心，没有希望，他们把自己局限在了这个贫穷的生活当中无法自拔，也无力改变。

贫穷往往是一种精神疾病。如果你正在经历贫穷，成为贫穷的牺牲品，你应当首先改变自己的精神意识，不要去想自己的不幸、无奈，也不要抱怨，尽量去想富有的、美好的生活。这样你会惊奇地发现，自己的生活正在快速地向好的方向转变。

在许多家庭当中，孩子的意志被贫穷的思想毒害了。这些孩子一天到晚听到的都是有关贫穷的消息，他们看到的也都是贫穷的环境，到处都一样。他们听到每一个人都在谈论有关约束、不足与贫穷的事情。对于他们来说，仿佛终生要生活在贫穷之中。

在这种环境里长大的孩子，他们很有可能会重复自己父母贫穷的生活，对此你会有任何疑问吗?

在贫穷的日子里，你会为是否能吃上一顿饱饭而整天忧虑，对贫穷产生了畏惧。你是否曾经想过，这种担忧与恐惧的心理不仅会使你感到不快乐，同时还会妨碍你获得美好的生活。你给自己不堪重负的肩膀上又增添了一份负担，这对你是极为不利的。无论环境是多么难以改变，无论前景会是多么黑暗，在任何情况下，我们都不应该去想象那些有可能出现的对我们不利的东西，以及那些有可能约束我们发展的因素。我们应当做的就是尽可能往好的方面想，努力追求自己向往的生活。

什么样的哲学能够解释那种贫穷的思想？过多地考虑缺陷与不足会有助于我们变得富有吗？不会。你的生活状况与你的思想态度和理想是密切联系着的，他们将塑造和改变你的生活。如果我们的思想懒散，不求上进，过多地考虑贫穷给我们带来的痛苦，那么我们的生活状况就不会好起来的。

假设一个男孩想要成为一名律师，可是他从来不相信自己有朝一日会作为一个律师走上法庭，也从不相信自己有成为一名律师的天赋，那么他注定会失败。我们尽力想得到我们所期待的东西，如果我们什么都不期待，我们就会什么也得不到。如同河流永远也不会高出自己的源头一样，如果一个人安于贫穷，他永远也不会变得富有。

作为一个富有的人，一个成功的人，他不会总是在对自己说："就算我竭尽所能，那又有什么用呢？那些成功的人抢走了所有的机会，什么也没有留下。不久以后，大多数人将不得不为少数人工作，为那些抢占先机的人工作。看来，除了平平庸庸地过一辈子，我没有其他选择了。我将永远不会像那些有钱人一样，拥有漂亮的别墅、豪华的轿车、自己的私人飞机。我注定了碌碌无为，过着穷困潦倒的生活。"如果有人会这样想的话，那么这个人就真的注定一辈子碌碌无为、穷困潦倒了。即使有天赐良机，他也把握不住的。如果我们想变得富有，我们必须要相信自己一定能够变得富有。持着一种自信，开始自己创造生活的历程，相信自己会是一个强者、胜利者，而不是一个弱者、失败者。

我们每一个人的心中都应当有一轮象征希望与繁荣的红日，

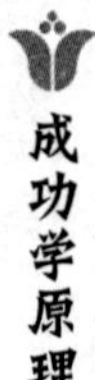

满怀信心地迎接一切挑战。任何人都不能剥夺我们享受成功与幸福的权利。

任何一座宏伟的建筑在没有向世人亮相之前，它的每一个细节就都已经在建筑师的脑海里建成了。每一次成功的开始都来自于我们的精神，它们都首先在我们的精神世界中构建起来。建筑承包商只是负责把建筑师精神中的宏伟建筑用钢筋水泥建造起来。事实上，我们每一个人都可以成为建筑师，成为自己生活的建筑师。我们在生活中所做的每一件事，都是在按照我们思想中所制订的某种计划而进行的。

有些人想挣钱，想变得富有，但是他们的精神意识却很闭塞、悲观，毫无疑问，这些人将永远不会过上充实富有的生活。

那些真正希望变得富有且能够变得富有的人，他们总是先在自己的精神世界里为自己赚取金钱，在自己的精神世界里为自己建造一个财政机构。为自己设想一个繁荣富有的前景，对于一个想变得富有的人来说，是十分必要的，因为只有这样，在实现自己愿望的过程中，我们才能事半功倍。一味地空想只能为我们带来一事无成的后果，而真正的梦想家是一名虔诚的信徒，他对自己的理想忠心耿耿，经过深思熟虑，在脑海里制订一系列切实可行的计划，并为自己的理想付出艰苦的努力，最终获得成功。创造一个伟大的理想，不像围绕自己的理想建造真实生活那样简单。这种伟大的理想不是一种虚无缥缈的幻想，它是存在于我们脑海中的一份计划、一项宏伟的工程。

真正伟大的成功者，他们不仅通过双手来创造奇迹，还通过自己的理想去规划奇迹。摩根和洛克菲勒是世界上最富有的人，如果他们没有首先在理想中为自己创造一个致富的环境，他们也不会有今天的成就。

他们是最伟大的实践梦想家，他们的理想可以无限延伸，为他们带来能量，使他们成为最有能力的人，并得到理想所呼唤的东西。一粒树种本是那么的微小，但是它有自己的梦想，并为自己的梦想努力奋斗，穿过厚厚的土壤，成为一棵参天大树。但如果它们失去了自己的梦想，或者说根本没有想到自己将来会变得如此强大，那么它注定将永远隐藏在黑暗的世界里。

有多少人能够真正意识到理想的重要性呢？很少有人可以明白，任何事物在成为现实之前都已经存在于我们的理想当中了。如果我们能够更好地做到在理想中创造美好的东西，我们将能够更好地在现实中创造这些东西。

我们必须在思想中感到自己的富有，我们在做任何事情时都应当充满自信。对于我们所期待的东西，我们的思想态度以及所付出的努力将成为实现它们的关键。要想变得富有，我们必须首先有一个富有的思想世界。

内心世界里真正的繁荣是指一种富有的思想意识，这种意识使我们相信美好与富足永远与我们同在；这种意识使我们坚信任何灾难都无法破坏我们的精神财富；这种意识使我们相信成功与幸福最后都将属于我们。

3. 热爱生活之美

有人曾经问柏拉图："什么是最好的教育？"柏拉图的回答是："最好的教育就是让人的身心都感受到美的存在。"一个坚强而美好的生命必须受到美的陶冶。一个人只有懂得了如何欣赏美，他才能体会到大自然日出日落的独特韵味，才能感受到美对人的心灵的震撼，他的生命也才会趋于完整。有许多人花了相当长的时间来培养自己对美的欣赏水平，他们希望以此提高自己的欣赏能力，给自己的生活带来彩虹般的色彩，带来无尽的欢乐。最重要的是，美还可以使人们生活得更加幸福，工作得更有效率。

随着人类的进步和社会的发展，人们开始用更多的方式来表达文明的存在，表达自己内心对美的理解。哈佛大学教授查尔斯·诺顿在谈到人类社会的进步时曾经说道："美在人类社会发展进程中发挥了不可替代的作用，我们甚至可以从人类的建筑、雕塑和绘画等艺术中观察到人类进步的脚步。"

对美的热爱是我们的生活中最重要的部分之一。我们大概还没有意识到，周围美好的事物对我们的影响有多么的大。我们只是觉得美是一件多么平常的事，而忽略了它的吸引力。其实，大自然和人类社会中每一件美好的事物，如每一次日出日落、每一张漂亮的脸蛋，无论我们在哪里碰到，都能够陶冶我们的情操和启发我们的心灵。

芝加哥有一位教师曾经在教室里组织过一个所谓的“美的角落”。这个角落有一扇明亮的窗户，一张铺着东方式地毯的咖啡桌，几张精美的照片和贴图，还有几样经过特殊布置的东西。所有这些东西都让这个角落显得异常美丽。因此，每当学生们下课的时候，都可以感受到这个角落给他们带来的愉快心情。不知不觉之间，他们的心情乃至行为也受到了“美的角落”的影响，变得更加优雅，更加热心肠。特别是一个意大利小男孩，曾经是那么的邋遢，但是在“美的角落”建立之后，他在很短时间之内就变得那么的井井有条。这样的变化简直连他的老师都为之吃惊。

然而现代化的生活却让我们渐渐地忽略了对审美的培养。在这样的世界中，我们开始越来越关注物质上的享受，而忽视有美学价值的种种事物。如果我们还这样继续下去，把大部分时间都用在挣钱、享乐上面，我们就会越来越失去对美的鉴赏和感悟的能力，最终将会使充满美丽记忆的生活离我们远去。

其实美存在于我们生活的每一个角落，如果能拥有一双善于发现美的眼睛，我们完全可以从日常的生活中学会如何欣赏美。而从我们内心的深处来讲，其实我们也是对美充满了希冀的。我们渴望能够从周围的风景中欣赏到令人心动的美，而不仅仅是一些俗不可耐的东西。即便对于所从事的职业，我们也渴望能从中发现美的意义，而不仅仅是让金钱挡住了双眼。因此我们要在心中随时保持对美的憧憬和鉴赏能力。只要我们还期待着美的事物，我们就能够随时发现美，体会美。只要我们能够感悟到美的事物，那么，无论我们从事哪个行业，我们在某种程度上都可以算是个艺术家。

毫无疑问，美在我们的生活中扮演着一个更加重要的角色。

然而在这样一个商业化的社会里，美面临的最重大挑战就是我们的天性中最自然的一面——贪婪。如何不让那些对物质财富的追求蒙蔽我们的双眼，是我们迫切需要解决的问题。

对于一个爱美的人来说，每一次旅行都是领略美的大好机会。那些如画的风景，像山川河流、湖泊田野和山谷溪流都成了美的化身，而这些都是金钱所买不来的。记得有一次，我骑马穿越约塞米地国家公园，当时由于已经行走了上百英里的路程，我感到身心相当疲惫，而我还要再行走十几英里才能够到达我的最终目的地。当我拖着疲惫的身体翻越约塞米地山的时候，我却突然为眼前的景致惊呆了，日落山头，斜照在不远处的约塞米地瀑布上。那日光水影让我陶醉，而身上的所有疲惫和倦意都在这一时刻消失得无影无踪，我只觉得神清气爽。这一大自然的奇妙景致深深感染了我，让我完全忘记了疲倦。最后当我到达目的地的时候，那山谷中的美景还不时在我的脑海里回荡。

没有人能够怀疑大自然的鬼斧神工所创造的美，也不应当怀疑我们这些由上帝创造的凡夫俗子可以表现出同样的美丽。

人类的美丽表现为一种性格上的美丽，是在优雅的举止和谈吐中体现出来的吸引力。

当然这并不是要否定外表的美丽，只是外在美需要有内在美作为基础。如果一个人内心邪恶，满腹阴谋，外表再怎么美丽又有什么用呢？莎士比亚说过：“上帝只是创造了你的一张脸，是你自己创造了真实的自己。”也就是说，美丽和丑陋都是你自己的选择。高贵大方的性格曾经让很多相貌平平的人焕发了光彩，而暴躁、顽劣和嫉妒也会毁掉一张本是十分俊俏的脸。总之，人的美丽与否是同他的性格好坏紧密联系的。

如果每个人都能够保持一种经常寻找美的心态，那么不仅仅他们流露出来的是美，他们本身也成了美的化身，所以说美来自内在。人格的魅力是外表的美丽所不能比拟的，就像很多相貌平平的女子，她们之所以会给我们留下深刻的印象，完全是因为那种从她们的内心深处所体现出来的魅力与吸引力。这种美丽完全超越了外表所能留给我们的印象。

心灵的美丽是大自然中最崇高的美丽，它有别于外表肤浅的美丽。这种美是每个人都有可能获得的，即使是那些天生一副丑陋面孔的人，也可以通过陶冶他们的情操，培养他们心灵和灵魂上的美丽。

无论身在何方，人们总喜欢用美丽来感染周围的所有事物，总喜欢让周围的一切都变得美丽，因此人格上的美丽还表现为一种习惯。这种习惯可以让你自己的生命也变得美丽，因为外在美是内心美的渗透，它必须和内心美相统一。一旦你的心里有了美丽的想法，那么你在别人的眼中就会总是那么的和谐和温馨，总是那么的引人注意。

女孩们往往在打扮和外貌上注入了过多的注意力。其实她们只需要表现出自然，表现出女孩们天生对美的热爱，这样她们就已经很美丽了，完全不必因为自己的长相平平而伤心难过。那种思维的愉悦、举止的文雅，那种智慧和助人为乐难道不是美丽的化身吗?

追求外表的美并没有错误，外表的美丽也是大自然美的重要组成部分，但大自然美的核心是那种气势和雄伟，是它所体现出来的大自然的品质。我们喜欢漂亮的脸蛋、匀称的身材，但是我们更喜欢脸蛋和身材体现出来的美丽灵魂，因为只有这种灵魂上

的美丽才体现了一个人格上完整充分的人。每个人都应该追求成为这种人格上美丽的人。不能理解美的精髓的人自然也无法理解这一点。

美对人们是多么的重要啊，它能够感化人们的心灵，让他们体会到最高尚的快乐。正是世界上许多美好的事物在人的童年留下了深刻的印记，人们才能够那么愉快地成长，才能够在这个纷繁复杂的世界上保持自己的本色。父母们尤其应该注意这一点，童年的记忆会影响人的一生，所以家里的各种摆设、各种家具都应该小心布置，它们很可能在小孩的心中留下一生的痕迹。他们应该注意从小就在孩子们的心中播下美的种子，让他们逐渐感觉美、体会美，让他们欣赏所有美丽的事物。一张名画、一首名曲都可能为孩子们开启通向美的大门。

对美的理解和感悟把人类从猿的世界里分化了出来。我们在进化的过程中也在不断地体会美的含义，创造美的形式。诗歌、音乐、雕塑和建筑都是人类伟大的创造，但这种种美的形式都绝非流于表面，它们反映出人类心灵的成长和文明的进步。

有一位科学家曾经说过，大自然的造物如此美妙，几乎每一件出自大自然之手的景致都是美丽的。就连那些常常令我们反感的东西，一经过大自然神来之笔的点化，也会焕发无穷的魅力。艺术家与大自然的相同之处在于，他们能够以不同的角度来观察事物，发现真正美之所在。

世界上其实充满了美好的事物，但是可惜的是，绝大多数的人还不懂得如何去分辨美。所以，世界上并不是缺少美，缺少的是善于发现美的眼睛。这种情况在很大程度上是由于我们花费了过多的时间和精力来追求物质财富。在物质方面的渴求与欲望遮住了我们的眼睛，扑灭了我们心中对美的热爱。

我们生活的世界是如此的美丽与丰富多彩，我们有什么理由抛弃大自然给我们创造的美丽，而去追求金钱，追求财富，追求这些自私自利的身外之物呢？我们有义务去发现美、感受美，无论我们身在何处，都应该让我们的生命充满了美。

4. 抱负

许多人似乎以为抱负是天生的，不会因为后天的努力而有所变化，它在被抛给我们之后便会自己成长。然而事实上，抱负会迅速响应我们所付出的努力，它需要我们的关爱和教育的支持，就像音乐和美术方面的能力，不练习就会消失。

如果我们不试着激发自己的抱负，它就永远模模糊糊无法显现。我们的能力不锻炼就会因生疏而失去力量。我们不能够指望我们的抱负在历经许多蛰伏、懒散、冷淡的念头之后还能保持新鲜和活力。如果我们一直让机会从身边溜走，而不去努力抓住它，那我们只会变得越来越迟钝和软弱。到处都可以看见那些人过中年依然胸无大志的人。他们只是开发了个人潜能的很小一部分。他们的才能还处在蛰伏状态中，隐藏在很深很深的地方，永远都不见天日。当我们见到这些人的时候，我们可以感觉到他们还有隐藏的能力有待开发。未来的发展和成就便这样从他们的体内默默地溜走了。

正如爱默生所说："我所需要的，是有个人逼我做我所能做的事情。"我的问题在于，做我自己所能做的事情。不是拿破仑或是林肯所能做的事情，而是我所能做的事情。对我来说，最大的不同在于我能比较好地，还是很糟糕地发挥自己的才能——我能发挥出自己10%、15%、25%还是90%的能力。

不久前，有报纸刊登了这样一篇文章，说有个15岁的女孩，智力发展水平只相当于个孩童。她只对很少的东西感兴趣。她爱幻想，不爱活动，大部分时间都对周围的事物漠不关心。直到有一天，当她在街上听见一段管风琴的演奏时，她忽然完全清醒了。她发现了自我，她一下子发现了自己的才能，而且她的才能在几天之内获得了一般人几年才能获得的提高。几乎在一天之内，她从一个孩童变成了一位含苞待放的少女。

我们中的大多数人都有着很大的能量和蕴藏在我们体内的巨大潜力，就像那位少女一样。如果我们唤醒这些力量，我们就能做出令人叹止的伟绩。

我认识几个到了中年才发现自身潜力的人。然后他们忽然发现了自我，就像被从沉睡中唤醒一样。而唤醒他们的可能是某本有启发性的书，或是某次传教、讲座，或是与某个胸怀大志的朋友的会面，被他所理解、信任与鼓励。

你会遇到两种人。一种人总是破坏你的偶像，打碎你的希望，对你的理想大泼冷水；另一种人则会悉心发现你的能力，相信你、鼓励你、赞扬你。这两种人给你的影响会截然不同。

无论我们有多么独立，意志有多么坚定，个性有多么坚强，我们也时时被环境所左右。即使是最厉害的人也逃不过环境的影响。纽约青少年法庭的缓刑部部长在他1905年的报告中写道："将一个男孩或女孩带出不良环境，是进行改造的第一步。"纽约防止虐待儿童协会经过30年的调查，参考了50万少年儿童的社会和道德福利状况，最后也得出了相同的结论，认为环境对孩子的影响大于遗传。

带着最多的优点来到这个世界上的婴儿，如果我们把他送给野人抚养，那么他身上的优秀品质又能留下多少？一个婴儿在原

始野蛮的环境中长大，他当然会变得野蛮无比。有故事说，有个很健康的良性婴儿被遗弃或是抛弃后被狼叼去和狼崽们一块儿养，于是那个婴儿身上体现出狼的所有习性——用四肢走路，像狼一样嚎叫、吞食。

决定我们生存方式的并不是很复杂的事情。有位诗人曾写道："我乃所见之一分。"这并不只是富有诗意的随想，而是铁一般的事实。我们很自然地模仿周围的人，并随着时代的洪流起起伏伏。周围的每一样事物，你所听过的每一次传教、每一次讲座、每一次对话，你所见过的每一个人，都会对你的性格造成某种影响。你在经历一些事情之后，再也不会完全是原来那个你。你的身上有了一点变化，正如在比彻读过罗斯金的著作后便不再像他从前一样。

无论你做什么，都应该努力待在一个激发抱负的气氛和环境中，这会促使你不断向前进。尽量与理解你的人、相信你的人、会帮助你发现自己的人、会鼓励你最大限度发挥自己的人待在一起，这会使你从一个平凡的人变成真正的成功者。与那些试着成就一番事业或立志成为某个大人物的人待在一起，因为他们拥有崇高的目标和远大的理想。与那些真诚的人待在一起，大家的抱负会互相影响。你的气质会与环境的气质融为一体。周围那些试着爬得更高的成功者，会激励还不是那么优秀的你更加努力。

我们的印第安学校有时将同一学生的两张照片并排陈列出来，一张是他刚走出保留地时的样子，另一张则是毕业时的样子——衣着整齐、聪明伶俐、眼中闪耀着抱负的光芒。我们对他们寄予厚望，但他们当中的大多数人是要回到原来的部落中去的。为了保持现在的状况他们努力抗争过，但大部分人又慢慢回到原来的生活状态。当然，会有一些出人头地的特例，那是一些坚强的人，有能力抵抗那些退步的力量对他们的影响。

我们遇见过很多一事无成的失败者，他们没有碰到一个激励鼓舞他们的环境，也没有足够的勇气去面对恶劣的环境，以至于他们的抱负还未被唤醒。我们在监狱和贫民窟里见到的大部分例子都证明他们的环境对他们只有坏的影响，而不是好的影响。

争取达到更高目标的人，体内会有无比的力量、奇妙的魔力，帮助他实现自己的抱负。与那些有着相同抱负的人在一起，会给你更大的激励。即使你精力缺乏，天生懒惰，或是喜欢大而化之，你也会被那些更有抱负的人所鞭策而不断前进。

5. 毫不动摇的目标

艺术家米歇尔·安吉罗的一位朋友问他："你为什么要去过如此孤独的生活呢？"这位艺术家回答道："艺术是一个嫉妒心强的情人，它要求你必须全身心地投入。"根据狄斯累利所说的，当他在西斯廷教堂的时候，他拒绝会见任何人，哪怕是在他自己的房子里。

在今天，一个想要成功的人必须把自己所有的才能都集中在一个绝不动摇的目标上，还要具有那种不成功毋宁死的坚忍的决心。任何其他诱惑使他放弃自己目标的倾向都要坚决压制。一个人就算是从事十几样他自己一知半解的生意，他也有可能会挨饿，但如果他做一样自己完全掌握了的事情，就算这个营生是最卑微的，他也能够变得富有和出名。

所有的伟人都因能够集中他们所有的注意力，忘却他们的目标之外的一切事情而闻名。亚伯拉罕·林肯具有非常好的集中自己注意力的能力，他能非常准确地重复他在自己孩童时代听到的布道的全部内容。维克多·雨果在1830年革命的时候写成了《巴黎圣母院》，当时子弹经常从他家的花园里呼啸而过。他把自己关在一间房子里，把所有自己的衣服都锁在另一间房子里，以此来抑制那些衣服引起的他想出门上街的欲望。整个冬天他把自己包裹在一条灰色的大羊毛围巾里面，把他的整个生命倾注在自己的工作上面。

一个只有一项才能的人，如果能专心于一个明确的目标，他就能比那些有10项才能然而却将自己的精力分散、不明白自己到底正在做什么的人获得更大的成就。一个伟大的决心是逐渐积累起来的，而且就像一块大磁铁一样，它能吸引在生命的过程中一切与之类似的东西。世界上最弱小的生物，如果能将自己所有的力量都集中于一个地方，它也能有所作为。然而最强大的生物，若将自己的力量分散在许多地方，也许最终它什么都做不了。只有那些专一的人，那些观察力敏锐的人，那些有着独一无二但又非常强烈的决心的人，那些思想单纯的人，才能突破道路上的障碍，稳步走在队伍的最前列。

从前培根能够把自己的知识扩展到世界的各个领域，现在那样的日子已经一去不复返了。过去在巴黎大学，但丁能同时与14个与自己意见相左的人争辩，并且击败了所有的人，现在这已经不可能了。那些一个人能够同时从事十几个行业，并且都获得成功的日子已经过去了。集中自己的精力是现在这个世纪的主旨。

一位旅行者告诉我们，位于维也纳皇家墓地的那个失望心碎的国王——约瑟夫二世的墓碑上刻着这样的墓志铭："这里沉睡的是一位有着最伟大目标的君王，但是他却从来没有完成过自己的计划。"

詹姆斯·马金托什爵士是一个拥有杰出的能力的人。他的伟大设想让无数的人兴奋不已。很多人感兴趣地注视着他的事业，希望有朝一日他的光芒能照亮整个世界。但是他性格中致命的缺陷让他在各种矛盾的冲突中徘徊不前，就这样他把自己的一生都浪费掉了。他凭着一时冲动去做大事，但是他的热忱在自己决定到底做什么之前就消失得无影无踪了。他缺乏选择一个单一的目

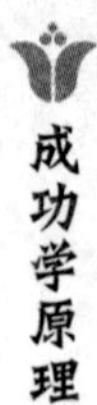

标并为之坚持到底的能力，缺乏消除各种影响目标实现的因素的能力。比如说，他曾经有一次因为不知道在他的文章中到底应该用“功用”还是“效用”，而犹豫了好几个星期。

集中在一个方向使用的某项才能，要比分散使用的10项才能更有用。在步枪里面，子弹后面那一点点火药，比一整车没有密封的火药杀伤力更大。步枪的枪管就像我们心中的决心一样，能为火药指引方向。

如果没有枪管，不管点燃的火药质量有多么好，那也是没有用的。在学校和学院里最差劲的学者，在某些情况下经常比一些大学者拥有更大的成就，仅仅是因为他们把自己有限的才能放在了一个明确的目标上面。

而那些大学者仰仗着自己出色的综合能力和美妙的前景，从来不知道该怎么集中自己的力量。

人们往往会去嘲笑那些做事一心一意的人，然而那些站在世界最前列改变了整个世界的人都是只有一个单一目标的人。在如今这个专长的时代，一个人只有一心一意，保持一贯的态度，保持一贯的热情，他才可能成功。一个人要想在这个熙熙攘攘的星球上取得瞩目的成就，就必须突破现代文明中坚固的保守主义，把自己所有的目标全部集中在一点上。经常改变的目标，不断动摇的决心，在这个世纪是找不到生存的一席之地的。“精神上的动摇”是很多失败教训的原因。

只有一心一意的人才能胜利。有着众多野心的人很少在历史上留名。他们没有足够持久地集中自己的力量，因此就没有办法在名人录里面刻下自己的名字。伏尔泰把法国人拉哈普称为一个永远都在燃烧的炉子，但是这个炉子从来没有用来煮过任何东西。哈特利·科尔里奇天生有着过人的天赋，但是在他的性格之中有一个致命的缺陷——他没有明确的目标，因此他的一生都伴随着失败。他就像水一样不稳定，因此没有任何专长。科尔里奇的叔叔索西评论他说："科尔里奇有两只左手。"他一直独自生活在自己的梦境当中，因此对外界有一种病态的畏缩。甚至是在自己打开一封别人写给他的信的时候，他都没法控制使自己的双手不颤抖。他也曾经努力从毫无目标的生活中脱离出来，决心摆脱从镜子里面看到自己的脸的时候大脑里的空白。他一直到自己的生命终结都仅仅是个有希望的人，而没有什么成就。

歌德曾说，如果我们不可能精通使用自己的一种才能直至完美的时候，那么我们就不应该使用它。如果非得要去加强这种才能，那么我们通常都会发现，当这种才能的优点最后展示在我们面前的时候，我们会因为在这种无聊的事情上面浪费的时间与精力而可惜。一句老话说得好："精通一项生意的人能养活一个妻子和7个孩子，而精通于7项生意的人连他自己都难养活。"

成功的人都有自己的计划。他能找到自己的目标，并为之坚持到底。

他做出计划，并且实行计划。他径直奔向自己的目标。每当他前进的道路上出现了困难，他不会被强迫着坚持下去。如果他不能克服这个困难的话，他就会停下来好好查看一下这个困难。持续地把自己的才能集中在一个中心目标上，会给自己带来巨大的力量。反之，如果没有目标地滥用自己的才能，只会削弱自己的力量。一个人的思想必须集中在一个明确的目标上面，否则就像一部机器没有平衡轮那样，最后会自行散架。

这个追求集中注意力的年代，不需要那些天赋异禀的人，而

是需要那些受过训练能够集中精力去完成一件事情的人。牢牢坚持你自己的目标，才能取得最终的成功，而频繁地更换工作的结果往往是致命的。

一个年轻人在一个纺织品商店里做了五六年的生意之后，他觉得自己还是应该做食品杂货店的生意。他就将自己五六年宝贵的经验完全抛弃了，因为这些经验对于他的新工作一点帮助都没有。他生命中的大部分光阴都浪费在从这个行业换到那个行业上，每一样都学一点但是没有一样学全了。他忘记了经验对他来说远远比金钱更有价值，而且忘记了他花费那么多年的时间来学习做生意有多么的宝贵。半途而废的生意，就算一个人拥有20种，也绝对不会给他带来好的生活，更不会带来什么能力，财富就更不用说了。

有多少年轻人在达到对自己的工作非常精通的程度之前，就因为一点阻碍而放弃了自己的工作，转而从事别的事情！要看到自己工作里面的“玫瑰花”与看到别人工作里面的“刺”，是多么的不容易啊。一个做生意的年轻人看见一个大夫坐着马车在城里面奔忙，看望自己的患者，于是在他的想象中，医生是个轻松而理想的职业。然后他又想到自己今后要从事的工作里会有多少苦差事和困难啊。他没有想到那位医生经历了多少年的枯燥、无聊的学习，他必须学习解剖学那枯燥的细节，还有那些纷繁复杂的药名和专有名词。那位医生也曾用好几个月甚至好几年的时间来等待患者上门，面临不被认可的危险。

当一个人对自己所从事的行业非常精通之后，他会有一种力量强大的感觉，他会发现自己的工作效率大大提高了，他会发现他的技术开始给他带来收益了。在达到这种状态之前，当他还在自己的行业里处于学习阶段的时候，他也许会觉得自己以前付出的时间都白费了。但是他已经积累了大量具体到各个方面的知识，打好了基础，建立了一个人际关系的圈子，获得了诚实、可靠、正直的名声，并且建立了自己的声望。

当他达到这个状态之后，他会很快发现他所付出的看上去白费了的那段光阴里面，其实就蕴涵着他成功的秘密——所有的知识、技巧、性格、影响以及声望都能带给他莫大的帮助。那种声望、自信、正直、友谊，在他开始奋斗走上致富之路的时候，是一笔巨大的财富。年轻人如果在从业伊始便半途而废，在达到精通的状态之前就被障碍吓得停滞不前，就永远不会成功，而只能是失败，因为他走得不够远。他没有达到那种状态，因此就得不到在那种状态下所能得到的宝贵的东西。

给一个漫无目的的生命指引出一条正确的道路，这不是一项简单的任务，那些没有明确目标的生命肯定会被浪费在空虚和没有意义的美梦中。我们到处都能看见那些“碌碌无为的纨绔子弟”“匆忙的懒人”和“没有目标的好事者”。一个健康的、明确的目标对于1000个没有目的的生命都是治病的良方。在明确的目标面前，不满和牢骚都会消失。要是我们没有目标，满腹牢骚地去做一件事，其结果就会成为别人的笑柄。如果不是满怀着热情去做一件事，那么这件事肯定不能顺利地或者很好地完成。

光靠天赋是不够的，这个时代不需要那些什么都会一点或者所有的方面都知道一点的人。精力必须集中在某些持续不变的目标上面。那些“失败的天才”和“天生的才能”失败的例子实在太常见了，每个城镇里都有受过良好教育和拥有才能的人失败的例子。的确，“一无所获的天才”现在已经变成了一句谚语了。

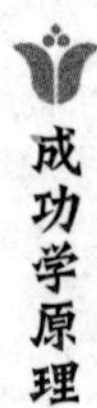

除非能够做出点成就，干出点成绩，否则教育和才能都是毫无价值的。

这个时代需要的是那些能够在做一件事情的时候保持自己独特性格特征的人，他们在工作的时候不会拘束，不会停滞不前。教育、天分、才能、勤奋和意志力都不能够代替一个能够吸引所有人的目标。没有目标的生活注定就是失败的。如果我们不把力量和才干用于实现自己的目标，它们还能有什么用处呢？正如有一箱子工具，木匠却不去用它们，那这些工具的存在就毫无价值。同样，大学的教育和一颗充满智慧的脑袋，如果不被人用来实现一个明确的目标，就会变得一文不值。

伟大的目标能赋予生活以意义。它能将我们所有的力量都集中起来，让这些力量绞在一起拧成一股绳，从而让弱小的、分散的力量变得强大。一个没有目标的人，永远也不会在世界上留下什么痕迹。他没有个性，他消失在群体之中，他在人群之中迷失，他弱小、摇摆不定，无法胜任任何工作。

“一知半解的人”永远是弱小的、浅薄的。一个人如果什么都会一点，却什么都不精通，这样的人有什么用呢？圣保罗的力量的最大秘密之一就是他自己坚定的目标。没有任何东西能够胁迫他，没有任何东西能够吓倒他。罗马的皇帝没有办法压制他的言论，地牢没有让他惊恐失措，监狱没有能够制服他，任何障碍都不能使他沮丧。“让你的眼睛向你的前方看。回顾你脚下走过的路，再建立起你自己的路。不要左倾也不要右倾。”在他的作品中经常出现“我的唯一的事业”的字样。在他坚强的意志中，那种无法熄灭的热情在以后的几个世纪中仍然闪烁着光芒，这种精神至今对我们还有深刻的影响。

年轻人为了一个伟大的目标和毫不动摇的信念，而努力奋斗，世界上再没有比这更为辉煌的景象了。年轻人朝着自己的目标前进，在各种困难中艰苦奋斗，克服那些吓倒别人的障碍，把这些障碍当成是通往成功的铺路石，这是多么令人起敬的场面啊。失败对他们来说，就像健身房那样，只会给他们带来新的力量；阻挠，只会让他们加倍地付出努力；危险，只能增加他们的勇气。这样的人一定会取得最后的胜利，因为无论在他们身上发生了什么事情——疾病、贫穷、灾祸，他们都会一直朝着自己既定的目标前行。在他们强大的意志力面前，很多问题都将迎刃而解。

6. 做一个堂堂正正的人

不论是在哪个国度，不论是在哪个时期，不论你是腰缠万贯的富翁还是一贫如洗的穷人，不论你是显赫的高官还是一介平民，有一点你必须承认——人格的力量是无穷的，它在人类文明发展史上的作用也是巨大的。

林肯总统之所以有着如此高的声望，他的人格受到美国人民甚至是全世界人民的敬佩与赞赏，这与他一直尽心尽职地工作，从来都没有不良的工作记录是分不开的。当然他也从来不做有损自己声誉的事情。

现在困扰许多人的问题是，他们觉得自己除了代表自己的利益以外，他们并不代表其他什么。也许他们中的许多人都接受过良好的高等教育，都有丰富的专业知识或者是一技之长，但是他们却很自私。他们只为自己而活，这使他们的人格魅力大打折扣。

当一个人发现自己对社会意味着什么，当他意识到自己所做的一切都不是为了沽名钓誉，当他全身心投入到为人类谋福利的事业当中去的时候，他就成了世界上一个了不起的人、一个重要的人。

要找到一个有丰富的专业知识、过硬的专业技术、在行业中声名显赫的律师或者医生并不难，但是要找到一个一直兢兢业业工作、从来没有不良记录的律师或者医生却很难；要找到一个成功的商人很容易，但是要找到一个把人格置于生意之上的商人却很难；要找到一个精明能干的人不难，但要找到一个在工作记录中没有瑕疵的人却很难。人们常常会为了自己的利益而牺牲他人的利益。然而这个世界需要的是这样的人，他不仅有一技之长，更有坚守做人的原则。他能感受到自己所做的工作对社会的价值，能意识到自己对社会意味着什么。

我们可以发现周围有很多有钱人都生活在恐惧和不安中，因为他们总是害怕一旦有人调查他们的“发财经历”，他们曾有的欺诈行为就会暴露无遗。而当他们不幸被查中，走上被告席的时候，他们则会不惜重金，去请最有名的大律师为他们开脱罪名。他们总会想尽一切办法来维护自己的声誉。

对于那些生活在聚光灯下的名人来说，生活的压力的确很大，一方面他们必须尽力按照人们所期望的那样去扮演一个正直的、有魅力的、人格高尚的人；另一方面他们却又总是担心稍有闪失就会被人揭穿虚伪的面具，就会身败名裂。

对于一个为人做事向来光明正大的人来说，即使他没有多少金钱财富，他也会觉得活得舒心自在，因为他从来没有隐瞒过什么，自然也就不怕被别人发现或是拆穿什么。罗斯福总统年轻的时候就下定决心，绝对不做有损自己声誉的事情。在他的政治生涯当中，他有很多发大财的机会，只要他稍微利用一下自己的政治地位和权力。但是罗斯福没有这么做，他从来不会做违背良心和有损声誉的事情。他不想让自己的政治生涯史上有任何不良记录、任何污点。在他工作的时候，在他结交朋友的时候，在他的日常生活中，他从来不允许自己做出有损自己名声的事情，即使那样会让自己失去部分财富，失去一些朋友，他也在所不惜。如

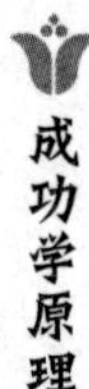

果在某一个职位上就必须放弃自己做人原则的话，他宁可放弃那个职位。他不允许自己去拿一分来路不明或者不干净的钱。尽管这样他会给自己带来很多麻烦，也会得罪许多人，但是他依然坚守自己做人的原则。事实上，那些嫉恨他不给情面的人，同时又非常敬佩他的正直和诚实。

一个国家特别需要像罗斯福这样刚正不阿、坚守原则的领导者。也正是这样一个能抵制金钱诱惑的人，一个为了心中理想而执着奋斗的人，一个愿意为公众事业奉献一生的人，才能对美国政治、经济和社会思潮产生巨大影响，甚至改变了许多美国政治家的观点，使许多政府的决策者为自己一贯坚持的陈旧的思维方式而感到羞愧。罗斯福新政使美国走出了经济大萧条的困境，将一条崭新的道路展现在美国政府和美国人民面前，并且还为其他处于困境中的资本主义国家树立了榜样。罗斯福为美国所做的一切，使美国的爱国主义有了更深一层的含义。美国人民之所以爱戴和尊敬他，不仅仅是因为他的英明和果断，更是因为他的无私与正直。

一个人如果能坚持自己的做人原则，忠于自己的理想，那么即使他不是声名显赫，即使他没有腰缠万贯，他也是值得肯定和尊敬的，他在生活中永远都不会成为失败者。对于我们每一个人来说，诚实守信的原则是必须坚守的，是不能被贿赂的，是不能被收买的，甚至在必要的时候我们还要用生命去捍卫它。

诚实是一个人人格中最基本的因素，没有什么可以代替。一个不诚实的人就是一个虚伪的人，而一个虚伪的人是永远都不可能得到他人的肯定与尊重的，一个虚伪的人也永远都不可能获得真正的快乐和幸福。

在林肯做律师的时候，他曾被要求庇护他的当事人，可是他拒绝这样做。他说："如果我真的这样做了，我在法庭上会一直忐忑不安的。我会想自己在撒谎，我在犯错甚至是在犯罪。法庭不允许我这样做，我自己也不能容忍这样的行为。"

当一个人总是戴着面具过日子，当他自己也意识到自己的虚伪时，他的内心世界里就会总是传来这样的声音："你是个骗子，你在伪装自己。"这样的人往往很难相信自己，因为在他欺骗别人的同时，也在欺骗自己；他在害怕别人揭穿自己的假面具的同时，也在一点一点地丧失对自己的尊重和信任。

在日常生活中，人们看一个人时往往看他是否精明能干，是否声名显赫，但是他们却很少强调这个人是否诚实，是否正直，显然他们并没有把一个人的人品放在重要的位置上。很多人非常敬佩那些诚实、正直、勇敢的人，可是他们自己却很少要求自己这样做。就好像很多商人其实知道做生意应该依靠信誉和实力，可是他们却往往凭借欺瞒、夸大事实和其他伎俩来赚钱。

一个人的人品是非常重要的，也是其他的东西无法代替的。金钱财富、地位权力都无法弥补一个人人格上的缺陷。不论一个人多么富有，也不论他有多大的权力，如果在他的人品中找不到诚实与正直，那么他就永远不可能成为一个真正的成功者。当人们提到他的名字时，即使有羡慕之心，也不会有敬佩之情。

很多商人都成了大富翁，可是他们唯利是图，很少真正设身处地为自己的员工考虑，有时候他们甚至不惜用卑劣的伎俩为自己牟取财富。这样的人很少得到员工的爱戴和崇敬，因为这些富翁在金钱和物质财富上虽然占有优势，但是他们在人格上却处于劣势。人们向来尊重那些人格高尚的人。诚实正直的人即使没有

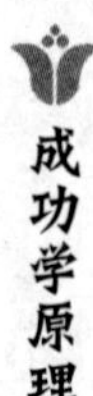

钱财，没有权位，也同样会受到人们的爱戴。

卡尔·舒尔兹是一个坚强的、爱憎分明的人。虽然他常常改变自己的政治观点，但是有一点是他周围的每一个人都确信的，那就是他绝对不会背叛他的朋友和他的政党。这同时也是他做人坚守的原则。他因此受到很多人的爱戴。在他年轻的时候他侥幸逃出了德国的监狱，并且流亡到另外一个国家。而在那个新的国度里，他又因为从事革命运动被捕。威廉一世一直都很器重卡尔的诚实和勇敢，即使在这样的情况下，他依然邀请卡尔回到德国，而且还公开宴请卡尔，给卡尔很高的嘉奖。

几乎每一个走进哈佛的学生都会被艾利奥特校长的人格魅力所感染。只要有他的课，很多学生都会情不自禁地放弃自己的其他安排而跑去听他上课，因为他的课不仅是知识的灌输，也是人格的熏陶。

虽然我们也看到有很多不正直的人成了百万富翁，可是那又怎能算是一种真正的成功？就好像一个小偷顺利地偷到了别人的钱，我们能说他获得了成功吗？对于一个人来说，只有当他是个诚实正直的人的时候，他才可能获得真正的成功。

我们常常能看到这样的来信，上面写道：我的工资待遇很不错，可是不知道为什么，当我拿到这些钱的时候，总有一种心神不宁的感觉，我总为自己做过的工作而感到不安。遇到这样的时候，我们常常会这样想：离开吧，离开那份让你良心不安的工作吧。不论老板给你多少钱，你都应该坚持自己做人的原则。因为你挣的每一分钱都应该是正大光明的，而不是违背良心的。大胆告诉你的老板，你不会接受有问题的工作，因为你绝对不允许自己去挣昧心钱，因为你不想出卖自己的真诚和正直。

无论你从事的是什么职业，你都应该坚持自己做人的原则。你不能仅仅是一个律师、医生、商人或者农民等，就放纵自己。你必须记住：自己首先应该是一个堂堂正正的人，而且永远都是！

7. 幸福是简单的

只有付出辛勤的劳作和耕耘，才能够收获世界上最大的幸福。不劳而获的人绝对不可能拥有快乐和幸福的生活。

如果为自己的付出和收获做一次盘点，我们就可以知道哪些因素可以令自己快乐。大多数人认为是金钱让他们快乐，还有那些用金钱换来的权力、影响和奢侈等；也有人认为是婚姻令他们最幸福，他们坚信只有自己才能够为自己争取幸福；还有许多人认为他们的快乐在于博览群书，在于遍游各地，在于休闲娱乐，因为只有这些才可以让他们忘记千千万万令人焦虑、担忧的事情。但是有时候事情未必都尽如人意，当我们如愿以偿地得到了那些本以为可以让自己收获快乐的东西时，却发现自己又让另外一些琐事占据了心灵，最终还是没能够获得梦寐以求的幸福和快乐。

如果一个人缺乏良好的品质，诸如慷慨、纯洁、正直和诚实，那么他根本不可能有任何得到幸福的希望。但这并不是说，只要一个人不吸烟、不喝酒、不赌博、不骂人，也不干什么其他邪恶的事情，他就能够感受到幸福的存在。世界上有些最邪恶的人往往没有沾染任何恶习，但他们却无情无义、心怀嫉妒、包藏祸心。他们可能从背后捅你一刀，可能在任何时候，欺骗你、诽谤你。这些人不会快乐。一个人只有头脑开放，行为诚实简单，才能够真正快乐起来。那些总在对你隐瞒什么、总在误导你和欺骗你的人其实心里也逃不过内疚，当然就不能获得真正的快乐。

自私是快乐的天敌，因为所有自私的人都喜欢斤斤计较，他们总是在害怕自己吃了什么亏。如果一个年轻人面对身旁站着的老人或者带小孩的妇女却不肯让座，那他也不会心安理得的，我们可以从他的表情上看出羞耻和不安。

撒谎的人也绝不可能拥有真正的快乐。他心怀不轨，因此总是如坐针毡。他从来不能感觉到安全。其实所有说谎的人在心里都不能完全赞同自己这种欺骗的行为。他们又怎么能够快乐呢？在我们期望快乐之前，亲爱的朋友们，我们回顾过去的点点滴滴，在那些过去的时光中，我们有没有尽职尽责，有没有自私自利？如果有的话，又怎么会有快乐可言呢？

别去抱怨你有多么的不快乐、不幸福，因为这都是自己的一言一行和所作所为的结果。你的动机、你的努力和你的行动都在起着关键的作用。我们所称的幸福是毕生耕耘、辛勤劳动所得来的。但如果我们在年轻的时候播下了自私、嫉妒、抱怨和仇恨的种子，我们又怎能寄希望收获金黄的果实呢？

每个人收获的幸福可能都是不一样的，这是因为我们付出的劳动有所不同。但是这些收获都是我们耕耘的合理结果，没有人可以从我们身上夺走我们的幸福。这是大自然的规律，付出了努力的人绝不会空手而回。但是可惜的是，还有很多人以为，幸福是可以创造出来的。他们不理解，幸福其实和地里的谷物一样，不是被创造的，而是辛勤耕耘后的收获。

我有一个朋友，他虽然贫穷，但是总能够在苦中作乐。他好像是天生的乐天派，无论条件怎么恶劣，世事有多么的不尽如人意，他总能够找到令自己高兴起来的理由。即使是面对自己的贫

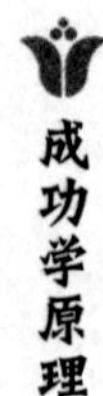

穷和潦倒，他也能坦然处之。

对于人类自身来讲，从来没有一个话题比什么是幸福这个问题更容易引起争议。许多人认为幸福是可以用金钱购买的，但实际上，世界上很多有钱人都过得不开心，也对自己的生活不够满意。他们也花了很多钱来购买那些曾经以为可以给他们带来幸福的东西，但是事实上，幸福却从来没有光顾过他们。而同时，很多穷人的生活却过得有滋有味、有声有色。这足以证明幸福是不能够用金钱来换的。

年轻人，你要相信，无论你的一生中会有什么样的遭遇，无论你是成功还是失败，但有一件事是确定的，那就是你应该努力地获得幸福，获得满足。而在你获得富裕之后，也许你再也没有机会去享受幸福了，因为到那时，你的年事已高，再也没有力气和精力去享受了。有的人总是保持低调的态度，不愿意向别人显露自己的喜悦，但是有朝一日他们竟发现自己已经失去了高兴起来的那种激动，失去了对喜悦的感觉。这是多么可悲的事情啊！所以，你千万不能用一生的幸福去冒险。尽早学会怎样去追求幸福，怎样去感受幸福，对于每个人来说是至关重要的。

只要一个人还有劳动能力，那么离开辛勤的劳作而空谈幸福是不现实的。对于那些丧失了劳动能力的人，社会会对他们有一些补偿，但对于那些好逸恶劳、游手好闲的人，社会是绝对不会宽恕的。如果有人试图在闲散和安逸的生活中寻找幸福，他们就错了，因为这样长时间地让大脑停止思维、停止工作，只能使人越来越迟钝，越来越堕落。健康离不开活跃的思维和灵活快速的反应。如果我们长期处于闲散的状态，不去劳动，上帝最终将从我们身上夺去我们本身具有的一些品质和能力。受到了上帝这种惩罚的人随处可见，他们软弱无力、毫无生气，更不要说什么幸福。事实就是这样，没有劳作就不可能有心理的健康，而没有健康自然也不会得到什么幸福。

曾经有人说，幸福是世界上最不真实的东西。但是人们为什么要盲目地去追求幸福呢？如果我们做一个简单的调查，询问街上的路人是什么样的事情或者经历最能够让他们感受到幸福。我们绝不可能从两个人那里听到相同的一个答案。这就是说，每个人对于幸福的定义都不尽相同。对于那些贫穷的年轻人来说，接受教育就是最幸福的事；有人可能认为，让他们年老的父母有一个舒适的安顿之处是最幸福的事；还有人可能会把到世界各地旅游当做最幸福的事。我们都站在各自的角度来看待幸福，没有两个人眼中的生活和幸福是完全相同的。但是对很多人来讲，幸福绝对不是现成的，而是正在等待他们去追求的东西。大多数人都认为要得到幸福是一件相当复杂、相当沉重的事。事实上，幸福就是简简单单的，幸福与复杂不能相容，简单才是它的真谛。

我曾经和一位年轻的成功人士共进晚餐，在与他的谈话中，我发现他总是把幸福的事情看得遥不可及，似乎需要花费很多的时间和很大的精力才能够获得。在他眼里，他好像总是和幸福无缘，但他自己也不明白这是为什么。实际上，他的生活方式太过复杂了，他似乎根本不懂得幸福的真正含义。他理解的幸福就是大量的拥有，就是吸引别人的注意，但是在这种环境之下，幸福早已被他扼杀了。真正的幸福是轻松简单、但弥足珍贵的。

只有自己的内心和周围的一切及自然保持一种和谐的关系，人才能够获得快乐。这是人类生活的一个重要原则。可惜的是许多人都不了解这个原则，所以人世间有那么多的痛苦和罪恶。

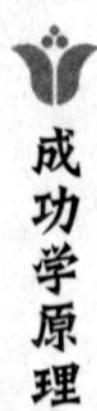

只有人们心中的神明或者虔诚才有可能使他们过得快乐，这就是幸福的规则。按照这一规则行事，人类就能够获得快乐。除此之外，没有什么其他的方式可以令人们幸福。而对于所有人，重要的是遵守这条规则，而不是去探寻其他的方式。那些一心想着通过其他途径收获快乐的人，到最后只能是一无所获。

幸福其实与物质上的享受没有多大关系。它是一种精神状态。真正的幸福绝对不是体现在一时的玩乐中的。世界上最可悲的事莫过于所有人都在物质世界中寻找幸福，却不知道幸福其实存在于他们的心灵里。这样的寻找也就是世间最愚蠢的事情了。古往今来，没有人在这样徒劳的寻找中获得过成功。幸福其实是那样的公平，它不会在意你家徒四壁，不会在意你身无分文，更不会在意你的阶级、肤色。它关心的只是，你究竟有没有一颗纯洁的心灵。它最反感出风头似的卖弄，最讨厌故作姿态的虚伪。它喜欢的是一种简单的生活，一种健康和自然的生活环境。

我们知道在我们的心中总是有另一个自我，它就是我们的良知，它见证着我们的所作所为，指导着我们的从善如流。一旦我们的行为不符合它的要求，我们就会受到良知的谴责。上帝创造了人类，也在人类的心中播种良知和诚实，这是人类的天性。如果人们违背这一天性行事，就只能受到上帝的惩罚，又怎么能收获到快乐呢?

幸福的人们总是纯洁而正直的，他们的一言一行都经得起良知的检验。当然，一旦他们有任何的不轨行为，幸福就会立即离他们远去。幸福的精髓就是诚实、诚恳和真实。

任何无所事事的人都会受到大自然的惩罚。幸福和价值是孪生兄弟，只有实现了人的价值，才有可能获得幸福。有一个年轻人，他相当富有，因此从不劳动。当有人问起他为什么不劳动时，他回答说："我根本不必去劳动。""不必"成了许多人不劳动的借口，这个借口毁了这些年轻人的幸福。人们生活在世界上，就应该不停地工作，不停地劳动。因为，上天绝对不会把幸福赐给那些游手好闲、无所事事的人。

人类一旦停止工作，就会丧失快乐的源泉，就像手表一旦停止转动就会丧失计时的功能。那些在自己的岗位上做出了应有贡献的人，往往最能够体会价值和幸福的滋味。

人生的价值是任何其他事物都不可以取代的。没有价值的幸福是不可想象的。世界上最让人觉得幸福的事情之一，就是能够看到自身价值的实现，看到自己的进步，看到自己的知识和视野在不断地扩展。每个人都应该有他存在的价值。

但是，实现价值与获得财富是两码事。许多富有家庭的不和、离异和崩溃向我们充分说明了，富人和穷人在追求幸福上是完全平等的。我们经常可以听到人们这样说："他很有钱，但一点也不幸福。"这是因为，如果一个人在聚敛钱财方面花费了太多的时间和精力，他在友情、亲情、品德和其他方面就不得不做出牺牲。许多人确实在物质上相当富有，但是他们却被财富夺去了追求幸福的一切素质。

有充分的证据表明，人类千辛万苦所追逐的就是幸福的生活。幸福的表现就是健康、安静与和谐。所有的不安、痛苦、不满足，都不是生活里所应该具有的，这些和我们人类的本性是相互矛盾的。幸福本来就是我们生活应该具有的品质。

8. 平凡的美德

有一句催人奋进的名言会令所有年轻人记忆深刻："前人的成就，定可在后人手中再现辉煌。"受人尊敬的成功者并非拥有超人的天资，事实上，他们只是为胸怀抱负的年轻人指出了通往成功的道路。他们成功的事例告诉我们，勤劳、耐心、节俭、自我批评、决心、刻苦和毅力等平凡的美德也能助人成就一番事业。

为了更好地说明这些人人都可以养成的美德对我们有什么样的促进作用，我想举一个具体的例子，来说明成功源自对明确目标孜孜不倦地追求。而且，没有什么例子比亚伯拉罕·林肯从劈木工到总统的经历更能说明，平凡的美德也能造就巨大的成功。

与其他名人相比，林肯也许是这两代美国男孩心目中最伟大的英雄。年轻人将他看做圣人一般，认为他是为了一个神圣的事业才来到这个世界上的。然而，当我们剖析他的性格时，却发现他所具有的只是最普通的美德和最寻常的优点。那些几乎将他奉若神明的孩子恰恰也拥有这些品质。

林肯最大的优点在于他男子气十足，为人坦荡诚实。他是个靠得住的人，他有着发挥自身才能的雄心壮志。他渴望丰富的阅历，渴望出人头地，渴望从下层社会中脱颖而出，渴望在世界上有所作为。他一心想改善自己的条件。

诚然，林肯天生具有对成功的渴望，向往一个更广阔更完整的生活空间。然而，没有任何证据表明，林肯具有某种天分或不可思议的力量。

他只是一个普普通通的人而已。

他的一大魅力源自朴素的性格。每位熟知他的人都知道，他是个真正的男人，一位慷慨的朋友，总是对于任何有困难的人或动物都是有求必应，无论那是一只落入泥潭的猪、一位可怜的寡妇或是一名需要建议的农民。他有一颗助人为乐的心，开放、诚恳、坦坦荡荡。他从不隐瞒什么，从没有什么秘密可言。他心灵的大门总是敞开着的，等待任何人去了解他内心的想法。

坚持不懈地勤奋工作的能力宛如天才的臂膀，是对天赋的最好补充——事实上，勤奋本身就是一种天赋。

如果年轻人将林肯的成功定义为100%，他们可能会指望找到一种至少可以解释50%成功原因的天资。我认为历史已经证明，正当的目标、纯洁的动机和无私的想法是他成功的原因，而这些品质是美国最普通的孩子都能够养成的。

设想一下，我们将他成功的20%归因于城实和诚恳，10%归因于坚强的毅力和勤奋的工作，10%以上归因于对完美的追求和持之以恒的工作态度，10%以上归因于雄心壮志、对成长的渴望和对充实生活的向往。由此可见，这么做很容易解释林肯100%的成功，而以上品质中没有任何一项可以堪称天资的。林肯整个人所拥有的只是许多对年轻人来说伸手可得的最平凡的品质和最普通的美德。其中没有一项品质对他的成功起到决定性的作用，没有一项美德可以被称为天赋。

林肯的成功得益于上述的这些对穷人和下层百姓来说并不陌

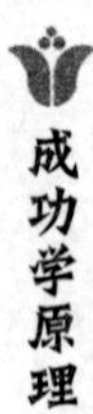

生的品质，而不是靠了金钱、家庭和个人的影响力。这对于世界来说是多大的安慰啊！对于穷孩子们来说，又是多大的鼓励和促进啊！

罗斯福总统曾经说道："在你们跟中，我的成绩似乎是天方夜谭。让我来告诉你们，我赢了大奖纯属偶然。如果你们认为我很成功，那么你们中的任何一个人都可以做到和我一样好。我只是尽了作为一个家庭成员、一个生意人、一个市民应尽的义务。"

他这样讲道："当我过世的时候，如果认识我的人将我看做一个体贴的丈夫，一个有爱心、有头脑、能吃苦的父亲，一个慷慨亲切的邻居，或是一个诚实的公民，那将是赋予我的最大的荣耀，比我担任美国总统的事实更能证明我真的有所成就。若不是因为一些难以驾驭的事件出现，我也许永远也不可能得到现在这个职位，但没有任何一次偶然事件能够赋予我以高尚的人格或是那个忠诚对待家庭和社会的我。所以，你们每个人都有相同的机会得到我曾经得到的真正的成功。如果最后证明，我的成功与许许多多普普通通的你们所获得的成功一样伟大，那我将是无比幸运的。"

读名人的传记总是令一些穷孩子垂头丧气，因为小读者觉得书中的角色是个天才；书中所讲述的一切与他自己关系不大，因为他知道自己不是天才。他们并且对自己说："这本书很有意思，但这些事情我是不可能办到的。"但当他读到美国第二十五任总统麦金莱的传记时，他觉得自己没有理由做得比麦金莱差，因为麦金莱的生活中没有什么特别的力量和机会使他一举成名。他没有出众的头脑，应该说很平凡。他有着基本的生活常识，勤奋工作。他小心运用机智的思维和交际技巧，并利用好每一次机会。

没有什么能够阻止一个有着坚强意志和坚定决心的人获得成功。当他面对障碍的时候，他会越过它，穿过它，或者找一条路绕过它。一道道的障碍只会挺直他的腰杆，磨炼他的意志，增长他的才智，开发他的潜力。人类历史上的丰功伟绩中写满了真理，正所谓“有志者，事竟成”。

美国第三十六任总统约翰逊说过：“所有令我们赞赏惊叹的人类的艺术品都凝聚着不可抗拒的毅力。”

众所周知，用同样的材料，有人造了仓库，有人却造出别墅；有人造了宫殿，有人只造出茅屋。砖头和灰泥只会是砖头和灰泥，直至建筑师把它们做成别的东西。弱者前方的大石块成了他前进的障碍，而在强者的脚下却变成了垫脚石。令一个人灰心丧气的困难只会增强一位强者的意志，因为在强者的眼中，困难只是用来穿越失败的峡谷到达坚实的成功之地的跳板。

世界总是为意志坚定的人喝彩。成功的大门不会自动开启，通往胜利的路不会是康庄大道。平凡的美德中最平凡的一点就是毅力，当然它比其他美德更能成为开启稍纵即逝的机遇之门的钥匙。每个人都能展示毅力的美德，都能在目标受阻的时候继续前进，都能抵挡欢娱的诱惑。

关于在极其艰苦的环境下依然坚持不懈的故事，一直是历史上最令人感兴趣的主题之一。对目标的执着追求是一切在世界上留下印记的伟人的特点。有人曾说过，毅力是政治家的大脑、战士的剑、发明家的秘密和学者的“金钥匙”。

毅力与资质的关系就像蒸汽与蒸汽机的关系一样。蒸汽是机

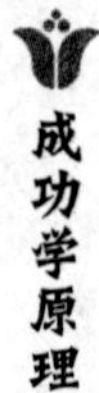

器完成所设定任务的推动力。许多毅力加上一丁点儿天资所创造的东西，比只有天资没有毅力而创造的东西要更多。

只要坚持做一件事情，坚持把它一丝不苟地做到底，你就会成为英雄。你会对自己刮目相看，别人也会对你另眼相待。

追根究底是人人应当培养的美德。对于每件事情都倾心倾力的人在事业上会把那些仅满足于“还不错”的人远远地抛在身后。没有完全发挥个人能力的成果，就不能说它还不错。

你无法阻止一个有毅力的人获得成功。阻碍弱者前进路上的花岗石，会成为强者路上的垫脚石。困难只能吓倒懦夫懒汉，而胜利永远属于最坚忍的人。

丹尼尔·韦伯斯特在孩童时代并没有突出的优点。他被送到新汉普郡的菲利普埃克塞特学院念书才几天，邻居就发现他在回家的路上哭泣。邻居问他为什么哭，丹尼尔说他不是一个合格的学生。他说同学们嘲笑他，因为他总是班上最差的一个，于是他想辍学回家。邻居说，他应该回去，再试着刻苦努力一下。于是，他回到学校，专心学习、立志成功，结果没过多久，那些曾经嘲笑他成绩的人都闭上了嘴巴，并一直保持到后来。

现在，人们似乎不大愿意提到职守一词，不愿依靠耐心和坚定的意志走上为国家所骄傲的岗位。

我不时地会收到年轻人寄来的信，他们说，如果他们能够确定自己可以在法律方面成为韦伯斯特，他们愿意为学业付出所有的精力，并将自己的一生奉献给法律事业；或者，如果他们可以在发明方面成为爱迪生，或是医学界的领头人，要么是沃纳梅克和马歇尔·菲尔德式的商业巨子，他们也会满怀热情、精神焕发、全神贯注地工作。他们愿意做出任何牺牲，经历任何磨难，只要能够重现那些伟人的成就。然而，许多年轻人也表示，他们不认为自己具有那些伟人身上不可思议的能力、超人的天赋和无限的才华，所以他们觉得没有必要付出那么大的努力。

但是，他们没有意识到，成功并不意味着就是做一些伟大的事情，不仅仅是指为一些伟大事业所付出的努力。成功可能只是诚实真切地过着每天简单的生活。我们每天实践着那些平凡的美德，我们试着将所做的事情进行到底，我们小心诚实地做着每一笔生意，我们真诚对待我们的朋友，以一种乐于助人的态度对待身边的人。我们努力做最正直的公民、古道热肠的邻居、亲切和蔼的父亲。从所有这些简单的事情中，我们都能享受到成功的喜悦。

成功本身毫无秘密可言，因为成功只是对平凡美德的不断实践。

9. 浪费时间等于犯罪

时间是一个戴着面具的朋友，它站在我们旁边，给我们带来无价的珍宝，而我们却不能认清它。如果我们拒绝这个朋友的友谊，那么它就会悄无声息地溜掉，不留下一丝痕迹。智者曾说，失去的财富可以重新获取，忘记的知识可以重新记起，被破坏的健康可以重新恢复，但是，流逝的时间就将一去不复返。

历史上许多伟人在其职业之外取得了很大的成就，这些成就都来源于大多数人不屑一顾的零散时间。

伊莱休·伯里特说："我所取得的成就，或者我想要取得的成就，是经过或者将经过一种缓慢的、极需耐心的、持之以恒的储藏过程完成的，这有点像蚂蚁收集食物——一点点、一点点地进行。我非常希望给所有的年轻人树立一个榜样，希望他们珍惜那些看似不起眼、没有价值的零碎时间。"

"我很想知道他是怎样把整个家族的才干都据为己有的，"在国会听过伯克演讲的他的一个兄弟这样说，"不过我倒是记得，当我们在玩耍嬉戏的时候，他在专心工作。"

如果像格莱斯顿这样的天才都要随时在口袋里放一本小册子，只要一有时间就学习的话，那么像我们这样的普通人又有什么理由不珍惜我们宝贵的空闲时间呢？伟人们充分利用零散时间的时候，成千上万的年轻人正在整天、整月甚至整年地浪费着时间，难道这些人不该受到谴责吗？正是因为抓住了那些时间碎片，所以成功者取得了成就；正是因为丢弃了这些时间碎片，所以失败者一事无成。在但丁的年代，几乎所有的意大利文学家，同时也是商人、医生、政治家、法官或者士兵。

当迈克尔·法拉第做装书工的时候，他把所有的空闲时间都用在了做实验上。有一次，他给他的一个朋友写信："我现在所需要的就是时间。唉，如果我能从那些时髦的年轻人那里低价购买几个小时的话——哦，不，不，我要几天。"

噢，这是一种永无止境的奋斗精神！

"噢，离吃饭只有5到10分钟的时间了，现在没有时间做其他事情了。"这是大多数家庭中常可听到的一句话。但是，正是因为利用了这种我们不屑一顾的时间碎片，有多少勤奋的人获得了成功！如果你曾经把那些浪费了的时间利用起来，那么也许你就已经获得了成功。

亚历山大·冯·洪堡男爵白天忙着打理他的生意，只有在其他人都睡觉的时候才有时间继续自己的科学研究。

从空闲时间中每天利用一个小时，可以将一个普通人变成一个科学家；从空闲时间中每天挤出一个小时，坚持10年，可以将一个无知的人变成一个博学鸿儒；从空闲时间中每天争取一个小时，就可以将一个小混混变成一个对社会有贡献的人；从空闲时间中每天利用一个小时，可以挣足够的钱，买两份日报和两份周刊，两本杂志和几本好书；从空闲时间中每天争取一个小时，一个孩子可以仔细阅读20页书——一年就可以读7000页，或者18本厚书；从空闲时间中每天争取一个小时，也许会——不，肯定会——将一个毫无名气的人变成一个家喻户晓的大人物，将一个毫无用处的人变成一个造福子孙后代的人。再想想，如果一天省下2个、4个、6个小时（这些都是年轻人经常浪费掉的），那么，我们将会创造出多少惊人的奇迹啊！

每个年轻人都应养成习惯，在空闲时间内做些有意义并且自己感兴趣的事。如果你在空闲时间内学习、研究，那么这个习惯将改变你自己、改变你的家庭。

有些孩子把零散时间用在学习上时，其他一些孩子则满不在乎地把这些时间白白浪费掉了。这就好比一些商人，总是兢兢业业地积攒着每一笔收益，而其他人也许就不把几个零钱放在心上。如果一个年轻人说他忙了，没有时间来学习，那这肯定只是个借口，因为谁也不可能忙到连一个小时都挤不出来。

拉斐尔在区区37年的短暂生命中就赢得了巨大的成功，这对于那些总是拿“没时间”做借口的人来说，是一个多么大的讽刺啊！

伟人通常都是时间的吝啬鬼。培根在当英国大臣的时候，总是利用空闲时间学习研究，为此，他声名远播。歌德在与某国国君会晤的时候，突然起身辞离，他跑到隔壁房间，迅速记下了《浮士德》的构思，如果不是这样，恐怕现在就读不到这本巨著了。西塞罗曾经说过：“别人在看热闹、在娱乐的时候，噢，不！还要加上他们休息的时候，我正在专心学习、研究哲学。”波普总是在深夜起来记录他的灵感和动机，因为在繁忙的白天，灵感总是很少出现；格罗特在银行工作时，利用空闲时间完成了著名的《希腊史》；汉弗莱·戴维爵士利用空余时间，在药房阁楼里完成了惊世骇俗的科学研究。

恺撒曾说：“不管战斗有多么激烈，我都要在帐篷里挤点儿时间考虑其他的问题。”有一次他乘的船失事了，船只开始下沉时，他还在写他的《高卢战记》。

如果我们想要做点什么，那就从现在开始吧，千万不要怀念过去，或者梦想未来，一定要牢牢抓住现在，和时间赛跑。在这个世界上还没有谁能够真正了解一个小时到底有多大的价值。正如有人说的那样，上帝总是在一点一点地分配时间，他从来不会一次给你双份儿。

约翰·昆西·亚当斯总统总是在制订好第二天的计划后才上床睡觉。

道尔顿对自己的事业总是充满热情，他曾经做了20多万份气象观察记录。

在织布的工厂里，如果有一根断线，那么整匹布就会被毁掉。如果这样的事情不幸发生，那么负责这匹布的工人将被追究责任、扣工资。

但是在人生这台纺织机上，谁又将补偿断了的“线”呢？我们无法回到过去，不能从头织起。生命的那根线将会时时刻刻跟随我们，为我们编织自己的命运之布。如果浪费了时间或者失去了机会，那么这根劣质的线将会织出劣质的布，永远无法修复。相反，如果珍惜时间、抓住了机会，那么这根金线将会为你的人生织出绚丽的彩图。我们不能让生命之梭停步不前，也不能让它从头织起，因为它将记录我们的一切。

对于一个人来说，浪费时间、精力是可耻的，因为闲散懒惰会腐蚀一个人的神经，会让人的身体运转失灵。工作需要一定的规律、体系，而懒惰则不需要。

对于一个年轻人来说，空闲的时间是至关重要的。一个勤奋工作的人总是很令人放心，但是他在中午的时候去哪儿吃午饭

呢？他在晚饭后干些什么呢？他的周末和假期是怎样度过的呢？大多数默默无闻的年轻人是被晚饭后的时间毁掉的，而那些功成名就的人则是充分利用晚上的时间进行学习、工作或者投身到对其有帮助的社会工作中去。空闲时间的利用方式可以决定一个人的人格特征。

爱德华·埃弗雷特这样说："每一个人都应该这样：接受教育、增长才干，像雄鹰那样注视一切，不放过任何一个提高的机会；珍惜时间，抵御诱惑，对于那些世俗的欲望不屑一顾，将自己变成一个有用、诚实和快乐的人。"

你的未来就在这一分一秒之中，一定要认真对待时间。时间就是金钱。对于它，我们不应该太吝啬，但是我们也决不能浪费任何1小时，就像我们不会轻易扔掉1美元一样。浪费时间就意味着浪费精力、浪费生命，而这种浪费掉的东西是一去不复返的。

10. 相信自己

如果人类怀疑自己征服大自然的能力，怀疑自己的生存和发展的能力，我们现在也就不可能有这么光辉灿烂的文明史。人类文明史上的奇迹都是人们满怀信心和希望才创造出来的。

成功人士从来不缺乏自信，拿破仑带领他的队伍翻越阿尔卑斯山时，他命令队伍原地休息，而自己开始重新斟酌这次的行动。有时候迟疑并不一定是缺乏自信的表现。那时的拿破仑并非对自己的决定和能力没有信心，而是想在做每一件大事前都有尽可能大的把握。

对自己有信心，意志坚定，这是获得成功的前提条件。正如一条河需要有源头一样，期待、自信和不懈努力就是成功的源头。不论你受的教育有多高，也不论你的智商有多高，对于一个没有信心和耐心的人来说，永远也不可能获得成功。如果你从不期待成功，从不相信自己，那么摆在你面前的永远都是一连串的“不可能”。相信自己能做到，你就能做到！

别人如何看待你，看待你的计划或者目标都不重要。即使他们嘲讽你不自量力，痴人说梦，你也不要怀疑自己的能力，也不能丧失信心。记住不要让任何人、任何事物来动摇你的意志和决心。也许你会一时失去财富、健康、名誉、失去别人的信任等，但只要你对自己还有信心，只要你没有放弃自己，那么你就有希望重新获得成功和快乐，再次赢得别人对你的尊重和信任。

很多人总是不时提醒自己要面对现实，不要做“白日梦”。他们常常感叹自己技不如人或者生不逢时，却从来不愿对自己说：“我也可以！”事实上，他们中的很多人都是相当有能力和潜力的，但他们缺乏的是自信心，所以他们也就不可能看到自己身上的闪光点。

一个普通的法国士兵为了不耽误军机，快马加鞭，连夜把信送给拿破仑将军，不幸的是这位士兵的马被累死了。拿破仑于是亲自给这位士兵选了一匹好马，士兵激动地说：“我从来没有想过自己会有这样的荣誉。”拿破仑拍拍他的肩说：“对于一个优秀的法国士兵来说，没有什么是不可能的。”

很多有才能的人之所以不能让自己的才能得到充分发挥，除去客观原因，最主要的因素就是人们总是太小瞧自己。好比一个人本来可以搬100块砖，但是他却认为自己只能搬动50块砖，也从不尝试自己是不是可以搬更多的砖。不去尝试，不去努力，你永远也不可能知道自己到底有多大的本事，有多大的潜力。

如果你总是认为自己不可能有别人做的那样好，总是把自己看做一个弱者，那么你的人生会因为你的错误认识而变得暗淡无光，失去了它本应有的色彩和光亮。因为他敢于做梦，也敢于追梦，一个自信、乐观又勤奋的人往往会赢得精彩的未来和人生。这注定他会比一般的人实现更多的梦想。

对自己没有信心，对自己没有什么期待，即使不安于碌碌无为的生活，也不愿意通过努力去改变现状。因为他们对自己的能力总是怀疑，他们太畏惧失败了！人有时候不是被别人打败的，而是被自己给打败的。

如果你总是怀疑自己的能力，如果你总是动摇自己的决心，如果你总认为别人比你强，如果你的字典里根本没有“自信”这两个字，如果你认为胆小懦弱是你的天性，那么你注定会失败，注定不能超过他人。除非你能把这些阻挡你前进的“懦弱、害怕、怀疑、忧虑”等都从你的脑子里赶走，你才可以真正赢得你的未来。

我们常常会听到有人说：“这个人真的不得了，不论他做什么，他都能成功！”这一句简单的赞赏的话语却包含了人们对他的无比信赖和钦佩之情。这样被人们赞赏的人其实都是很自信的人。并且他的自信和成功又会让他赢得更多人的信赖，从而又会拥有更多的自信。这就是一个神奇的循环。历史上的有些将军总能带领他的军队打胜仗，其中一个重要原因就是不仅仅是他的士兵对他的指挥充满了信心，就连他的敌人都太信任他。在这些敌人的眼里，这位将军所率领的部队一定是所向披靡、攻无不克、战无不胜的。一支在战前就输掉了信心和斗志的军队又怎么可能在战争中取得胜利呢？拿破仑曾说：“信心和斗志可以使我们的兵力增强2倍甚至是3倍。”

力量不仅是一个强壮与否的问题，它还和你的信心及毅力有关。当你义无反顾为自己的理想奋斗的时候，你就拥有了最强大的力量，它就是你前进的动力。

很多人都担心美梦成空，所以就告诉自己不要编织什么梦想。可是，一个从来没有尝试过实现梦想的人，又怎么能断言美梦不能成真呢？世界上许多伟大的发现和成就最初都只是存在于那些“空想家”的头脑里，只不过是因为这些空想家从没有因为一时的失败而绝望，从来没有放弃过努力，才使这些梦想成为举世瞩目的现实。

你越没有信心，你获得的就越少；相反，你对自己、对生活越有信心，你获得的也就越多。你的能力与潜力到底能发挥多少，这些都与你的自信心有很密切的关系，当然所有的这一切又与你能否获得成功有很大关系。“你的信心往往能衡量你在生活中的收获。”

难道你从来没有想过自己应该成为什么样的人，自己应该拥有什么样的生活吗？每个人都应该对自己有所期待，都应该为自己设定前进的目标。当你为自己设定了前进的目标，你就要全心全意地投入其中，绝不能三心二意。因为只有当你集中精力去完成一件事情时，你才有可能做得最好。为什么小小的钉子可以钻进坚固的墙壁，因为它将力量聚集到了一点；为什么用激光可以切割世界上最坚硬的物质——钻石，因为它将光聚集到了一起。所以要想成功，你必须做到全力以赴。

许多人的生活总是暗淡无光，因为他们从未憧憬过，从来没有感受过通过自己的努力而梦想成真的喜悦和激动，从来没有为自己的成就而感到骄傲自豪。

有些时候，如果你想获得成功就要有破釜沉舟的勇气，不给自己留任何的退路，只能勇往直前。这时候的你不能对自己有任何的怀疑，不能让自己有任何的恐惧心理，要坚信自己的选择，也要相信自己一定能够成功。

为什么我们中的很多人都不可能成就一番大事业，因为他们对自己缺乏必要的信心，对自己的选择没有把握。他们害怕冒险，担心失败，他们在做每一件事情或者作某一个决定的时候，总是提前给自己留好后路，所以他们也就不可能做到全力以赴。谨慎本来是件好事，但过于谨慎就会犹豫不决，畏首畏尾，错失良机，反而成了坏事。每个人都应该拥有自己的梦想，每个人也应该努力地追求自己的梦想，而且要全身心投入，不要总是被“失败”“风险”这样的词限制着。

假如现在有三个人，他们的能力都差不多，所处的环境也一样。现在让他们做同一件事情。第一个说：“这不可能！我做不到！”第二个说：“这也许可能，我可以试一试！”第三个说：“我相信我可以办到！”结果如何，就不难预料了。

有很多时候，信心上的一点点差距，就会使事情的结果产生很大的差别，甚至是你的一生都会为此而变得迥然不同。

自信绝不意味着自大自夸。自信也是一种学问，它要求你必须对自己的能力有全面而准确的定位。人类之所以有这样光辉灿烂的文明史，就是因为我们拥有自信。

坚信自己，坚持不懈，很多障碍都会不攻自破，很多“不可能”就可以变成“可能”。

当你下定决心要去做一件事时，就应该全身心投入，集中精力去排除前进道路上的一切障碍。在处理问题的时候，你不能犹豫不决、摇摆不定，也不能马马虎虎、敷衍了事。你必须明白不管自己想做成什么事情，都应该具备一种一丝不苟的精神。

如果一个人确信自己可以做成对于别人来说很困难或者根本不可能做成的事情，那么他一定有过人之处。他能在事业上取得更大的成就，也是理所当然的事。

当人类开始拥有自己的文明史的时候，自信就一直在发挥着神奇的功效。是它帮助那些杰出的发现者、发明家鼓足勇气，坚持不懈，经历磨难，渡过难关的；也是它使世界上那么多看似不可能的梦想得以实现。

一个人最难战胜的就是自己。很多人可以战胜别人，却不能战胜自己。对于一个缺乏自信的人来说，他最大的任务就是战胜藏在自己心底的恐惧、怀疑和忧虑。你越小瞧自己，你就越做不成什么大事。如果你总是鼓励自己，给自己信心和力量，你就会向越来越高的目标前进。

人的潜力是很大的，甚至是无限的，关键是看你到底能发挥多少。而发现和发挥潜能的最重要因素就是你的自信心。一个天赋不是很高但是很有自信的人往往可以取得成功；一个非常有天赋的人，如果对自己没有自信，往往与成功无缘。一个有信心的人就像是站在山顶一般，心情舒畅的他总能放眼四周，看清周围的环境，总能很容易确定自己前进的方向和路径；一个没有信心的人，就如陷在山谷一般，被周围的山围绕着，精神压抑的他常常会不知所往，甚至是迷失自我。

一位哲人曾说过："如果当一个人自己都认为自己不行的时候，宇宙中就再也找不到什么神秘的力量可以帮助他了。"也许人生道路上最大的障碍就是妄自菲薄。这比别人故意为你设置的障碍更可怕，因为一个妄自菲薄的人永远都不可能真正实现自身的价值。

也许对于一个普通人来说，让他相信自己可以做大事，自己可以实现心中的很多梦想是比较困难的。因为他已经习惯了把信心送给别人，而不是留给自己；他总相信能做大事的是别人，而不是自己；他总是提醒自己梦想只是藏在心中偶尔用来自我陶醉的东西，千万不要苛求自己去实现它。但是，事实上每一个人都有潜力做成大事，都可以通过自身的努力去实现心中的梦想。人们为何不能对自己期望得高一点，再高一点呢？

不论你是救死扶伤的医生，还是飞檐走壁的梁上君子，你所做的一定是你能想到的。你想都不敢想的，自然也就做不到。所以，如果你认为自己不可能实现心中的梦想，你也就不会为此而付出努力，当然梦想对于你来说就永远只是梦想。

当你看到某个人的事业蒸蒸日上的时候，请你记住他其实一直是这样想的，也一直在为此而努力。他的自信和付出的努力造就了这一切。很多成功人士最初的处境都是比较恶劣的，风餐露宿，上不了学，替别人做苦工，这些对于他们来讲都是很平常的。可是即使在他们身无分文的时候，他们也没有放弃心中的理想，没有丢掉自信。

当一个人拥有自信的时候，当他看到自己闪光点的时候，当他意识到自己一定要实现心中所想的时候，他才可能发挥无穷的潜力。造物主给了人类无穷的欲望，却没有直接给予我们实现这些梦想的机会和能力；他给了候鸟们飞往南方过冬的本领，却没有直接给它们一个“温暖的南方”。所以如果一个人自己都不信任自己，自己都不帮助自己，那么他也不要指望别人能为他做些什么。

当你通读完《圣经》的时候，你会发现其实在《圣经》中，信心带给人们的神奇力量也经常被强调。信心为我们每一个人打开一扇门，通过这道门你可以看见自己无穷的潜能和不可战胜的力量。这会使你不畏艰险，向更高的目标冲刺。

信心常常可以使人们看到他们平时并未发觉的东西。它可以让人们看到自己拥有资源和力量，而这些往往是被我们的担心和疑虑所掩盖了的。信心让人意志坚决、义无反顾，因为它总帮助人们找到解决难题的方法，找到走出困境的途径。我们应该相信

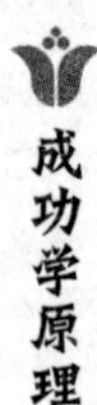

朋友，我们更应该相信自己。

信心是人们身上一种神奇的东西，它从不猜测你到底具备些什么，你到底能做些什么，它就是确切地知道你到底有什么，你到底可以做成什么。信心是藏在我们身上的预言家，是给我们引路的使者。它使我们看到了自己所拥有的巨大潜力，使我们从来不会对未来感到绝望，使我们从来不会放弃追逐自己的梦想。

如果现在要我给美国的青年一代一点建议的话，我会对他们说几个很简单的字：相信自己！他们应该相信自己可以掌握自己的命运，自己可以为自己赢得一个灿烂的未来。当他们心中的信心被唤醒，再加上自身的努力，成功和快乐就会降临在他们头上。

内心的疑虑、恐惧和懦弱是人们前进的绊脚石，它们只会使你放弃、退缩，只会令你庸碌无为。但是信心可以战胜这一切，当你拥有足够的信心的时候，你就有了勇气和力量，你就可以使许多看似不可能的事情成为可能，变成现实。

当每一个人都充满信心地面对自己的生活的时候，人们就不会退缩、沮丧和悲观，整个世界会因此而增添更多的亮丽色彩。

11. 贫穷的思想导致贫困

事实上，没有人会每天期望过贫苦的日子。一般来说，我们往往会得到自己所期望的东西，而没有希望就没有收获。

如果你所走的每一步最终都是通向失败的，那你又怎么能有希望到达成功的彼岸呢？

富裕的生活源自你心中的理想。如果你内心的态度与富裕的生活相抵触，那么富裕的生活也就不可能实现。如果行动上是一回事，心里想的却是另一回事，那将是致命的。因为每一件事都是源自于你内心的创造。所以，人们在做每一件事情的时候，都必定是按照预先设想好的程序来完成的。

然而，大多数人都没有以正确的方式来面对自己的生活，他们所付出的努力很大一部分都被中庸化了，因为他们心中的理想并不与实际的努力保持一致。也就是说，他们在做着一件事的时候，实际上心里想的却是另外一件事。于是，他们灰心了，他们退却了，他们怀着错误的心态去追求一件事物。他们并非以一种必胜的信念来对待自己所从事的工作，要知道，信念是可以激发和推动人们努力的。他们缺乏一种勇往直前的决心和信心。

奢望财富又总是担忧过贫苦的日子，同时又怀疑自己实现理想的能力，这是典型的南辕北辙。一个人在希望获得成功的同时，却总是怀疑自己获得成功的能力，这样的处世哲学是不存在的，这样做只能招致失败。

一个人要想取得成功，就必须向成功看齐，向上看齐。他应该积极地、创造性地、建设性地思考问题，当然，首先他必须以乐观的态度思考问题。

你所从事的事业的最终结果，往往取决于你开始从事它时设定的目标。如果你期望的是贫困、匮乏，那么你就将注定要走进贫困与匮乏。相反，如果你干脆回过头来，坚决不去想任何与贫困相关的事情，那么你就离富裕更近了一步。

一旦你对自己产生怀疑，丧失信心，你就会成为一个失败者。如果你想远离贫困，那你就必须让你的思想处于一个建设性的、充满创造力的情境中。为了达到这一点，你必须有自信、乐观、创新的想法，这就好比在雕塑之前一定要有模型一样，哪怕是先存在于脑子里。也就是说，在你能真正生活在一个新的世界之前，你必须先预见这个新的世界。

有人处于次要地位，有人处于这个世界的底层，有人认为他们的机遇已经一去不复返了，所以他们认为自己永无翻身之日。但是只要他们知道逆向思维的力量，就会很容易拥有一个全新的开始。

要想成功，每个人都要向上看，而不是向下看。人要使自己往上爬，而不是趴在下面。没有什么天意要将你围困在贫困之中，或是让你身陷于痛苦和绝望的境地。

如果你想招来好运，你必须先消除怀疑。只要怀疑还处于你和你的理想之间，它就将成为阻碍你通往成功的障碍。你必须拥有坚定的信念。要知道，没有人能在确信自己无能的时候得到好运。“我不能”这一哲学比其他任何一种因素都要更严重地破坏你的事业。由此可见，自信心是打开成功之门的神奇钥匙。

以我们最所需的东西——粮食为例。我们还没有到开始为美国粮食供给的潜力担忧的时候。光是得克萨斯州就可以为这块陆地上的每一个男人、女人和小孩提供粮食、住处和奢侈品。关于衣物，美国有充足的布料，可以使其全部居民身着华丽而精致的亚麻织物。

当新贝德福德港及其他港口的捕鲸船因鲸鱼正在走向灭绝而在闲置中没落时，美国人开始变得警觉起来，生怕我们会生活在黑暗之中，但是油井充足的石油供应解除了我们的忧虑。当我们开始怀疑石油资源是否可持续的时候，科学又给我们带来了电灯。

我们有足够的建筑材料，可以给这个地球上的每个人建造一个比范德比尔特或是罗斯柴尔德所拥有的还要豪华的大楼。本来我们都应该是富有和快乐的，应该拥有我们心中所渴求的一切美好的东西。我们应该生活在这样一个现实世界里：我们现在所拥有的力量源源不绝地来自于一个无穷无尽的源泉，我们可以尽可能多地利用这个力量源泉。

当那些富贵人家的孩子生活得就像被一群狼追赶的小羊时，问题就出现了；在那些拥有无数继承财产的人变得为他们的面包担心时，问题也就出现了。他们终日被恐惧与忧虑包围，以至于他们得不到一丝安宁，他们的生活成了与贫困的一场斗争，他们被无休止的担心与忧虑所折磨。当人们专注于如何生存而不是享受生活的时候，那也是出问题了。

本来我们就是为快乐而生，是来表达我们喜悦与欢乐的情感的，我们生来就是富裕的。问题在于我们不仅不相信无限供给的自然法则，还尘封了这一自然法则，以至于我们总是与富裕擦肩

而过。换言之，我们没有遵守引力规则。我们的思想如此闭塞，我们的信仰又是如此狭隘，所以我们限制了供给的流入。富有就像数学一样遵守一个严格的法则，如果我们遵守了它，我们便能得到富裕；如果我们抑制了它，我们便会远离富裕。

在心理上，我们不能以一种与所期望的富裕背道而驰的被贫困所困扰的态度来追求富有。行动上为一件事努力，而心理上却在想着别的事，这是很致命的。不管一个人对富裕有多么的期盼，一种痛苦的、被贫困困扰的心理态度将会关闭所有通向富裕的道路。正如一张网，其织法必定要根据一定的规律来完成。富裕与繁荣不会通过贫困与失败的想法来实现。富裕与繁荣必须首先是心理上的创造，在达到富裕之前，我们应该先要想到富裕。富有起步于人的思想，如果你的思想态度是与之相对的，富有就成了不可能。

有多少人习惯性地认为世界上有很多好东西是专门给别人的，而不是给他们自己的，诸如安逸、奢侈品、好房子、名牌服装、旅行机会、空闲等。他们确信这些东西不是属于自己的，而是属于完全不同的另一个阶层的人。

你切断了富有的来源，封闭了你的思想，所以供给的自然法则对你便不再奏效了。你为什么把自己界定于与他们不同的阶层中呢？仅仅是因为你给自己设定了限制，因为你自己认为你属于另一个阶层，认为你属于一个低等的阶层。你人为地在你自己和富有之间设置了障碍。试想，你又能期望通过什么方法来得到连你自己都认为得不到的东西？在你自己都早已彻底信服这些美好事物是不属于你的同时，你通过什么途径才能得到这些世界上美好的事物？

世界上最大的谬论之一，就是贫困是必然的这一想法。大多数人坚定不移地认为有些人生来就是贫穷的，并且他们是注定贫穷的。但是上帝给人类制订的计划中丝毫没有贫困、匮乏、短缺这些字眼。地球上根本没有穷人存在的理由，因为地球上到处都有我们还很少触及的资源。正是因为我们负面思想的局限性，才使我们的贫困恰恰是处在富裕之中。

我们本来就不应该过着如此艰辛的生活，我们也不需要如此勉强的行进，勉强得到一丝安宁，艰难地用我们全部的时间来应对生存，而不是去享受生活。我们的生活本应该是富裕、充足、自由、美好的。

我们崇拜贫穷、匮乏、短缺之神已经够久了，现在让我们以一种新的充足和富裕的理想来构筑一个新的地球。让我们保持这样一种思想：造物主是我们伟大而无限的供给之源，如果我们能够保持协调并与他紧密联系在一起，我们就可以找到归宿，巨大的供给和富裕之源便会源源不断地流向我们，我们将再也不会知道什么是匮乏。

我们发现头脑中的思想会融入我们的生活中，并从一定程度上形成人的个性。如果我们心中包藏着那些惧怕思想、匮乏思想、贫穷思想，如果我们惧怕贫困、惧怕匮乏，这种贫困和匮乏的思想就会融入我们的生活结构当中，并使我们成为一个像这种思想本身一样只会招致更加贫困的磁体。

我们应该对所有供给物的巨大来源有绝对把握，其实没有什么东西是那么缺乏的。我们应该坚定地相信无限供给的存在，就像小孩对父母的感情一样坚定。小孩子不会说："我不敢吃这种东西，因为我怕再也得不到这种东西了。"对于任何事情都要有

坚定的信心和把握：它所需要的一切都会得到供给，而且这些供给将源源不断。

我们不想要只属于我们自己的那一份富足，因为由此往往会导致贫乏、不充足以及我们生活的不完整。我们没有要求自己达到极大的充裕，所以我们往往对一点点有价值的东西也会感到十分满足。我们本来就应该过着富裕的生活，应该拥有对自己有益的一切东西。没有人注定生活在贫苦与潦倒之中。我们没有只要求得到我们所希望的事物一半的想法，我们不希望自己只是处于半充足状态，我们不需要半充足，因为由此我们实际得到的往往是不足与缺乏。

擦去你脑中所有贫困与失败的痕迹，抹去你脑中所有的阴影，拭去你所有的疑虑和恐惧。当你成为自己思想的主宰者，当你一旦学着去主宰你自己的思想，你会发现事情会慢慢步入你设定的轨道。沮丧、惧怕、怀疑、缺乏自信是破坏成千上万人富裕与幸福的毒菌。

每个人都应该扮演自己理想与抱负中的角色。如果你试图要成为一个成功者，你就必须扮演一个成功者的角色，绝不能是弱小的，而应是生机勃勃的、果敢强悍的。你必须感觉到富裕，并且表现出富裕，你的举止应该充满自信。你应该给人以这样一种印象：你对自己很有把握，你足够强大来扮演好你的角色，而且能够演绎得很完美。试想，如果一个在世的伟大演员拥有一个为他量身定做的剧本，剧中他要去扮演一个在赚大钱的、充满活力的、积极上进的角色，这个角色是要凭借他的气质和仪容来驾驭的。如果这个演员在扮演该角色的过程中穿得就像一个不成功的人，以一种弯腰驼背、无精打采、漫不经心的状态走在舞台上，似乎他没有什么抱负，没有什么精力，更没有什么生活可言，似乎他也没有一种可以赚大钱或是成为一个事业成功者所必须具备的真正信念。

如果他以一种亏欠的、畏缩的、躲躲闪闪的方式游走在舞台上，还没完没了地说："现在我都不相信我还能做曾经尝试过的事情，对我来说那太难了。别人可以变得富裕或是获得成功，但我做不到，反正美好的东西不像是为我准备的。我只是一个普通人，我没有什么经验，也从来缺乏自信。对我来说，认为我自己能变得富裕或是在这个世界上有很大影响力，都是自欺欺人。"这样的角色会留给观众什么印象？他会散发出一种自信吗？他会展现出一种力量与强悍吗？他会使人们认为这样一个弱者可以赚大钱，可以掌控一切能够赚大钱的条件吗？人们都会认为这是一个失败者。如果这样的人还想着征服一切的话，恐怕会让人们笑掉大牙。

如果我们能克服内心的贫穷，我们便能很快克服外部的贫穷，因为当我们的心理态度发生改变时，实际行动也会发生相应改变。

贫穷本身并不像贫穷思想那么可怕。坚信我们是贫穷的，而且我们应该继续贫穷，这种想法是致命的。这种思想态度是极具破坏性的，我们面对贫穷而且对贫穷过于妥协，以至于都不知道转过脑筋来，以一种勇往直前的决心脱离贫穷。

相反，坚持贫穷的思想，使自己终日被贫穷困扰或与产生贫穷的条件绑在一块儿；同时，不停地想到贫穷，甘于贫穷，会让我们心理变得贫穷。这才是最可怕的贫穷。

当你下定决心永远与贫穷脱离关系，你就将不再与之发生关

系。你将从你的衣着，你的个人仪表，你的举止、言论、行为和你的家庭中彻底抹去贫穷的痕迹；你将向这个世界展示你的真正气度；你将不会再经历失败；你已经使自己面向美好的事物——能力与自立——坚信世界上没有什么可以改变你的决心。那么，你将会惊奇地发现，一个多么大的推动力将会向你走来，你的自信、安心与自尊会有多么大的增强！

只有当我们的心理态度面向富裕时，我们才能走向富裕。如果我们是向着绝望的，我们就很难驶进欢乐的港湾。

许多人既惧怕贫穷又甘于让自己生活在贫穷中，他们让自己终日生活在匮乏可能到来的条件下，生活在可能没有足够东西来生存的惶恐中。

一个人如果坚持以一种面向贫穷的心理态度或老是向着他的背运与失败前进，那么他就不可能走向与之相反的方向，即实现富裕。

下定决心将你所有的活力结合起来吧，既然这个世界上有给予每个人的足够的东西，那你就应该拥有属于你自己的那一份富足，而又不会伤害他人的利益，或是给他人设置障碍。你本来就应该拥有你自己的那一份富足，这是你与生俱来的权利。你是为成功而生，为快乐而生的，你应该坚定而勇敢地去完成你神圣的使命。

12. 金钱与富裕

我们应该通过尝试和接触来寻找幸福吗？我们没有更高的目标，没有更高尚的命运吗？我们是否应该“放弃自由而取得面包来玷污我们的正义”呢？

你的钱会问你：它给你带来什么信息？它会对你说：“吃饱，喝足，快乐一些，因为明天我们就要死了吗？”它会带来舒适、教育、文化、旅行、书籍等，还是带来“更多的土地、成千上万的伙伴”？它会带给你什么信息？给赤裸的人衣服，给饥饿的人面包，给无知的人教育，让生病的人住院，给孤儿找到庇护所，还是更多的是为你自己而不是为了别人？那是大方还是吝啬，是心胸开阔还是心胸狭窄的信息呢？它对你提到品质了吗？它意味着更广阔的人生，更远大的目标，更高尚的志向，还是它在大喊“再多点，再多点，再多点”？你是一个心中装满“铁块”的动物，还是心中装满希望的人？思想丰富的人是充实的，他们的思想让这个世界充满智慧。

在加勒比海一艘快要沉没的船上，一个水手把甲板上的满满一桶的西班牙金币都塞到了自己的口袋，而他的同伴在快要离开船的时候，劝他还是和他们一起寻求安全吧。但是他不愿意抛弃这些他一直希望得到和崇拜的明晃晃的金属，当船沉没之后，他的这些财富使他最终没能游到岸边。

“谁是最富有的人？”苏格拉底问道。“最容易满足的人，

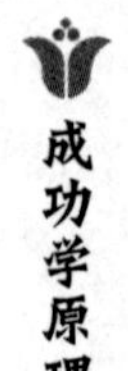

因为满足是人的天性。”在莫尔著的《乌托邦》里面，金钱是遭到鄙视的。罪犯被迫带上沉重的锁链，耳朵上带上铁环。那是最恶劣的嘲笑金钱的方式了。

犯罪的人被迫戴一个黄金的头带。宝石和珍珠被用来打扮婴儿，于是这些年轻人就会抛弃并且鄙视金钱。

爱默生曾经大声疾呼：“哎，富人也能够像穷人那样想象力丰富就好了！”

在挖掘庞贝古城的时候，考古学家发现了一具遗骸，他的手里紧紧攥着一把金子。英国赫尔城的一个商人在临死的时候，他拿出一袋金币放在自己的枕头下面，通过紧紧抓住他的金币来减轻他面对死亡的痛苦。

> 哎！盲目的、缺乏智慧的选择，
> 他去囤积谷壳却烧掉了谷粒，
> 他拥有财富却从来不去花费，
> 没有财富的人却得到了一切。

一个人一旦贫穷就想要得到、贪求一切。

一个乞丐曾经碰到过财神，财神许诺会让他的钱包里放满和他想象的一样多的金子，条件就是金子不能掉到地上，否则金子就将变成泥土。这个乞丐打开了他的钱包，要求越来越多的金子，直到他的钱包装满了金子，他还没有停下来。最后金子掉到了地上，他重新变得一无所有。

一个穷人在嘲笑富人不会享受的时候，有一个陌生人给了他一个钱包，在里面他经常能够发现一个硬币。他尽可能快地从钱包里拿出一个个硬币，但是直到最后他扔掉钱包，他也没能花费一分钱。他从钱包里拿出一个个硬币，就这样耽搁和延迟了他自己的享受时间。虽然他得到了“一些”钱，但最后他死于数他的那几百万个硬币。

当汽船“中美洲”号快要沉没的时候，女乘务员从头等舱里收集了所有的金币，并把它们绑在围裙上，准备跳上最后一艘救生船离开汽船。但是她没有能够跳到船上，她落进了水里，这些金子使她沉入水底。一个人拥有的越多，他想得到的也就越多。一家大银行的户头永远不能让一个贪婪的人满足。无论一个人拥有多少土地和金钱，他都不会富有，因为他的心是贫穷的。穷人虽然穷，但是他拥有并且统治着自己的王国。

一个人富有还是贫穷，要根据他的心理满足程度来判断，而不是根据他拥有什么来判断。富兰克林说过，金钱永远不会使人幸福，金钱的本质就不是创造幸福。

有些人身体健康，心情也一直很快乐，灵活多变的性格使他们经常能够克服会导致平常人一蹶不振的困难和考验。还有些人心平气和、家庭幸福，结交了很多朋友。有的人非常和气，大家都喜欢他，因为他能带给大家欢乐的气氛。

人体布满了神奇的器官，有许多不可思议的创造，并且能够尽可能地让一个人感到快乐和丰富自己。没有一位心理学家、发明家或者是科学家，能够讲清楚人体机能的真正变化，哪怕是最微小的细节。没有一位化学家能够列举出一个比组成人体结构还优越的元素组合。

人生大课堂里第一重要的，就是要学会正确地评估价值。当一个年轻人在他的各个方面都开始自己的生涯后，他要承担各种责任，也将面对各种诱惑。他的成功在很大程度上依赖他正确判断的能力，而不是所有呈现在他面前的东西的真正价值。庸俗的财富会在他的眼前搔首弄姿，并显得它比一切其他的东西更优越。对优越的要求会在他的脸上出现一千种不同的表情。每一份工作、每一个职位都会展现自己的能力并且散发自己的吸引力。年轻人要想取得成功，就不能被事物的外表所蒙骗，而是必须将自己生活的重点放在正确的事情上。

拉斐尔没有金钱却仍然很富有。所有的门都会为他敞开，他走到哪里都备受欢迎。不管他身处何地，他旺盛的精神都会像阳光般闪耀。

亨利·威尔逊没有金钱也仍然富有，作为被压迫者的莫逆之交，他有一个关于衡量或者是行动的问题，就是“那是正确的吗，那会有好处吗”。这个那提克的皮匠做事如此小心谨慎，以至于当他参加美国副总统就职仪式时，他自己没有任何钱，而只能向他的同乡参议员查尔斯·萨姆纳借了100美元来应付这种场合的必要花销。

莫扎特，《安魂曲》的伟大作者，留下的钱仅仅够埋葬自己，但是他却让整个世界都丰富了。

没有金钱的人是贫穷的，但是只有金钱的人也是贫穷的。前者是富有的，因为虽然没有财产，他仍然能够享受自我；后者是贫穷的，因为虽然他腰缠万贯，但是他的贪欲永远得不到满足。精神富有的人，不会被人叫做穷人。他富有，因为他能勇敢快乐地面对生活的贫困和不幸。他富有，是因为他的好名声比金钱更有价值。

在古希腊和古罗马时期，人们更多的是追求名誉而不是追求财富。当象征皇权的紫色变成交通标志时，罗马已经不再是罗马帝国了。

我们可以支配精神的力量，让我们的思想关注光明的东西，关注升华我们灵魂的东西，通过形成快乐和善良的习惯来使我们更加充实、富有。充分利用事物和经常看到光明的一面的习惯本身就是一种财富。

第欧根尼被士兵们抓住并且作为奴隶给卖掉了。他的主人释放了他，给了他安家费和教育子女的费用。但是第欧根尼鄙视财富和爱情，他就生活在一个木桶里。“你想要些什么？”亚历山大大帝问他，因为亚历山大被这位哲学家在这种环境下仍然保持快乐感到吃惊。“是的，”第欧根尼回答说，“我希望你别站在那儿挡住我的阳光，你不要拿走你所不能给予我的东西。”“假如我不是亚历山大大帝，”这个伟大的征服者宣称，“那我将会是第欧根尼。”

“先生，你知道吗？”一个财神的信徒对约翰·布赖特说，“我值100万英国银币。”“是的，”这个表面平静但是内心愤怒的倾听者说，“我明白，而且我明白这就是你的全部价值。”

对一个有思想、有善心的家庭来说，贫穷有什么力量呢？

圣保罗从来没有像被关在罗马的街道底下的监狱牢房里那样伟大。当基督耶稣被抽打、被折磨、被在十字架上钉死时，他痛苦地高呼：“一切都结束了。”然而他也带着成功的满足，因为他已经到达了成功的顶点。

《改变的十字架项圈》一诗中描写了一个疲惫的妇女梦见自己被带到了一个摆放了很多十字架项圈的地方，那里有各种形状、各种尺寸大小的十字架项圈。其中，最美丽的一个是镶嵌着

珠宝的黄金十字架项圈。它是如此小巧、如此精美，以至于让她摘下了自己那普通的十字架项圈，而戴上这个黄金十字架项圈。她觉得自己是多么幸运地发现了这样一个又宝贵又可爱的项圈，但是很快她就感觉到她的脖子在这个金光闪闪的重物下觉得疼痛。她赶紧换了一个编织着鲜花的漂亮的十字架项圈，但是很快她又发现鲜花下面的尖刺撕开了她脖子上的皮肉。最后她又来到一个没有珠宝、没有雕镂的普通十字架项圈前，这个项圈里面刻着一个“爱”字，她戴上了这一只，发现这是最舒适、最好的一只。然而，她惊奇地发现，这个就是原来她抛弃的那个项圈。

见到别人十字架项圈上的珠宝和鲜花是很容易的事，但是只有佩戴者才知道上面有尖刺而且很沉重。为什么别人的负担我们看上去却很轻松呢！我们没有意识到那份重压的秘密，它几乎让人心力交瘁，让人疲惫地等候迟来的成功——痛苦的心希望得到同情，希望理解别人生活里潜藏的贫穷、饱受压抑的感情。

不要带着错误的标准开始生活，一个真正伟大的人会让官阶、金钱、房屋、财产看上去是如此庸俗、低劣和糟糕，使我们好像看到我们的桂冠和我们的金钱是毫无价值的。

在这个竞争残酷、适者生存的世界里，我们应该汲取的最大教训就是学会按照大众的标准，在没有钱时如何生活得更充实，在没有成功时如何继续生活下去。

伟大的指挥官威廉·皮特认为金钱与公众的利益和公众的尊敬相比，就是他脚下的泥土。他的双手是干干净净的。

我们努力的目标会告诉我们生活的故事。人们应该通过自己在周围制造的欢乐，来作出自我评价。高尚的行为永远是富有的，拥有几百万美元也可能是贫穷。品质是永远的财富，拥有品质的人是富有的人，没有品质的百万富翁则是叫花子。

不断在自己身上投资，你就永远不会贫穷。洪水永远冲不走你的这种财富，大火也烧不坏它，它也永远不会生锈。

“如果一个人钱包空空，而脑袋充实，”富兰克林说，“那么就没有人可以抢劫他。对知识的储蓄经常会带来最大的收益。”

第六章

成功的职业

职业是生活的一所学校，是人们品质的开发者，是人们性格的开创者。

1. 职业是一所生活的学校

“每个人都有自己的长处，”阿尔特马斯·沃德说，“有些人的长处让他们做这件事，另一些人的长处让他们做另一件事，但是还有些游手好闲的家伙成天无所事事，他们的长处就是一无是处。

“曾经有两次我竭尽所能地去干那些我并不擅长的事。第一次我想把一个讨厌的家伙踢出去，因为他在我的帐篷上割了一个洞，从那里爬了进去。我对他说道：‘尊敬的先生，给我滚出去，否则我就踢烂你的屁股。’他却说：‘来吧，该死的老家伙。’于是在我向他发起进攻时，他抓住我的头，把我从帐篷撞到牛棚里。他又继续进攻，把我扔到一个泥坑里。当我站起来，脱下湿透了的衣服时，我认识到打架不是我的专长。

“现在我来说说我的第二次经历。实际上我在佛劳因那里很少能寻找到慰藉。但是我原来的长工不幸得了感冒，病死了。我在一生中从来没有那么困窘过，于是我想自己去做。结果我完全不知道我该做什么。我把自己的生活弄得乱七八糟，毁了我所有的蜡像。

“之后我觉得我能够套住马。于是我把自己拖到了一个小船上，船上有3匹马，2匹在我后面，1匹在我前面。但是这些马不习惯这样的安排，开始乱踢、嘶鸣。结果我被狠狠地踢到了肚子和后背。当时我感到我就像和一个野人部落待在一起。在被人救

出来抬到客栈的时候，我用微弱的声音说道：‘孩子们，套马的确不是我的特长。’

“忠告：千万不要去做那些你不擅长的事情，因为这样做的话，就如同逆水行舟，不进则退。”

你的命运是由你的性格特点所决定的。你的才能就是你的未来。如果你已经找到了适合自己的位置，那么你所有的能力都会配合你的职业。

可能的话，尽量选择你积累了大量的经验和你最感兴趣的职业。这样的话，你就不仅能够找到一份适合你的个性的职业，而且可以在很大程度上运用你的技能和专长，这才是你真正的优势所在。

遵循你的爱好，因为你不可能长久地成功地压制你的渴望。你的父母、朋友或者你所面临的不幸可能会强迫你完成一些你不喜欢的任务，而压抑了你内心的渴望。但是，如同火山一样，你内心的火焰终将冲破阻碍，在口才、歌唱、艺术或者其他你所喜爱的领域中释放出你一直以来受到压制的才华。但是你要认识到，“你永远不要指望能够把自己的技艺提高到完美无缺的程度。”大自然痛恨所有拙劣和半途而废的工作，并且会为此付出代价。

世界上有一半人好像没有找到适合自己个性的职业。女仆希望去教书，而真正的教师希望去开店。那些具有学习希腊语和拉丁语的天赋的孩子被关在工厂里劳动，而那些原本该下地种田或者出海打鱼的孩子却在学校里经受学习的折磨。画家在画布上乱涂乱抹，只配当粉刷墙壁的泥水匠。一个手工精湛的鞋匠因为给村里的小报写了几篇散文被朋友们抬举为诗人，于是最后他放弃

了他熟悉的做鞋和修鞋，成为一个三流作家。一个小时候经常搞点发明创造的孩子在匆匆混完几年的大学，就开始从事“三个光荣的职业”之中的一个，他也就踏上了堕落之路。真正的外科医生手持着砍肉斧和切肉刀在卖肉，而屠夫却正给病人做截肢手术。“要是有个能够决定我们的命运，按照我们的意愿改变我们的命运的神灵就太好了。”

富兰克林说：“做生意的人有钱，从事正当职业的人得到好处和荣誉。一个靠手脚劳动的农夫要比一个卑躬屈膝的绅士高尚得多。”

相对于其他东西，男人的事业能更多地塑造他的性格。它锻炼了他的肌肉，增强了他的体魄，加快了血液的循环，开发了他的思维，纠正了他的错误判断，唤醒了他创造性的天分，给他机会把才智用于实际工作，使他开始了真正的生活，激发了他的理想，让他感觉到自己是一个男人。所以行事必须像真正的男人一样，从事男人的事业，担当生活中男人的角色，并且展示作为男性的自我风采。没有哪一个感到自己是真正的男人的人，不是在从事男人的事业。他并不是通过他的事业来证明他是真正的男人。150磅的血肉不能拼出真正的男人，一个装满了大脑的头盖骨也不能代表一个真正的男人。在得出一个真正的男人之前，这些血肉和大脑必须知道如何去从事男人的事业，思考男人的问题，规划出男人走的道路，以及承受男人的责任和压力。

竭尽所能地去做事是获得成功的首要条件，其次是要坚持不懈。在一般情况下，凭借实用的常识，一个具备了这些必要条件的人是不会失败的。

不要等着更高的职位和更多的薪水主动垂青于你。要扩大你已经占据了的位置，加之以创意。要做得前所未有地好。要比你的前任或者同事更加迅速、更加积极、更加敏锐、更加礼貌。研究你的工作，拿出新的操作方案，能够给你的老板有建设性的提议。这一技巧不仅存在于让别人满意和做好你的本职工作中，而且要比别人预期的还要好。要让你的老板赞赏你的才干，这样的话，你就会得到升职和加薪的回报。

当你失业的时候，就接受最可取的那份工作，但是也要注意你的选择不可以和你的才能相矛盾。如果你全心全意投入到工作中去的话，你就会很快得到更好的待遇。

在我们这个纷繁复杂的时代，如何树立正确的生活目标是一个令人非常困惑的问题。这对一个祖鲁人的儿子或者贝多因人的女儿来说，并不是什么棘手的问题，因为野蛮人通常只有一个选择。但是一个人的文明程度越高，越是接近文明社会的中心，作出正确的抉择就越困难，也越关键。尤其当他处于激烈的竞争之中时，正确的选择就显得尤为必要，因为只有如此，他才能把自己的精力和激情毫无保留地投入到争取成功的奋斗中去。即使在最有把握的领域分散了力量和希望，对成功也是很不利的。

“能够获得工作已经是很幸运的了，”卡莱尔说，“让他别再要求更多的赐福了。他有工作——那是终生的目标，他既然已经找到了，就要坚持下去。”

在选择职业的时候，不要过多地考虑能够挣多少钱，或者赢得多少荣誉，而要选择那些能够激发你的能力，并且能够极大地促进你的性格平衡发展的职业。相对于财富和名望，品格要有价值的多。性格要比任何职业都重要。不要金钱，不要名誉，所要的只是能力的提高。你的每一项能力都要得到锻炼，在训练过程中，你各方面的缺陷都会暴露出来。如果你精通自己的业务，这个世界就会为你喝彩，所有的通道也都会向你敞开。然而它会拒绝任何拙劣的工作、半途而废和失败。这个世界不要求你一定去做一个律师、牧师、医生、农夫、科学家或者商人，它没有规定你必须从事什么职业，但是它的确需要你在自己所从事的方面做一个内行。

卢梭说过："在履行男人的责任方面，受过良好教育的人对从事任何与他有关的工作都是有所准备的。我的学生将来究竟就职于军队、教堂还是律师行业，对我来说都无关紧要。早在我们踏入社会之前，自然就决定了我们在未来的人生中该从事什么职业。所以我应该向我的学生们传授如何去生活。在他们接受过我的教育之后，的确可能不会去做士兵、律师或者牧师，但他们首先应该做真正的男人。命运也许反复无常，会把他们从一个行业踢到另一个行业，但是无论在哪里，他们都不难找到适合自己的位置。"

毫无疑问，每个人对自己在生活中的特定角色都会有一种特殊的适应性。很少有人——我们称之为天才——很早就显现出这种特点，而且表现得非常突出。

"我没有禁止你传教，"一位主教对一个年轻牧师说，"但是你的天性就不适合做传教士。"

除非你所有的才能都被唤醒，并且你的个性配合你所从事的工作，甚至狂热到日思夜想的程度，否则，你不会找到适合自己的位置。你也许某次会被强迫去做你不乐意的辛苦工作，但是你会尽快地解放你自己。

凯里，"神圣的补鞋匠"，在他当传教士之前说道："我的事业就是传播福音。我之所以补鞋是为了补偿开销。”

在生命的伟大历程中，自然的判断力发挥着巨大的作用。财富、文凭、血统、才能和天赋，在缺乏机智和自然的判断力的情况下，都没有什么价值了。那些缺乏才干和实际经验的人尽管有多重文凭和学位，也会落在别人的后面。现今的时代对人们的考验不是你知道些什么，或者你是什么来历，而是你从事什么职业以及你能够做些什么事情。

如果你的职业非常卑微，那就要通过比别人投入更多的品德来提高自己的地位。在其中投入你的智慧、热情、精力和节约。凭借方法的创新，依靠进取心和勤奋来拓展你的业务。以一种感兴趣的态度去研究，学习所有你需要知道的知识。在你的工作上集中你所有的才智，因为对目标专注的人来说，没有什么可以分散他的精神，这样的人才会取得最大的成功。做好你自己的本职工作，而不要觊觎别人的职位。

一位著名的英国绅士忠告他的侄子：“不要选择医学作为你的职业，因为我们不希望在我们的家族里出现一个杀人犯，而你很可能在不知不觉中就让你的病人丧了命；至于法律业，任何一个谨慎的人都不会把自己的生命和财产冒险托付给一个年纪轻轻的律师，因为这样的年轻人缺乏经验，而且一般都自以为是，根本不知道他给他的顾客带来的风险。一旦败诉，只有他的顾客是失败者。但是牧师为了向他的教徒们传教或者提供忠告而犯下的错误，在这个世界上还没有明确的界定，我建议你尽可能地进入教会就职。”

正如爱恋是婚姻的唯一理由，也是让一个人平安地渡过婚后生活的烦恼的唯一途径一样，对职业的热爱也会是唯一能够帮助

一个人平安顺利地摆脱工作中的麻烦的办法。这些麻烦会压倒绝大多数的商人和许多其他行业的人。

“我感觉到我之所以存在于这个世界上，就是为了做一番事业，而且我必须做出一番事业。”惠蒂尔向人们透露了他无限能量的秘密———个人必须投身法律、文学、医学、教会或者任何其他的热门行业，才能够获得成功。他的忠告是，热爱和忠诚于自己的职业，才是一个人所从事的行业的迫切要求。

几十年之前，只有婚姻是唯一对女孩子开放的领域，而且单身妇女不得不忍受她的朋友们的非议。莱辛说过：“有思想的妇女就如同涂了胭脂的男人，滑稽可笑。”不久前，有抱负的妇女在鼓足勇气进行学习或者写作的时候，都会在手边放上一些刺绣，以便在有人进屋的时候，可以及时放下书本和手稿，换上手工活。格里高利·维克托医生对他的女儿们说：“如果你们碰巧在学习什么知识，千万不要让你们的丈夫知晓，因为他们会以一种嫉妒和恶毒的眼光看待有作为和有见识的女子。”在那个时代，从事写作的妇女都不敢收钱，仿佛会受到公众的鄙视一样。

如今所有的这些都不再了，这是多么巨大的变化啊！正如弗朗西斯·威拉德所说，本世纪最伟大的发现就是对妇女资源的发现。我们不仅解放了妇女，而且为未婚的女孩提供了无数的就业机会。从前只有男孩子可以选择就业，现在他的姐妹同样可以选择职业。自由是20世纪最伟大的荣耀，但是随自由而来的还有责任。在如今变化了的环境下，每一个女孩子都应该有自己明确的目标。

“对一个既没有朋友，也没有影响力的年轻人来说，起步的最好办法就是，”罗素说，“第一，获得一份工作；第二，管住自己的嘴，不要乱说话；第三，处处留心，注意观察；第四，要忠实可靠；第五，要让他的雇主感到他就如同一个指南针，没有他就会迷失方向；第六，要举止文雅，彬彬有礼。”

“勤奋、诚实、注意细节和慎重的广告，”是约翰·沃纳梅克认为的成功必需的四个步骤。他的格言就是：“做下一件事。”

“做好分配给你的工作，”爱默生如是说，“你不要期望过高，或者过于担心。此时该轮到你表现自己的勇气和力量了，就像菲迪亚斯的巨凿、埃及人的泥铲或者摩西和但丁的笔一样有力，但是又与这些都不一样。”

无论你在生活中从事什么工作，都要显得比你的职业伟大。大多数人只是把工作看做谋生的权宜之计，这是一种多么庸俗和狭隘的观点。实际上，职业是一所生活的学校，是人们品质的开发者，是人们性格的开创者。我们应该拓宽、加深、拔高我们从事的职业，使之平衡、和谐地发展，以开发出我们内在的生而有之的才华。我们不能遇到工作就畏缩，故意逃避学习的机会，而生活中的力量恰恰就是通过工作体现出来的，就如同花朵的花瓣在阳光的映射下，方能展示出美丽和芬芳。

2. 职业的选择

因为职业的优劣会对人的寿命长短产生很大的影响，所以年轻人应该明确：自己希望选择从事的行业是不是有益健康的职业。政治家、法官、牧师都以长寿而著称，因为他们不会被卷入巨大的商业漩涡中去，激烈的商业竞争带来的冲击会大大缩短一个人的寿命。

世界上并不存在对生命具有极度危害和破坏性的职业，但是研究人员却发现许多人在从事会严重危害他们健康的工作。在所有已知的忽视健康的例子里，没有什么行业能比金属器皿磨制业给工人的健康带来的损害更大了。工人们在工作时吸入了大量的粉尘，日后他们会患上极其痛苦的病症，并且一般在40岁之前就会死去。但是不仅有人受到高工资的诱惑去从事这项工作，而且他们还竭力拒绝一切减少危害的防护措施，因为他们担心此类措施会吸引更多的人竞争上岗，而且会压低他们的工资。

我们也许会在乡村找到更多的老年人。至于为什么农夫会比居住在城市里的人或者从事其他职业的人长寿，原因是多方面的。除了在农村能够呼吸到纯净新鲜的空气，能进行更多的户外锻炼之外，这些对良好的胃口和安详的睡眠十分有益；远离城市里经常产生的喧嚣和冲突，远离操劳和焦虑，远离激烈的竞争和纷争，也都是农夫寿命得以延长的原因。

从另一方面来说，即使在农村里也存在有碍于长寿的屏障和天敌。人们并不是只依靠面包活着的。人的精神状态可能就是保持身体健康的最为重要的因素。城市里的社会生活，人们从图书馆、讲座、教堂里以及不断地同他人交流思想中获得大量补充能量的机会，城市中多种多样的娱乐活动可以在很大程度上，弥补城市所缺乏的众多乡村生活的优势。尽管人们在农村清心寡欲，不受城市里那些会侵蚀、削减和损害生命的恶习的影响，许多地方的农民还是不如科学家和其他一些行业的人士长寿。

毋庸置疑，渴望和成功有助于延长生命。事业发达也有助于长寿，只要我们不虚度生命，把它无谓地浪费在对金钱的狂热追逐上。

一些地区的矿工中，有超过60%的人死于肺病。在欧洲的监狱里，空气非常浑浊，牢房污秽不堪，这些致命的因素致使60%的囚犯患肺结核而死。在巴伐利亚的修道院里，50%原本健康的人死于肺病。在1000例各种死因的死亡病例中，通过分别计算，死于肺结核的有103名农夫、108名渔民、121名园林工人、167名杂货商、209名水手、301名纺织工人以及461名排字工人。最后一项几乎占到了总数的一半。在普鲁士王国的监狱里，肺病的死亡率也几乎相等。浑浊的空气、污秽的环境和恶劣的饮食导致这些阶层中20岁到40岁之间的成员的死亡率要比同年龄层的普通大众高出5倍。在纽约市，超过20岁的成年人中1/5的死亡是由此类原因引起的。而在欧洲的大都市里，这个比例要高得多。

通过医疗机构对从事最容易吸入粉尘的行业的工人的调查研究，他们发现矿物粉尘是对人体健康最为有害的，其次是动物的毛发，再次就是植物的粉尘。

在选择一项职业的时候，清洁的环境、纯净的空气、充足的

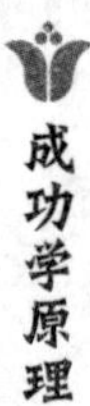

阳光和远离腐蚀性粉尘和毒气是应该首先考虑的因素。一个愿意用自己一年时间的生命来换取一笔金钱的人会被认为脑子出了毛病，但是我们中间仍然有人会做出这样的选择。统计数据和医生的研究告诉我们，那些职业很可能会削减我们5～25年、30年甚至50年的生命。但是有些人看起来根本不把自己的生命当一回事。

那些经常地并且不定期地需要人付出体力的代价的行业是十分危险的，不是长期地和系统地从事这种职业的人必然会招致危险。“在不久前对纽约一家俱乐部的32名技术全面的运动员的统计中，”一位医生说，“其中有3人死于肺病，5人不得不依靠支架度过余下的生活，4～5人得了肩下垂，还有3人患了耳膜炎，部分失聪。”帕顿医生是位于俄亥俄州代顿市的国家士兵之家的主治医师。他告诉人们5000名士兵中有80％在这个机构接受治疗，患有各种类型的心脏疾病，这在很大程度上是由于部队里强迫性超负荷的训练。

充满活力的想法必须来自于一个清醒的大脑。我们不可以期望从一个精疲力竭、劳累不堪的脑子里出来的讲演和文章中，获得无畏的勇气、充沛的精力、旺盛的活力和轻松的愉悦。大脑是所有身体器官中发育成熟最晚的一个（大约要到28岁才能完全发育成熟），并且永远也不可以让它过度操劳，尤其在年轻的阶段。一个人的全部未来通常会因为在学校里用脑过度而付之一炬。

一个人的才能和他的官能是相互联系的。其中的一个受到影响，也会涉及其他方面。运动员将肌肉系统锻炼得过于发达，这势必要以牺牲体质、智力和精神的利益为代价。自然法则规定的就是任何一项官能或者才能的过度发展、强迫或者扭曲其中的一方面，都不仅会导致对其自身的损害，而且还会给其他的官能或者才能带来伤害。

大脑活动的停止并不一定等同于大脑的休息，这是许多伟大的思想家所证明的。获得优秀的脑力劳动成果的人，通常使用的方法是在兴趣减退并且疲倦感来临的时候，让自己的一项官能休息，而使用另一项。通过这种方法，他们才能够创作出震惊世界的智力成果。这在很大程度上就是一门轮流使用自己的官能、让某些官能休息而同时让另外的官能健康地工作的技巧。那些雄心勃勃的工作者连续地使用一项官能，势必很快给自己造成不幸。储存在大脑里的脑细胞要比一直使用大脑所释放出的能量大的多。劳累的大脑必须得到休息，否则将导致神经衰弱、脑膜炎，甚至还有可能发生大脑的软化。

脑力工作者不能够在一天之中连续数小时进行有效率的工作。当大脑劳累的时候，当它开始失去弹性和清醒的时候，脑力工作的成果也就会同样缺乏弹性和力量。所以有些人通常利用他们的空闲时间，在不同的时段里，完成一件大篇幅的文学作品。

一般来说，充足的体力是从事伟大的职业的必备条件之一。我们应该避免所有会削弱、麻痹或者损害我们的体质和精神的职业。我们总是过对生产过程感兴趣，而很少考虑那些生产产品的工人。产品往往才是人们唯一关注的物件。人们不会在乎一个人是否把他一生的时间都花在手表工厂里制造别针的针头或者螺丝上了。人们也不会注意到那些损害人体健康的职业，以及能够极大地缩短工人的寿命的磷、粉尘和砒霜，还有会引起残疾的身体的痉挛。

当我们强迫那些我们雇佣的工人去进行那些会让他们意志消沉或者有损于他们的精神状态的劳动之时，我们就是在迫使他们从事毫无用处的工作。“如果我们让画家用褪了色的颜料作画，或者让建筑师用腐朽的石块进行建筑，或者让承包商用劣质的材料来建造房子，就无异于我们强迫迈克尔·安吉洛在沙堆上进行雕刻。”

约翰·鲁斯金说，当今时代的趋势是鼓励那些歪门邪道上的才能，似乎用一团大火将思想烧得一干二净就是一场伟大的胜利。你强迫别人从事的工作是否对你自己或者整个社会有用处？如果你雇佣了一位女裁缝，只是为了让她给你缝制四五套供你在舞会上穿着的华丽服饰，而且那些衣服你仅穿一次而已，那么你就是在自私地浪费金钱。不要把贪婪和仁慈混淆起来，也不要用谎言来欺骗自己，说你穿着的华丽的服装能够让很多贫穷的普通人有机会挣钱填饱肚子。只有那些站在大街上冻得直哆嗦，看见你下马车会排着队向你乞讨的无家可归的人，才真正地清楚你的行为的价值。你所穿着的华丽的服饰不仅没有给他们喂饱肚子的机会，反而从他们的嘴里夺走了口粮。

许多人为了挣更多的钱而从事低劣和狭隘的工作，从而使他们的个性受到压抑，降低了他们的智力，磨灭了他们的希望，并且让他们的感觉变得迟钝。

19世纪美国著名诗人朗费罗说：“研究你自己，最重要的是发现大自然让你在哪些方面最为擅长。”

马修斯医生说：“没有什么会比从事一项受到误解的职业而遭遇的失败还要多。”我们通过不懈的努力和多次的失败，才发现原来我们无法办成的事情现在我们可以做成了。那种消除可疑机会的否定性过程，就是获得肯定性结论的唯一途径。”

有多少人选择法律、医学或者神学作为他们的职业，只因为它们是“高尚的行业”，而这让自己的生活变得滑稽可笑！这些人如果不选择这些职业的话，也许会成为受人尊敬的农民或者商人，但是在这些行业中他们一无是处。他们原本希望从这些职业中获得的荣耀和光辉，却只是把他们的能力匮乏体现得更为突出。

不要因为你的父亲、叔父或者兄弟在那个行业就职，就选择那种职业；不要因为你的父母和朋友希望你去从事某项职业，就接受那份职业；不要因为它被人们认为是“正当的”和“高雅的”职业就去做。对“高雅的”职业和“容易”的工作的癖好——因为他们认为从事这些职业可以避免艰辛、荆棘、困苦和所有不快，并且能够很轻松地精通——毁掉了无数的年轻人。

无数的年轻人接受的教育只是让他们适合从事那些他们根本无法或者不感兴趣的职业，但是却未能培养他们适应生存的环境。那些各方面都略知一二的失败的学生的真实水平被人为夸大了，好像他们就是成功者一样。大部分的巴黎出租车司机都是在神学和其他课程上很失败的学生，也有被开除了神职的牧师。他们都曾经是一些不称职的牧师。

当我们试图从事那些不适合自己的工作的时候，我们依靠的不是自己的强项，而是弱点。我们的意志力量和热情都被削弱了。我们的工作经常半途而废，粗制滥造，对自己丧失信心，而且因为我们不能像别人一样完成工作就得出我们是傻瓜的结论，由于我们没有找到适合自己的位置，整个生活的基调都变得昏暗和低沉了。

当一个人能够尽早明智地选择自己的就业方向，在充满朝气、激情似火和生气蓬勃的年轻时代开始从事一份适合自己的职业，就可以大大缩短通向成功的路程。我们踏出的每一步、做过的每一天的工作以及采取的行动，都会有助于拓宽、加深和丰富我们的生活。

一般来说，那些失败者都是没有找到适合自己位置的人。找不到适合自己位置的人不能称之为一个完整的人，他的本性被严重扭曲。他是在违背着自己的本性而进行工作，这无异于逆水行舟。当他耗尽了自己的力量之时，他就会随波逐流，每况愈下了。一个自己的全部本性都和他的职业永久对抗的人是不可能取得成功的。要想成功，他各方面的才能都要配合他从事的职业，它们都需要与他的理想融洽和谐。

这个世界并没有要求你应该从事什么职业，但是的确要求你要做一点工作，而且还要求你成为你所在行业的佼佼者。没有人会比那些找到了符合自己位置的年轻人有更加广阔的前景，他们为了自由支配这个世界而竭尽所能，不懈地奋斗，充分施展自己的各项才能。我们希望获得的不是金钱、不是地位，而是力量。一个高尚的品质要比任何职业都显得伟大。

“我恳求你不要，”加菲尔德说，“为进入任何不需要和不会迫使你发挥自己智力的行业而沾沾自喜。”选择一份能够陶冶你的情操并提高你的人格魅力的职业，一份你可以引以为豪的职业，一份能够让你有时间提高自身的文化素养和提高综合素质的职业，一份能够拓宽和扩展你的性格和视野的职业，它们让你成为一个良好的市民、一个善良的人。

但是无论你做出什么成绩，都比你从事的职业伟大。让你的品德超越你的地位、财富、职业和名望。人们必须努力学习，努力工作，以克服他们的职业窄化、硬化的趋势。哥尔德斯密斯如是说：“我们应该避免为了大众而生，但是思想渐渐变得狭隘，也要避免为了大众的利益而放弃正当的个人利益。”

“经常忙于做买卖和进行贸易，是不会提高一个人的综合素质的。为了战胜你的竞争对手，为了做成赚钱生意而努力地奋斗，讨价还价、诡计和各种各样的伎俩——大家在如今激烈竞争的时代都在肆无忌惮地使用这些手段。这些都会压缩他们发挥才智的范围，削弱他们的力量，同时还会降低他们的是非感。”

力量和对更高水平的生活的不断追求是人们生存的伟大目标。你的职业应该成为一所伟大的生活学校，能够培养你的性格，提高你的品德，并且可以拓宽、加深和促进你内在的品质平衡、和谐和完美地发展。

在那些催人奋进的职业中，研究你认为自己适合从事的行业中的成员。这一职业是否提高了那些就职于这一行业的人的素质？他们是否宽容大量、思想开放并且聪明过人？或者他们是否变成了从事的职业的附庸物，而在社会上没有立足之地？你是否确信自己在加入了一个不可靠的行业后，能够成为唯一的例外，而避免成为这一职业的附庸物呢？尽管你充满了抗争的决心和意志，然而从永恒的规律来看，你的职业将会像老虎钳一样紧紧地夹住你，并且会重新塑造你的性格，让你随波逐流，给你以不可抗拒的巨大压力。

如果你想攀到顶峰，你就必须先到达山脚，要精通你所从事的职业的各个方面。对你来说，只要和你的工作相关，事无巨细，你都应该关注。

我们经常会看见一些原来在大学里聪明伶俐、热心助人、慷慨大方并且理想远大的年轻人，在加入那些不可靠的行业之后，仅仅数年就变得让人难以辨认了。他们原本宽容和高尚的品德被压缩、削弱甚至不复存在了，取而代之的是贪婪、吝啬、卑鄙和刻薄。我们不禁惊叹，仅仅数年，一个宽宏大量和慷慨大方的年轻人怎么会产生如此巨大的变化呢？

许多生活中的失败者几乎都在好几个行业中艰苦地奋斗过。如果他们把精力都集中在一个方向上，这就足以使他们获得巨大的成功。我们以一个机械师为例，他要制造出一台发动机，但是还没有获得最后的成功，在他离成功只有一步之遥的时候，他却跳槽到了另外一个行业，于是在完全可以获得精通的技术的情况下与成功擦肩而过，在其他行业也不可能成功了。这个世界上充斥着“离成功只有一步之遥的”人，他们都止步于成功的大门之外，他们的勇气在他们成为行业的专家之前就已经耗尽了。我们中有多少人学到的本领毫无用处，就是因为没有上升到技能的程度；有多少人号称“几乎精通一两门外语”，却既不会说，也不会写；号称“差不多精通一两门科学”，却连最基本的常识都还没有理解；号称“部分精通一两门艺术”，却既没有上佳表现，也不能用来挣钱。自由散漫的习惯，没有让人们获得一些日后会有帮助的小技巧，而总是让他们的工作中途夭折。

要注意那种著名的天赋——博学多才。许多人失去了成为伟人的机会，就是因为他们被培养成了具有两方面才能的人。无所不通就像一团鬼火，它迷惑了无数有前途、有思想的年轻人，让他们一事无成。如果企图掌握好几十门行业的技术，你就难以精通任何一门。

梭罗说："判断一个人的学识，就要看他主动把事情弄清楚的程度。当我们走进一家制造水手用的罗盘的工厂，我们就会看到罗盘的指针在被磁化之前所指的方向是不确定的。但是指针被磁石磁化而具有特殊属性之后，它们就会永远指向北方，忠实于两极了。因此同理，一个人不会固定地趋向一个方向，除非他能够树立一个精通某行业的目标。"

把你的生活、你的活力和你的激情投入到你最擅长的工作之中去。"在生活中真正失败的只有一个，那就是你不忠实于自己最擅长的东西。"

"如果一个人能够让玉米长出两支穗，能够让原来只有一片叶子的草儿长出两片叶子，"斯威夫特说，"那么，他就为整个人类造福了，这要比所有的政治家加在一起对他的国家的贡献还要巨大。"

3. 不要只盯着工资

如果一个上班族认为他获得的收入只是老板支付给他的薪水，那么他是在自欺欺人。

一个人工作的动机不可能只是为了薪水，他应该还有其他更高层次的需要。但是人们却常常欺骗自己，告诉自己工作就是为了挣钱。

如果允许我对这个话题发表一点个人见解的话，我想对那些年轻人说："不要在意你开始上班时老板支付给你的工资，你应该看到从工资背后所得到的东西。你会提高自己的工作技能，你可以积累更多的工作经验，你可以储存并激发自己的潜能等，而这一切都是宝贵的无形资产。"在工作中学习和提高自己，这应该成为你工作的动力，不要把自己工作的目的只局限于老板提供的工资上面。

当俾斯麦在德国驻俄国的外交部门工作时，他的薪水很低。但是在那里他学到了很多外交技巧，同时也提高了自己的决策能力，这些为他后来拓展德国的疆土，进行有效的国内改革是有很大帮助的。俾斯麦从来没有因为自己的工资低而不努力工作，相反，他不仅出色地完成了一个外交官的使命，更令人钦佩的是，他为自己国家的强大作出了巨大的贡献。如果没有俾斯麦，德国分裂混乱的局面不知还要持续多久。

一个总以涨薪水为自己奋斗目标的人从来都走不出平庸的生

活模式，也从来不会有真正的成就感。虽然工资应该成为你工作中的一个重要目的，但是从工作中你真正获得的更多的东西却不是装在信封里的薪水。

除了薪水，工作还给你带来了很多机会。一方面，你得以从上司和同事身上学习成功的经验，总结失败的教训，学习他们的技能；另一方面，你也有机会锻炼自己，发现自己的潜力，提高工作能力，使自己成为更有作为的人。

工作是一个学以致用的过程，是一个自我发展的机会。你可以在工作中培养自己多方面的能力，比如行政能力、决策能力、社交能力等。而所有这一切都远远超过了你拿到的工资的价值。当你从一个新手、一个无知的员工，成长为一个熟练的、高效的员工时，你实际上已经大有收获了。

一个人如果总是为自己到底能拿多少薪水而大伤脑筋的话，他又怎么可能看到薪水背后他能获得的成长机会呢？他又怎么能意识到这些从工作中获得的技能和经验对他未来的生活将产生多大的影响呢？这样的人只会在无形中将自己困在装薪水的口袋里，永远也不明白自己真正需要的是什么。

你得到的薪水与你工作中所获得的技能和经验相比就显得不那么重要了。老板支付给你的是以美元表现出来的工资薪水，而你自己带给自己的是可以令你终身受益的宝贵财富。

有的老板也很有头脑，当他鼓励员工好好工作的时候，不是说："干好了，我会给你加薪。"而是说："好好干吧，把你的本事展示出来，有更好的职位在等着你呢！"

不要担心你的努力和进步会被忽视，实际上当你认识到自己的能力在提高时，你的老板会比你更清楚地看到这一点。而老板

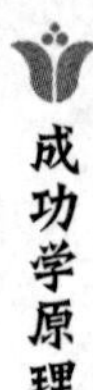

总喜欢重用有能力的人。年轻人是应该有事业心，是应该不断进取的。在工作中展示自己的才华，提高自己的能力，你就会得到他人的肯定，就会受到老板的重用。

其实有很多商业界的名人，在开始工作时收入都不高，但是他们从来没有将眼光局限于眼前的利益，他们依然在努力工作。在他们看来，他们缺少的不是钱，而是能力、经验和机会。最后当他们事业成功的时候，谁又能计算出他们的收入是多少呢！

很多时候我们发现，一些聪明的年轻人在多年拿着低薪水的情况下依然努力地工作，突然有一天，他们就像是被施了魔法一样，一下跃升到公司的高层，身居要职。为什么他们会有这样巨大的变化？原因其实很简单，他们并不在意一开始工作的时候自己能拿多少薪水，他们一直满怀希望和热情地努力工作。他们总是朝着自己预定的目标努力。

当你工作的时候，你要告诉自己要为自己的现在和将来努力工作，不论你得到的薪水是多还是少，你都要明白那只是你从工作中获得的一小部分。不要太多考虑你的薪水，你应该用更多的时间去接受新的知识，培养自己的能力，展现自己的才华，因为这些东西才是真正的无价之宝。在你未来的资产中，它们的价值远远超过了你现在所积累的现金财产，因为它们是可以再生产资产的资产。

同时你要给自己信心，不要因为眼前的收入低，就妄自菲薄。要相信自己的能力，更要坚持不懈地向着自己的目标努力。当你带着自信和热情投入工作的时候，你会惊讶地发现原来自己的进步可以这么大，而这又可以激发你发挥自己更大的潜能，带你一步步地接近自己的梦想。

当然，如果你真的想获得成功，还应该在工作中养成好的习惯。你要善于观察思考，善于创新，还要善于总结他人的经验并为自己所用。总之，在工作中，你一定要尽自己最大的努力。

也许你的老板可以决定你的工资的多少，可是他却无法遮住你的眼睛，捂上你的耳朵，阻止你去思考、去学习。换句话说，他无法阻止你为将来所做的努力，也无法夺走你为此而得到的回报。

假如你在工作中受到挫折，假如你认为自己的薪水太低，假如你发现一个没有你能干的人却成为你的上司，不要气馁。因为谁都拿不走你拥有的无形资产——你的技能、你的经验、你的决心和信心。而这一切最终都会让你得到回报。

不要对自己说："既然老板给的少，我就干的少，没必要费心地去完成每一个任务。"也不要因为自己挣的钱少，就安慰自己说："算了，我技不如人，能拿到这些薪水我也知足了。"因为这些消极的想法会使你看不见自己的潜力，会让你失去前进的动力和信心，会让你错过很多宝贵的机会，最终你就会和成功失之交臂。没有谁会赔偿你的忍让，也没有谁会感谢你的"自我牺牲"。要知道，当他人对你没有信心的时候，你还可以重新获得别人的肯定，但是如果当一个人对自己都已经失去信心的话，那他就真的是无可救药了。

试比较两个具有相同背景的年轻人：一个热情主动，积极进取，对自己的工作总是要求精益求精，总是为公司的利益着想；另一个总喜欢投机取巧，成天埋怨自己的薪水太低，总把自己的利益放在第一位。试问，如果你是一个公司的老板，你会雇佣谁，或者说你会给谁更好更多的发展和晋升的机会呢？

如果你一直努力工作，一直在进步，你就会有一个良好的、没有污点的工作记录，从而你在公司中，甚至是整个行业中都会有一个好名声。这将陪伴你一生，而你从中获得的物质和精神上的享受又岂是薪水就能衡量的呢？

没有谁一开始工作的时候就可以发挥所有的潜力，就可以出色地完成每一个任务，同时，也很少有人一开始工作就能拿到很高的薪水。所以你在努力工作的同时，也要学会耐心等待，等待他人的信任和赏识，从而你才能得到重用，才能向更高的目标前进。

从前，男孩子们为了学一门手艺常常是拜师学艺多年，不可能拿到一分钱的薪水，但是他们从来不会抱怨，在他们看来能有这么好的机会学到技术和知识是很难得的。可是现在的年轻人在学本事的同时还可以拿薪水，他们又有什么可抱怨的呢？

现在许多人上班的时候总喜欢“忙里偷闲”，他们要么上班迟到早退，要么中途偷偷溜出办公室与人闲聊，要么借出差之名游山玩水，甚至以各种理由晚回公司等。也许这些人并没有因为这些事情而被开除或者被扣薪水，但是他们的名声不会好，也就很难有机会晋升。即使他们想到其他公司就职，别的公司也不会对他们产生兴趣的。

许多员工在不努力工作的时候总能为自己找到理由。他们有的会说老板对他们的能力和成果视而不见，有的会说老板太吝啬，他们付出再多也不会得到相应的回报。

也许员工没有办法命令老板怎样做，但是他们自己却可以让自己按照最佳的方法行事。也许你的老板不是很有风度，但是你应该要求自己做事要有绅士风度。你不应该因为老板不是你想象中的类型就不努力工作，这实际上常常可以埋没了你的才能，会毁了你的将来。总之不论你的老板多么吝啬苛刻，你都不能以此为由不努力工作。成功之门是否会为你打开，关键是要看你有没有开启它的钥匙。而要想拥有这把钥匙，你就必须努力工作。对于那些整日怨天尤人、不思进取的人来说，等待他们的只会是庸碌无为和终生的遗憾。

那些只为了钱而工作的人是最没有追求的人。对于工作的人来说，工资固然是必需的，因为你需要有钱去买面包黄油，需要有钱租房，交电话费等。但是你还应该有更高的追求，应该努力去实现自身的价值，不要只盯着薪水。

工作的质量往往会决定你生活的质量。在工作中你应该严格要求自己，能做到最好，就不能允许自己只做到次好；能完成百分之百，就不能只完成百分之九十九。不论你的工资是高还是低，你都应该具有良好的工作作风。这常常是成功与失败的最大区别。当一个人工作的时候，他应该把自己看成是一名杰出的艺术家，而不是一个平庸的工匠，应该带着热情和信心去工作。

很多年轻人走出校园的时候，总对自己抱有很高的期望，总觉得自己应该一开始工作的时候就得到重用，在薪水上还互相攀比，似乎薪水成了他们衡量一切的标准。但事实是，当年轻人刚开始工作的时候，是不可能身居要职的，薪水也不可能很高，所以很多人就开始抱怨。他们看不到薪水以外的东西，在校园中编织的曾经的美丽梦想也被他们自己否定了。没有了信心，没有了热情，他们工作的时候总是采取一种“应付”的态度，能少做多少就少做多少，能躲过不做的事情就不做。他们只想到对得起自己挣的薪水就行，从来不想这样做失去的发展机会是否对得起自

己，是否对得起家人和朋友的期望。

不要太在乎你的老板怎样评价你，他们有时候会因为太主观而对你的成绩不能作出客观的评价，有时候甚至不能看到你的成绩和进步。你应该学会自我肯定、自我评价。只要你努力了并且竭尽全力，你的能力必定会得到提高，你的经验也会变得丰富起来。这个时候你应该为自己感到骄傲自豪，因为现在的进步会推动你向更大的胜利迈近。

无论你从事什么行业，你都可以发现其中不乏投机分子，他们总是想方设法地少干工作，对于他们来说撒谎骗人也就成了家常便饭。而这种弄虚作假、投机取巧的行为很容易就成为难以改掉的习惯。一方面这些人将成为别人眼中人格低下之人，另一方面这些人也在无形中给自己的成功道路设置了障碍。可见，一个公司的失败往往是因为部分员工人格上的失败而导致的。

很多杰出人士具有的创新能力、决策能力以及敏锐的洞察力等都令人钦佩不已，可是他们也不是一开始工作的时候就有这样的本事，他们也是在长期工作中积累和学习到的。另外，他们在工作中还学会了了解自我、发现自我，从而他们的潜力常常可以得到充分的发挥，这也是他们能够成功的重要因素。年轻人应该善于看到自己的优点，自己的潜力；应该多给自己信心，而不应该妄自菲薄、自暴自弃。

一个弄虚作假的人不但不会赢得别人的尊重和信任，也会失去自尊和自信。一个不懂对工作认真负责的人，往往是一个不能自我发现、缺乏自信的人，也是一个没有领会快乐真谛的人。有时候当你把工作推给别人的时候，实际上你也把自己的快乐和信心转嫁给了别人。

不管你的工资多低，不论你的老板多么不器重你，你都要努力认真工作，都要竭尽全力地投入你的精力和热情。工作上投机取巧也许只是给你的老板带来一点点的经济损失，但是它却往往可以毁掉你的一生。要为自己的工作感到骄傲自豪，要以主人和胜利者的姿态去面对自己的工作。你应该有这样的决心：能干到最好，就不允许自己干到次好。工作带给你的不应该只是薪水，还应该有成就感和满足感。

不要在意老板怎么看待你工作的成绩，那其实并不是最重要的，关键是要看你自己怎样正确地看待和评估自己的工作。谁能真正地伴你一生呢？不是别人，唯有你自己！

4. 人老心不老

社会上最悲惨的情景之一莫过于头发花白的人，还要寻找一份工作。告诉一个老年人要找工作就必须下定决心，他应该穿着得体，看上去有活力，走路和交谈起来像一个年轻人一样，从不显露虚弱，也没有年龄的标志。但是这对老年人来说却不是一件容易的事。他在青壮年时也有很高的期待，有着要在这个世界上为自己赢得一席之地的壮志雄心。现在，他发现自己正在老化，变得没有竞争力，他的进取心心遇到了障碍，他生活的梦想逐渐褪去了色彩。

那是很痛苦的。对老年人来说，要保持心情、勇气和生活的热情是很困难的；要让他的脸上做到不流露出对生活的失望也是很困难的；要显得活泼、热情，好像他还能将工作做得更好也是很困难的。

一个相貌堂堂的57岁老人最近要求我帮助他。他因为几年前的失误而丢掉了银行职员的职位，从那之后，除了偶尔在信托公司或者银行做一些临时性的工作，他就再也没能找到一个工作。他仍然很有活力，正当盛年。他工作勤奋，受过良好的教育，很有才能，而且受过良好的培训。他现在非常失望，因为他被拒绝好多次了，以至于他开始相信奋斗几乎是没有希望的，他经常让这种情绪流露在脸上。当他在银行机构和信托公司应聘职位时，他没有那种确定、必胜的感觉和自信的力量。他不是征服者，而是被征服者。没有做出令人赞赏的表现，他的表现令人怀疑，再加上他的年龄，就让他得到一个不好的判断。

当一个人承认自己被生活的压力打败了之后，他如何能够期待取得胜利呢？

没有人希望员工无精打采和缺乏热情。他的谈话、他的表情，他的礼节和他的一举一动都承认他自己“太老了”。他从一个地方跑到另一个地方以求找到工作，哀叹“没有人想要一个头发花白的老人”的事实，“每个人都在寻找年轻的和有活力的人”，并且“对一个开始显露年龄痕迹的人来说是没有多少机会了”。这种策略将会使任何人都失去机会。

老年人没有多少机会，无论他多么杰出、多么能干。很少有人会雇用他们从事手工劳动，无论他们技术多么好或者他们的推荐信有多令人鼓舞。对年龄不断增长的人来说，最好的工作领域就是书记员的工作，他们在那儿可以得到好薪水。

一家较大的芝加哥就业机构的总裁说，在寻找职位方面要求获得帮助的人中，大多数是老年人，但是很少有商家或者贸易机构招聘老年人，于是“仅有很小比例的老年人能够找到工作，尽管这个机构在安排老年人就业方面做了特别的努力。那些要求雇佣老年人的雇主都希望他们来做看守房屋或者店铺的工作”。

老年人很难获得被倾听、被考察的机会，不管他们技术多高、多么有活力、在他们的专业领域有多么能干，或者是他们的经验多么有价值。

人们好像只对年轻人取得的成就感兴趣。男孩子们不厌其烦地阅读亚历山大是如何在26岁时征服世界的，拿破仑是如何在37岁时差点取得了同样的成就的，小皮特是如何在25岁时征服英格

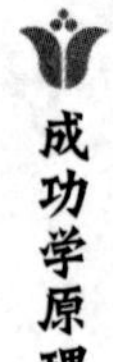

兰的。大量事实表明，大部分伟大的、勇敢的、著名的壮举都是人们在50岁之前做出的。

一个人的经营在很大程度上是他的员工创造的。它的活力、积极性、对生活的满足或者是相反的情况，都是根据他的员工的情况和品质而定的。

雇主们知道年轻人更有进取心、更加积极、更有推动力。雇用年轻人会使商业经营有更好的发展、更能够跟上时代的步伐。雇主们知道年轻人不仅更有希望，更加乐观，而且更有创造性，更加足智多谋。他们更快、更机警、更有热情、更活泼、更乐观、更有活力。他们不是那么“固执”，而且很容易相处。他们能够更有效地避免事故，通常，他们更有吸引力。

雇主们希望赢得物质财富。他们希望雇佣有活力、坚忍、有勇气、有精力的人。年龄较大的人不能像年轻人那样带着希望、期待和野心看待未来。他们更愿意轻轻松松地办事。他们考虑的是如何能够更加安逸。当困难来临时，他们往往选择退缩。

在许多企业里确实存在着排斥那些显露年龄痕迹的人的现象，由于没有竞争力、缺乏系统性或者松散、散漫的习惯，有很多人失败了或者已经靠边站了。他们中的许多人是已经燃烧过的人，他们留下的只是以前的力量和活力燃烧所剩下的灰烬。

不能否认这是年轻人的天下，我们看到年轻人在各个地方都处于支配地位。我们过去对年轻人有过偏见，但是现在我们发现年轻人在大型制造机构、学院和大学处于领跑的位置。大家都很关注年轻人做总裁而许多老年人做雇员的现象。

所有的雇主所关心的就是实用性得到尽可能最大、最持久的扩展。雇主们知道对于那些30岁或者35岁仍然没有进入状态的人来说，他们的实用价值会很小。

许多人在欺骗自己，因为他们认为他们年轻时充满了活力，那时他们充满了力量和能量，他们现在仍然可以以同样的速度前进。这种速度减慢的过程是逐渐进行的，以至于没有震撼和惊奇，他们并没有意识到自己已经逐渐慢了下来。

当一个人认为他开始意识到年龄的痕迹时，他很容易就会逐渐降低自己的标准。他对个人外表越来越不在乎，无意中就会变得散漫，习惯不修边幅了。他的礼节也越来越糟糕。他的头发和胡子都长的很长，于是他看上去已经老了，自己也感觉很老了。

这个世界上最可悲的景象就是中年人做起事来使人觉得他已经是一个老年人了：穿着打扮像一个老人；头发和胡子很长而且没有修理过，佝偻的身影和懒散的步态；没有笑容，经常愤世嫉俗、悲观，对其他人感兴趣的事漠不关心；尽力在寻求职位。这样的外表就足够让他未来的老板将他搁置一边。雇主们都不想让自己周围出现任何衰老的痕迹。

想保持年轻的人就不要留着长而且灰白的胡须，也不要穿得像个老年人，佝偻着肩膀而且步履蹒跚。一个好理发师和一个好裁缝都能够将这种看上去早衰的人，在外表上对他加以修饰，使他年轻许多岁。

现在很难看到以前满头松软的丝发和飘动的花白胡须那样形象的老人了。沉重的拐杖，在过去曾经被认为是支撑已过中年的老人的身体所必需的工具，已经被更轻便的手杖所取代，这种手杖非常细、非常脆弱，以至于它看上去并不表明拿着它的人就需要支撑。亚麻布、领带、帽子、衬衫，对女人来说，衣服上的小饰品，现在都不像过去那样标志着年龄了，但是这每一种努力都

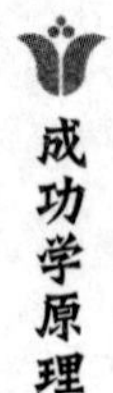

像是在掩饰年龄，保持年轻的外表。牙科医生也在他的领域帮助我们保持至少从外表看上去还年轻的牙床。

我们在调查中发现，那些40岁以后寻找工作的人如果以前没有经过培训，毫无疑问，他们将很难找到工作。然而，许多雇主希望雇用受过长期职业培训或者是从基层做起的人，因为这些人的丰富经验和智慧经常可以补偿他们欠缺于年轻人的活力和精力。

我知道60多岁的人，如果有必要，他们能在任何地方不费吹灰之力就找到好工作。这是因为他们相信自己，因为他们充满生机和活力；因为他们风趣，精神仍然年轻，无论他们的头发和胡须看上去有多白。他们不允许计算年龄，年龄使他们变得驼背，并且使他们变得干瘪和疲惫。他们苗条、活泼、热情、轻快、反应灵敏。他们不允许希望或者活泼从他们身上消失。

有些人一生都能精力充沛、上进心强、自信心强。他们好像从来没有停止成长。他们经常能够汲取新的营养，并且保持神经细胞、脑细胞、肌肉细胞的增长。这些人永远不会老。他们常常让你感觉到通常只有年轻人才具有的年轻和活力。每个地方我们都能看到那些兢兢业业的老年人，他们仍然像年轻人那样能干。如果一个人没有因为生活堕落而浪费他的生活力量，如果他生活得简单、明智，正确运用他的智慧，他的判断力，积累他的专业知识，开阔他的思想，启发他全部的天性，丰富的经验应该能够很好地弥补他欠缺的活力、活泼和灵敏。正确的生活就像滚雪球，它应该逐渐变大、变圆。

自私、贪欲、贪婪都是保持年轻外表的最大敌人，爱、友好、同情心、有益的追求都能像快乐制造者那样延长生命。

即使你头发花白，如果你显得仍然是生活的斗士，雇主也将会雇用你。雄心壮志的火焰仍然在熊熊燃烧，你仍然聪明、有上进心、有创新精神、个性独立。心中存有希望，对得到一个职位是很重要的，而失望只会一无所有。

如果经常显得年轻并且尽量保持自己年轻的感觉，将会产生强有力的、使你年轻的影响力。走起路来好像你还年轻。不要趿拉着脚步，就好像年龄已经压倒了你，走路要敏捷、轻快，不要让你的行动和你的大脑迟缓下来。

一个日报的编辑，当被问到为什么不雇佣超过50岁的人时，他回答道："如果一个人在过了50岁之后仍然能够做很多工作，他会过于认真。"他不喜欢周围的人都是年轻的精神已经蒸发了的人，他想雇用乐观的人——有远大希望的人；他希望雇用精力充沛、有热情和热心的人，而较年轻的人通常具有这些品质。

这更多的不是一个年龄的问题，而是丧失了年轻人生活性格的没有活力、没有希望和无精打采的问题。如果一个人早年很好，如果他能够很好地照顾自己，不把他年轻的、快乐的精神全部耗尽的话，如果他不是以不科学的、堕落的生活方式破坏他的活力，如果他生活简单而且思考细致，他能够保藏他的能量、生活的力量、不去过分地使用自己的能源，他就能在任何年龄段都保持年轻。

雇主们雇用年轻人，就像他们购买年轻的马匹而不是老马那样，因为年轻的更有前途，没有活力、没有用处的人是无人问津的。

毫无疑问，有很大比例的老年人正在寻找职位，如果他们能够带着年轻人那样的自信、信心、必胜的气质，那他们就能找到

好工作。

想象一个努力要取得成功的人一直在对自己说："我不希望在我所承担的工作上取得成就，我只是想有份工作，我并不希望得到那个位置，但是我会申请它。"那么，会是什么结果呢？

你也许会说，这种努力永远都不会取得成功。当老年人每次申请工作时都确信，他们没有得到这份工作的机会，那么老年人又如何有机会找到工作呢？

当然，当一个人自我承认，他已经过了最佳的年龄，他是一个没有使用价值的人，他就不要指望雇主会作出相反的选择。

假如一个有活力的人失去了他的职位、他的事业、他的财产，他仍然有希望，仍然确信有一天他会再次站起来。但是当一个老年人丢掉了财产和职位后，他再次站起来的可能性就相对较小了，即使是有了一个相对安逸与舒适的职位，除非他还有勇气和坚毅的精神。没有什么事情是如此令人沮丧和失望的。

5. 保持良好的仪表

一副好的仪表应该包括两个主要因素：洁净的身体和端庄得体的衣饰，这两个方面通常是不可分割的。一个穿着整洁的人意味着他十分在意自己的形象，而一个穿着邋遢的人给人一种随便、肮脏的感觉。

我们的形象首先是靠我们的肢体来表现的，外表的状况就是内心状况的写照。如果一个人忽视着装或者对外表漠不关心，他就给人留下一种不可爱、甚至令人生厌的印象，那么，我们可以得出结论：他的内心也是这样毫不可爱、令人生厌的——这个结论是一条法则。如果一个人不注意仪表，他就不可能拥有整洁、健全和成功的工作和生活。一个讨厌洗澡的年轻男士同样也会忽视他心灵的洁净，久而久之，他就会在堕落的道路上越走越远；一个不注重外表细节的年轻女士很快就会令人生厌，长此以往，她就会越陷越深，最终变成一个空虚、堕落的荡妇。

良好的仪表与良好的个人气质之间具有密切的联系。一个把自己打扮得像个邋遢鬼一样的人，是不可能拥有良好的个人气质的。

整洁的外表有利于个人自身的发展，同时也是一种美和社会道德的需要。每天我们都能看见很多人因为没有达到这一点而被“罚分”。我曾记得有一个非常有能力的速记员，因为没有洗干净自己的指甲而丢了饭碗。我认识一个在一家大出版公司工作的

人，他诚实而又聪明，却因没有刮胡子和刷牙而失去工作。有一天，一位女士到一家商店去买一些丝带，但是她看见售货员的手很脏，于是她改变了主意，转到其他店去买东西。“那么精美的丝带，”她说，“是不能用脏手碰的。”当然，店主很快就发现他的店员不能给他带来兴隆生意的原因，于是，那个仪表的法则就无情地生效了。这里需要强调的第一点是：要有好的仪表就必须经常洗澡。每天洗澡可以保持干净、健康的肌肤，如果不这样的话，身体健康就无从谈起。

第二点是：正确护理头发、手和牙齿。只需要花一点点时间，用一小块儿香皂，你就不难做到这一点。

当然，每天都应该梳头，如果天生就是油性发质，还需要经常用温水和比较有效的洗发水洗头；如果是干性或者中性发质，也不应该长时间不清洗。

修甲工具并不是很贵，几乎每个人都买得起一套。如果实在不能买一整套，那么你至少应该拥有一把锉刀，以保持你的指甲的长期干净和平滑。

保持健康的牙齿其实非常简单，但是和其他方面相比，很多人却不能做到这一点。我知道很多年轻男士和女士，他们穿着讲究，一副仪表堂堂的样子，但是他们却忽略了他们的牙齿。他们不知道如果牙齿不卫生、不健康或者掉了门牙，就会给这个人的仪表造成特别坏的影响。再没有什么比口臭更不礼貌的了，为了避免这样的事情发生，每个人都应该注意保护自己的牙齿。我们都知道与有口臭的人待在一块儿是非常让人难以忍受的，甚至是让人觉得恶心的。

对于世上所有为生活而奔波的人来说，有关衣着的最好建议可以一言以蔽之：“衣服不需要贵，但要优雅合身。”简单适宜的衣服也可以显得魅力十足，而且现在，有各种各样优质而便宜的布料可供选择，所以大家都能够将自己好好打扮一下。如果你没有钱为自己买一套新西服的话，也没必要为穿着旧衣服而感到害羞，你应该先尊重自己，这样，那些同样穿着旧衣服的人也会尊敬你。我们可能不可避免地要穿旧衣旧裤，但是我们决不应该穿脏衣服，因为整个世界都讨厌肮脏的东西。任何人，不管他有多贫穷，也不应该穿又脏又皱的衣服或者满是泥浆的鞋。即使你很穷，你也应该穿着优雅得体的衣服。尽量保持好的仪容，总是着装整洁，保持自信和正直——这种意识将让你在逆境中获得力量和魅力，让别人尊敬你甚至崇拜你。

很多大企业都有规定，不雇佣那些看起来满身污垢、衣衫褴褛的人或者那些仪态不佳的人。芝加哥一家雇佣了很多销售人员的零售商场的老板说：“这种职位申请的规定是必须严格遵守的，申请者的人格魅力是一个至为关键的因素。”

一个申请职位的人到底拥有多少才干和价值，这也许并无太大关系，但是，他绝不能忽视了他的个人仪表。那些璞中之玉虽具有非凡价值，但是可能不为人所识而被抛弃；而那些晶莹剔透的玻璃就很容易被选中。有一些非常注重仪表的申请者可能拥有更大机会，而那些能力超过他们却衣着随便的人倒是会被拒之门外。事实就是这样，就算是能力不及那些被拒者，他也能够获得成功。

无论是在美国还是在英国，政府招聘时都非常注意这一点。《伦敦纺织行业报告》中这样评述：“所有的部门单位都很关心个人是否穿着干净、仪表大方，他们也都非常注重职员在生产过

程中是否认真。一个个人习惯懒散的工人，在工作中也会很不仔细；而一个很留意自己仪表的工人，也会同样认真地对待自己的工作。这不仅适用于生产过程中的工人，而且也适合产品的销售人员。事实上，那些聪明的售货员不都是非常在意自己仪表的吗？如果一个人非常留意自己的个人习惯，如着装，那么这就意味着他是一个有心人，是一个勤奋者——这似乎已经成了一条铁的定律。”无论是男士还是女士都无法否认：一个成功的人，在其个人方面都存在一个潜在的因素，那就是对个人仪表的注重，因为“他的个人气质是与他的衣着相符的”。穿着讲究的这种意识可以让人的气质更加优雅，让心情更加放松；不合时宜、不重细节的穿着会让自己觉得别扭、压抑。我们的穿着明显在影响着我们的心情、自信，大家是否都有这种感觉——或者谁真的没有同感？——这种感觉在你穿新衣服或是穿合身的衣服时就会有。拙劣、肮脏或者不合身的衣服都会给人的心情、精神带来不良影响。伊丽莎白·斯图亚特·菲尔普斯曾经这样说：“干净整洁的服装是人的精神力量的源泉，这与人的良知同样重要。很多穿着浆过领的衣服、带着干净手套的人在困难面前显得无比从容，而如果他们衣冠不整，则很有可能被困难打倒。”

无论从哪方面来说，穿着讲究一点都是很值得的。好的衣着就像是一针兴奋剂，它能刺激我们的神经。几乎没有人可以不被他所在的环境影响，即使他非常镇定、意志力非常强。如果你半裸着躺在床上，让房间摆设杂乱无序，你会非常松懈，因为你并不需要也不愿意见到别人，但是你的服饰和环境也会很快影响你的心情：你的情绪就会低落，头脑也将和你的身体那样变得懒散、颓唐和漫不经心。从另一方面来讲，当你心情抑郁的时候，当你觉得身体有点不适并且不能去工作时，千万不要穿着你破旧的睡袍、躺在被窝里，你可以好好洗个澡——如果条件允许，你可以来个蒸汽浴——然后，穿上你最漂亮的衣服，你就会感觉换了个人似的。这个时候，那些忧郁的心情和你那种不快的感觉就如过眼云烟一样消失得无影无踪，你的整个生活也将发生一个很大的改变。

我讲着装的重要性，并不意味着你要花费大量的金钱在服饰着装上，每天都要花一个小时来打领结。过分迷恋着装比完全不在意着装更愚蠢，过分迷恋着装的人已经坠入了迷恋服饰的深渊，已经把着装当做了债务，已经忽视了应该承担的对别人、对自己的义务，他把绝大多数醒着的时间都用在了着装打扮上。但是，我认为着装对我们自己以及对我们的环境都有很大的影响，因此，着装打扮是我们的义务，我们应该根据环境要求与自己的风格来穿衣。

很多年轻男女都误认为穿衣讲究就是一定要穿名贵的衣服，这种观点与那些认为服饰是微不足道的观点一样，都是错误的。他们把应该用于学习和做其他事的时间都用在了考虑怎样从那点微薄的薪水里省出钱来，买那些摆在时装店橱窗中的昂贵的帽子、领带或者外套。假如他们买不起自己所垂涎的东西，他们就会买一些廉价的假冒伪劣商品，而这样做只会使他们显得更加荒唐可笑。这种类型的年轻男士带着便宜的项链、系着朱红色的大花领带、身穿宽格子布的衣服，他们往往没有什么社会地位。他们为衣服而活着，没有时间去提高自己的文化修养，也没有时间来考虑提高社会地位的问题了。

过分讲究衣着的女士和这些花花公子一样，她们的举止行为

无不与衣服有着紧密的联系。她们骄傲、浮华、庸俗，她们衣着的风格反映出一种比那些着装不整、仪表邋遢的人更为讨厌的品质。莎士比亚曾经说过一句为世人所公认的话："一个人的衣着常常能反映出他的气质。"有一些青年男女常常为衣服所困，因为他们认为那些漂亮的衣服是不可抗拒的。乍一看，从一个人的穿着上判断他的个性气质可能有点肤浅和武断，但是，事实证明，一个人的穿着总是可以反映出他的品位和气质的。对于那些希望成功的人来说，选择服饰与选择伴侣一样重要，就如一句古老的谚语说的那样："告诉我你的朋友是什么样的人，我就可以告诉你你是什么样的人。"有一个哲学家就照此编了一句："告诉我这个女人一生都穿了些什么样的衣服，我就可以给她写本传记。"西德尼·史密斯曾经这样说过："教一个小女孩儿藐视外貌和服饰的意义是非常愚蠢的。对于她来说，外表的美丽是非常重要的，在她的一生中，她的幸福与希望也许会常常取决于一件漂亮的睡衣或者一顶精致的帽子。如果父母了解一点点这样的常识，那么就应该告诉她仪表、服饰的价值。"

确实是这样——服饰并不能造就一个人，但是，服饰确实在深深地影响着人的一生，这一点或许我们从未预料过。有人认为服装反映了一个民族的特征和气质，这句话并无夸张之处，因为服装确实可以非常有效地刺激一个人的行为。像布封这样伟大的自然学家和哲学家都认为衣着对思想有影响。他甚至认为没有一身得体的衣服，他就很难正确地思考问题，所以，他在开始学习和工作前，总是要非常认真地准备着装。

6. 通过演讲提高自己

你是否想成为一名演说家并不重要，重要的是每个人都必须具备一种自控力，具备一种冷静和镇定的素质，能够在任何一批听众面前站出来，清晰明确地发表自己的看法，而无论听众有多少，哪怕多得可怕。

从某种程度上说，培养自我表达能力是发展脑力的唯一方法。这种开发可以通过音乐，可以通过画布，可以通过演说，可以通过推销商品或是写作。总而言之，都必须通过自我表达能力的培养。

自我表达能力以各种合理的形式展现出一个人的内涵，包括他的应变能力和创新能力。而没有一种自我表达方式像公众面前的演讲那样能够全面有效地锻炼人的才能，迅速地提高其实力。

如果一个人没有学习过表达的艺术，尤其是在公众面前的口头表达艺术，那就很难想象他能成为一个完美的人。在任何时期，演说都被认为是表现个人能力的最高形式。由此可见，一个年轻人，无论他想做什么样的人，铁匠或是农民，商人或是物理学家，他都应该好好学一下演讲的艺术。

人们会为了发表公众演说而不懈地努力，没有什么会如此迅速有效地发挥人的潜能了。当一个人开始独立思考在公众面前发表即席演讲的时候，他的个人力量和技巧便被置于严酷的考验之下。

不过，如果一个人想显得更有教养，他就应该训练自己独立思考的能力，这样才能在任何仓促的情况下起身发表自己的高见。现在，发表演讲的机会正在迅速增多，许多原先在办公室解决的问题都被搬到了餐桌上，各种生意谈判也转移到了餐桌上。餐桌演讲从没有像今天这般受到重视。

我们知道有些人靠着自己的勤奋和毅力赢得了崇高的社会地位，但他们仍旧不善于在公众面前发表演讲，甚至不知如何随便说上两句话。即使有这么一两次经验，当时也一定颤抖得像风中的树叶。然而，他们在自己年轻的时候，在学校的时候，在辩论社的时候，有着许多机会来抛弃忸怩的心态，培养自己轻松熟练地即席演讲的能力。可是他们在机会面前都退缩了，因为他们很腼腆，或者认为总有人更善于辩论，因而自己没有必要去做些什么。

现在，有许许多多的生意人情愿掏上一大笔钱，条件是只要他们能够回到学校，重拾那些曾经浪费的机会，学习独立思考和发表演说的能力。因为他们如今有钱有地位，但当他们被叫起来发表演讲的时候，整个人又会变得一文不值。这时，他们所能做的，只是显露窘态、满面通红、结结巴巴地道个歉，再坐回到位子上。

我认识一个住在纽约的年轻人，他资质聪颖，在很短的时间内就被提升到管理层。一次他告诉我，在宴会上以及其他一些社会活动中，当他被叫起来发表讲话的时候，他惊奇地发现竟然拥有这种连自己都不敢置信的能力。现在他最后悔的一件事，就是自己曾经让这么多发表演讲的机会偷偷溜掉了。

如果一个人不断地训练自己用清晰、简洁、有力的语言表达自己的想法，那么他的选词就会更精练、表达更直接、措辞更恰当。由此可见，发表演讲可以通过这种或那种方法培养智力和个性。这就可以解释为什么一个大学生加入公共辩论活动或者辩论社团后就能迅速地提高个人能力。

前段时间，我参加了一次会议。有位与会者是团体的高层人物，且在该领域中占据举足轻重的地位。当他被邀请就所讨论的议题发表一些见解的时候，只见他哆哆嗦嗦地站起来，结结巴巴地说了两句前言不搭后语的话。他甚至无法掩饰自己的窘态。这个人身居要职且阅历丰富，但当他站起来的时候，他就像一个无助的孩子，觉得自己卑微、难堪、尴尬。他也许愿意付出一切，只要自己能在早年深造的时候学会如何掌控自己，学会如何独立思考，学会如何有理有据地表达自己的想法。

正是在这个会议上，正是这位被所有人尊敬和崇拜的人，在他准备对自己所熟知的问题发表高见的时候却张口结舌。正是这个人，在站起来的时候头脑混乱、忸忸怩怩、严重怯场以至于什么话也说不出来。也正是在这个会议上，有一个住在同一个城市的商人，他才疏学浅，解决问题的能力连那位专家的百分之一都不如。然而就是这个人站起身，发表了一通精彩的演说，而对他不甚熟悉的人自然认为他的水平比专家高得多。这位商人只是能够独立说出自己最擅长的话题罢了，而那位专家不善于此道，于是居于非常不利的位置。

查斯特菲尔德伯爵说过，每个人都会选择恰当的词汇，而不是糟糕的语句。每个人都愿意说话得体，而不是词不达意。他会举止优雅，手势得当。只要他愿意注意说话的习惯并为之付出努力，他就会变得讨人喜欢，而不是令人生厌。

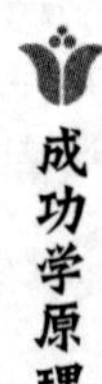

做好演讲需要艰苦的努力和细心的准备。获得未知的能力只能靠不断的学习。你的说话风格、举止和组织语句的能力都将来源于细心思考和用心训练。

最令听众昏昏欲睡的东西就是单调的演讲，所表达的东西没有任何变化。演讲必须有变化，缺乏变化的演讲只会变成催眠。

这一点对于平调的演讲来说尤为正确。如何使用升调和降调是一门学问，它会教人怎样运用抑扬顿挫来吸引听众。

格莱斯顿曾说过："100个人中会有99个从未站起来演讲过，因为他们完全忽视了对声音的训练，并且认为这种训练毫无必要。"

据说，有位德文郡公爵，在他做演讲的时候听众可以睡上一小觉。

他非常精于发表枯燥无味的演说，说话声音保持嗡嗡的一成不变的调子，再不时地停顿一下，就像不时从睡梦中惊醒一样。当一个人在听众面前独立思考说话的时候，他必须迅速、积极、有效地开动脑筋。与此同时，他还必须通过抑扬顿挫的语调传达出自己的想法，并配以恰当的表情和手势。这一切都需要他从很早的时候就开始练习。

一位未来的演说家必须在年轻的时候就训练良好的体魄，因为说话的力度、热情、信仰和意志都深受身体状况的影响。他也必须训练自己的体态，养成良好的行为习惯。回想一下韦伯斯特和海恩之间那场精彩的辩论。如果当时韦伯斯特坐在参议院里，将脚放在桌上，那会是怎样的效果？再想象一下，像诺迪克这样的知名歌手为了激发观众的情绪，只是懒散地坐着或者躺在沙发上，那又会是怎样的效果？

早一点进行演讲方面的训练，就能帮助我们通过阅读和查字典来掌握较大的词汇量，因为说话还是要靠语言。

为了成为演说家所做的努力能够大大提高人的脑力。通过吸引注意力、刺激情绪、说服听众所带来的成就感足以给人自信和独立感，启发理想，帮助人们更好地参与别的工作。一个成功人士所具备的素质，包括勇气、气质、学识、判断力，都会如一幅画卷般被展开。各种脑力都被开发，思维能力和表达能力也被激活。文思泉涌而出，语句精雕细琢，演讲者从自己的教育、经历、先天与后天能力中汲取力量，全力赢得听众的赞同和掌声。

所有这些努力会充分调动人的潜力，使人眉心出汗、两眼放光、面颊绯红，血液在静脉内奔涌。舒缓的脉搏被激活，淡忘的记忆被唤起，丰富的联想使人想出平日不见的修辞和比喻。

这个被演讲所唤醒的人格所造成的影响不仅限于演讲本身。有理有序地调动一个人所有的潜能，唤起他所拥有的能力，这会帮助他将自己的本领始终放在手边，随时备用。

没有人会像演说家一样被考验自己的内涵，也没有人会像演说家一样要冒被揭短或是被他人取笑的危险。需要独立思考能力的公共演讲是提高能力的很好的老师，除非那个人是个不要颜面、没有羞愧感、不在乎别人怎么想的人。除了演讲以外，很少有什么能够如此完全地暴露一个人的缺点、他思维上的疏漏、表达能力的不足和词汇的缺乏。除了演讲以外，没有什么能够如此这般成为一个人个性、阅读量和观察力优劣的试金石。

演讲词应当简洁而精练，应当学会点到为止。切中主题之后没有必要继续拖沓。缺乏老练、判断力和分寸感只会减弱自己的说服力或者激怒听众。不要在说清自己的观点之后还说个不停，

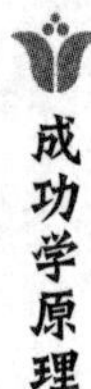

这样会破坏自己辛苦树立的良好形象。

辩论社是演说家的摇篮。无论它距离你家有多遥远，参加活动会遇到什么样的困难，挤出时间有多么不易，你从中所获得的训练将使你受益匪浅。例如，林肯、威尔逊、韦伯斯特和帕特里克·亨利都是从旧式的辩论社里得到的关于演讲的训练。

千万不要以为，由于你对于国会法案一无所知，所以就不能担任俱乐部或辩论社的主席。这个职位仅仅是用于方便你学习的，当你接受此职位后，你才会对规则有所了解，因为除非你身在其位而不得不制订规则，否则你永远都不会知道规则都是些什么。尽量多地参加青年组织，尤其是以自我提高为目标的组织，并且强迫自己抓住每次机会发表看法。如果没有机会，就去创造机会，主动站起来，对每个讨论的议题都发表看法。不要怯于发表提案、附议提案或者就此发表观点。不要总是等到完全准备好了才说话，这样你会永远也张不开口的。

你的每次起立发言都会增强你的自信心，很快，你就会养成发言的习惯，而发言也会成为一件简单易行的事情。没有什么能像辩论社或是各式讨论那样迅速有效地提高年轻人的能力。一大批公众人物的个人发展都更多地得益于他们在旧式辩论社中的锻炼。正是在那里，他们找到了自信和自立，证明了自己的能力。正是在那里，他们学会了不惧怕自己，学会了如何有力且独立地陈述自己的观点。没有什么像辩论中的唇枪舌剑那样更能唤醒一个年轻人的潜能，这是对脑力强有力的考验，正如摔跤是对身体的考验一样。

不要胆怯地缩在座位上，要勇敢地走上前台。不要怯于表现自己，龟缩在角落里，躲避他人的视线，或是逃离公众的目光，这只会失去你的自信心。

在校学生尤其会从公共辩论和演讲中抽身而出，理由是他们在现阶段所接受的教育还不够。他们想等上一段时间，这样他们就可以更好地使用语法，更多地读一些历史和文学著作，做个更有文化的人，培养多一点自信。

然而，如果想做出优雅放松的举止，获得平衡良好的心态，避免在公共集会中手足无措，最好的方法就是去实践。一遍一遍做着同一件事情，直到把它变成自己的一部分。如果你被邀请在大家面前发言，无论你多么想退缩，无论你有多么害羞，你都应当坚决地接受邀请，而不应让这个提高自己的机会白白溜掉。

我认识这样一个年轻人，他具有公共演讲的天赋，但他非常腼腆，总是拒绝在宴会上或是其他公共场合发表演讲的请求，因为他担心自己的经验还不够。他对自己缺乏信心，或是过于强调自尊，担心自己在演讲的时候会失误，以至于丢面子。于是他等啊，等啊，等到自己自信全无，才发觉自己再也不可能在演讲方面有所建树了。他愿意付出世界上的任何东西，只是为了换回那些邀请他发言的机会，因为到那时，他就能获得许多的经验。即使他在演讲时犯个小错误，甚至中断几次，其结果也比失去许多次的锻炼机会要好上一千倍。因为那些机会足以将他培养成一个出色的演说家。

所谓的“怯场”是非常常见的。一个大学生背诵了一篇演讲《致应征入伍的父亲们》，他的教授问：“这是恺撒说的话吗？”“是的，”学生答道，“如果恺撒被吓得半死，并且紧张得像只猫的话。”

一旦一个缺乏经验的演讲者发现所有的眼睛都在注视着

他，所有的听众都在心中暗暗打量他、审视他、掂量他有几分内涵、看他与自己所期待的有何差距时，他就会变得紧张不安、羞愧难当。

有些人天生敏感，当别人注视他们的时候，他们便无法张口说话，哪怕他们对被问及的问题深感兴趣或者颇有见地。在辩论社、文学社以及其他社团的会议上，他们静静地坐在一角，有满腹的话语却没有勇气说出来。即使他们站起来提出议案或者在公共集会中发表演讲，他们也会被自己的声音吓回去。一丁点表现自己的念头，一丁点就有价值的问题发表意见和建议的想法，都会让他们满脸通红，更加害羞地退缩到一旁。

尽管如此，这种羞愧往往并不怎么源自对听众的恐惧，而是来自于无法恰当地表达自己观点的担心。

对于演讲者来说，最难克服的是一种自重的心理，因为他们很难不去在意那一双双注视着自己的眼睛，那一双双审视他、批评自己的眼睛。但是，只有当演讲者抛弃自我，完全抛弃自重的心理，在演讲中完全遗忘自我的时候，他才会给人留下完美的印象。如果他犹豫于应该给听众留下什么样的印象，或是人们会如何看待他的演讲，那么他的魅力就会受损，他的演讲也会因此而显得呆滞。

甚至讲台上的一个小错误也有好处，在于它常常鼓励演讲者下定决心下次一定取得成功，下次一定不犯这个错误。德摩斯蒂尼的历史功绩和迪斯累利的名言“我闻名世界的日子即将到来”正是最好的例子。

并非是演讲本身，而是发表演讲的人，打通了通往前方的路。

一个人变得举足轻重，是因为他本身是力量的象征，是因为他相信自己所说的一切。他的个性中没有否定、怀疑和犹豫。他不仅熟知一样东西，更确信自己对事物的了解程度。他的观点显得和他的人一样举足轻重。他坚信自己的判断力，他整个人与他的信仰、他的行动连为一体。

我所听说过的最令人迷醉的演说家却无法使他的听众信服，因为他缺乏个性的自我。人们喜欢为他的口才所倾倒，他完美的语句中蕴涵了美妙的抑扬顿挫。但是，听众就是不能相信他话中的真实性。

演讲者必须为人诚实，因为人们会很快地发现演讲中虚假的东西。如果他们在你的眼中看见沙子，发现你不那么诚实，发现你只是在演戏，他们就会怀疑你的每一句话。只是说一些好话，说一些有趣的话，是远远不够的。演讲者必须有说服力，而说服力来源于演讲者真实诚恳的表达。

伟大的演说成为历史的明灯，只有那些有所准备的演讲者才可能在时机到来的时候对世界施以影响。

很少有人会激发他们的潜力，在公众面前站起来。他们或许根本没有发觉自己所有的潜能，除非一些大事件被摆到他们的面前。在一些重要的时刻，我们和其他人一样惊奇地发现，我们可以超越自己。某些暗中的存在于我们灵魂深处的力量帮助了我们，千百倍增强了我们的能力，使我们办到了原先认为不可能办到的事情。

因此，很难估计演讲方面的练习会在我们的生活中扮演多么重要的角色。

一旦国家处在危难中，时代便会推出一批享誉世界的演说

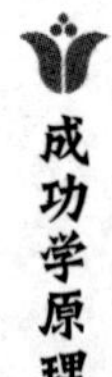

家。西塞罗、帕特里克·亨利、韦伯斯特和约翰·布赖特就是最好的例子。例子之一就是美国参议院史上最精彩的一次演说：韦伯斯特对海恩。韦伯斯特没有准备稿子的时间，但当时的场合刺激了他所有的能量，于是韦伯斯特以一种居高临下的气势驳斥了海恩，使后者显得像侏儒一般卑微矮小。

作家的笔下也出了不少天才，但与时代造就的演说家比起来，笔的"造星"过程要慢得多，效果也没那么明显。每次危机都会将人们原先不完善的被忽视的能力召唤出来。

截至现在，还没有一位演说家伟大到可以对一个空荡荡的大厅也施以同样的影响力、魅力和魔力，就像面对一群会为他的演讲而激动的听众一样。

一位演讲者走上讲台之前说不出的话，面对听众却能如泉涌而出，正如我们与朋友兴致勃勃地聊天时说出的话，在我们独处时是说不出来的一样。面对听众，演讲者心中就会升起一种魔力，一种无法解释的魔力，它会刺激人的脑力，就像是滋补品和兴奋剂。演讲者会感觉听众的力量在他的脑海中奔涌，他称之为灵感，一种他独处时不可能拥有的东西，就好像两种元素合在一起能形成一种新的物质，而它们分开以后就什么都形成不了了。

演员告诉我们，他们能从管弦乐队、舞台灯光和观众中感受到一种不可思议的灵感，而这种灵感在冰冷机械的彩排时是感觉不到的。这是因为众多期待的目光蕴涵着某种力量，它可以唤醒人的斗志，提升人的能力，而这种力量在没有听众的时候是不存在的。可以说，力量总是深藏于演讲者心中，并不时地被唤醒。

在演讲者的面前，听众会完全受控于他的力量。他们如他所愿地或笑或叫，心情起伏波动，直到演讲者解除他所施的魔法。

演讲令听者血液沸腾，感情激动，不能自制。这是怎样一种魔力呀!

“他的话就是法律。”这句话被用来形容一位用演讲震撼世界的政治家。还有什么艺术能像演讲一样改变人的看法呢?

温德尔·菲利普斯正是如此震撼人们的情感，如此改变了厌恶他的思想。他改变了喜欢听他演讲的美国南方人的看法，后来，他几乎使南方人相信他们真的做错了。我见过如有神助般的他，只见他以一种大师的气魄影响他的听众。一些在奴隶制时期反对他的人也在场，而且忍不住为他的表现欢呼雀跃。他改变了他们的想法，并渐渐纠正了他们的偏见。

一个学生在谈及他与一位传教士的经历时如是说：“他告诉我们谁是圣人中的圣人。”演讲难道不是一门艺术吗?雄辩的口才就像一股泉水，生命的泉水，滋润了千万的人，使荒原的碎石重现生命的光辉。

7. 礼貌能给你带来财富

传说有一次，维多利亚女王用一种命令式的口吻对她的丈夫说话。阿尔伯特亲王的自尊被她的话语刺伤了，他回到自己的卧室关上门，反锁上，想独自安静地待一会儿。过了5分钟，有人敲门。

“谁在敲门？”亲王问道。

“是我。快给英国女王开门。”女王傲慢地答道。

没有人回应她。

隔了很长时间，传来了一阵温柔的敲门声和谦卑的声音：“是我，维多利亚，你的妻子。”这时门开了。

礼貌对于男人就像美丽对于女人一样重要：它给人们带来对他的第一印象。

“我并不觉得乔特那夸张的陈词有多高明，”某陪审团中一位头脑简单的成员说道，这个陪审团对那位雄辩的律师辩护的5个连续的案件作出了判决，“但是我要说他的确是一个运气非常好的律师，因为在我们陪审团判决的5个案子中，他都是在为有利的一方辩护。”显然，律师的气质和逻辑让人无法阻挡。

当爱德华·埃弗雷特在欧洲深造了5年后到哈佛大学担任教授之时，他几乎被学生们当做神一样崇拜。他的气质似乎深受一种只有在接受过杰出教育的淑女身上才会显现出来的优雅风度所影响。他伟大的声望存在于一种人人都能够感觉得到的，但是无人可以描述出来，也从不会从他身上消失的神奇的氛围里。

英国的爱德华国王，当时还是威尔士王子，是全欧洲知名的第一绅士。一次他邀请一位声名显赫的人士与他共进晚餐。当咖啡呈上来时，出乎大家意料的是，那位客人竟然端起茶杯喝起咖啡，席上开始传出一阵讥讽性的窃笑。王子殿下很快注意到了这不合时宜的窃笑发生的原因，郑重地把咖啡从他的杯子里倒进茶杯，学着那位客人的姿势喝了起来。一阵沉默和窘迫之后，其他高贵的王室成员放弃了嘲笑的态度，也和王子一样用茶杯喝起了咖啡。

当俄罗斯的叶卡捷琳娜二世招待她的贵族部下的时候，她下令把下述礼节规定印在了卡片上：绅士们不许在宴会上喝醉；禁止贵族殴打他们的妻子；禁止宫廷里的女士们用茶杯里的水漱口；禁止用桌布擦脸；禁止用刀叉剃牙。但是今天的俄罗斯贵族在举止上已经和常人一样了。

"Etiquette"一词原来是指贴在包裹上标志其内容的票签或者标签。如果包裹上有这样的标签的话，就说明它还未被检查过。然后，一些需要遵守的规定会被印在卡片上以提醒客人注意。这些规定就是"票签"或者礼仪。成为"票签"或者根据卡片解释的如何说和做，便成了有教养的阶层的行为。

对拿破仑来说，在被任命为法军驻意大利的总司令之前和约瑟芬结婚是非常幸运的。她那迷人的魅力和动人的劝说能力要比几十名追随他并能够提高他的号召力的法国人对他的忠诚还有用。约瑟芬在客厅和沙龙里就如同拿破仑在战场上一样，都是卓越的统帅。她的魅力使这位皇后不仅成为法国人民心中的偶像，也成为她的丈夫所征服国人民心中的偶像。而有关她的魅力的秘

密所在，她自己解释得很清楚。“只有在一种情况下，”她对一位朋友说道，“我会不由自主地用到这个词，‘我祝愿’——也就是那时我会说‘我祝愿我身边的所有人都天天快乐！’”

“虽然当她路过时只是高兴地说了一句‘早晨好’，但是这却把早晨的光辉延伸到了全天。”

一个优雅的举止不仅仅能够弥补所有的自然缺陷。最有魅力的人通常都是举止最有风度的人，而不是外表最漂亮的人。希腊人认为美丽是神灵对人特别偏爱的证明，还认为美丽是值得装饰和炫耀而不会被外在的傲慢所破坏的东西。他们理想中的美丽必须反映内在的迷人的品质——例如快乐、宽容、满足、仁慈和友爱。

米拉波是法国最难看的人之一。据说他长了“一张布满了得天花而留下的凹坑的脸”，但是他的举止风度和魅力几乎无人能抵挡。

生命与性格的美丽，如同艺术的美丽，是没有尖锐的棱角的。它的线条连绵不断，曲线与曲线连接得非常柔和。正是那些尖锐的棱角妨碍了许多人变得美丽。许多人彬彬有礼和风度翩翩，这使得他们的影响力和成功的机会成倍增加。

把骨头扔给一条狗，它就会用嘴叼着骨头跑开去享受了，但是它不会摇尾巴。而把狗召唤过来，轻轻摸它的头，让它从你的手里叼走骨头，它就会感激地摇摆它的尾巴。狗都能够分辨出善恶和亲切的行为，那些不做善事的人就不要指望得到感激的回报之笑了。

“在罗马向一位路人询问道路，”有人说，“他一般都会给予你一个文明而有礼貌的答复。但是在这个国家（苏格兰）向路人询问同样的问题，他一般会回答：‘用你的狗鼻子一路嗅着走，就可以找到想去的地方了。’”但是谴责主要是针对上层社会的，原因在于在这个国家，下流社会的粗暴无礼完全是由于上层社会不能够言行文明所致。

我至今仍然记得我第一次到巴黎时的惊讶。我头天晚上与一位银行家待在一起，他把我带到一家小旅馆，或者我们可以称之为膳宿公寓。当我们到达那里时，一个侍女来到门前。那位银行家摘下他的帽子，弯腰对侍女施礼，并且称她为小姐，就像她是一位大家闺秀一样。之所以那里的下层社会如此有礼貌，正是因为那里的上层社会对待他们彬彬有礼。

良好的教养本身就是财富。举止优雅的人离开金钱也可以成功，因为他们拥有通往世界各地的“通行证”。所有的大门都对他们敞开，他们无须付出金钱和代价就能够自由通行。他们几乎能够享受一切，而无须购买或者拥有。他们就如同阳光一样处处受到欢迎，为什么呢？就因为他们的确带去了光明、阳光和欢乐。他们消弭了羡慕和嫉妒，因为他们给每个人都带去了善良。蜜蜂是不会去刺一个浑身涂满蜂蜜的人的。

查斯特菲尔德说：“一个人的良好教养是抵挡他人粗鲁言行的最好保障，与之伴随的是一种令最狂妄的人都不得不佩服的尊严。不良的教养会让最羞怯的人都不拘礼节。”没有人会对马尔伯勒公爵谈起不雅之事，也没有人会对罗伯特·沃波尔爵士大谈风度。

真正的绅士是不会怀有诸如报复、仇恨、嫉妒和羡慕之类会激起他人敌意的心理的，因为这些感情是毒害精神生活的因素，会让灵魂枯萎。宽容大度与和蔼可亲对一个想拥有优雅举止的人

是至关重要的。

一位绅士就是一位温文尔雅的男士：不会多，不会少。一颗精美的钻石最初就是没有加工过的粗糙的石头。一位绅士是文雅、谦虚和有礼貌的，不会轻易就生气。他从来不会考虑到罪恶，也不会臆测。他抑制了自己的欲望，提升了自己的品位，征服了自己的情感，掌握了演讲的技巧，并且把别人都看做和自己一样优秀。绅士就像瓷器一样，在上釉之前必须描画好。在被烧造之后不会出现什么变化，所有涂上去的东西在日后都会消退掉。除了勇气、快乐、希望、美德和自尊之外，即使他丧失了一切财产，他仍是一位真正的绅士，仍然非常富有。

早在2000年前，亚里士多德就给我们描述了真正的绅士："宽宏大量的人不管运气如何都能够自我调整。他不会让自己亢奋不已，也不会自暴自弃。他不会由于成功而喜悦，也不会由于失败而沮丧。他从来不会去尝试危险，也不会去惹是生非。他不会谈论自己或者他人的长短。他不会在乎是否自己得到赞扬，或者别人招致谴责。"

"我听说你替代了富兰克林博士。"法国总理对杰斐逊先生说。后者刚被派到巴黎接替我们最受欢迎的代表工作。"我只是接替他工作，没有人能够代替他。"他回答如此巧妙，难怪他会赢得欧洲最优雅的宫廷的敬重。

"你不应该答谢他们的致敬。"当教皇克莱门特十四世对那些鞠躬向他庆祝登基的大使弯腰回礼的时候，典礼的主持人对他说。"哦，请原谅，"克莱门特答道，"我已经很久没有当教皇了，以至于我都忘记礼仪了。"

库珀曾经说过："谦恭、明智和接受过良好教养的绅士是不会侮辱我的，其他人也没有那个能力。”

“我从不会相信别人的诽谤，”孟德斯鸠说过，“因为如果他们是无中生有的话，我就会有被欺骗的风险；如果他们说的是真的，也不值得讨厌别人。”

“我认为，”爱默生说过，“汉斯·安徒生的故事中说到的为国王用蛛网编织的衣服是如此精致，以至于人们都看不见。但是它却意味着礼仪，它才真正能够掩盖一个高贵的本性。”

没有人能够完全估量出，在生活中拥有优雅的仪表，周到谨慎，加之充满人性的同情心是多么关键。它们是优雅的本性结出的善良果实，又是社会精英开启宝库的钥匙。礼貌就像我们呼吸的空气一样通过持续的、坚定的、始终如一的和难以克服的行动来激怒或者安慰我们，使我们变得野蛮或者文明，让我们兴奋或者沮丧。即使力量本身也没有文雅的一半威力，就如同精致的润滑油一样使我们相互之间的关系变得融洽，并且让社会机器毫无故障地发挥它的作用。

“没有一种方法能够和礼貌相提并论，因为优雅的言行总会让伶牙俐齿也望而却步。”在这个世界上礼貌的艺术就是进步的艺术。

据说，犹太人是世界上最讲礼貌的民族。在各个时代，他们都遭遇到不公正的对待和辱骂，被剥夺他们基本的公民权利和社会权利，但是在世界各地他们还是那么彬彬有礼、和蔼可亲。他们几乎没有人站出来反控诉，他们忠实于老朋友，他们要比其他人更能体谅别人的偏见，总的来说要比其他人更淡泊于名利和金钱。总之，他们在礼节、亲和力以及忍耐力上要超越其他的民族。

“男人，就要像子弹一样，”里克特说，“在他们最顺利的时候要走得最远。”

当拿破仑听到他的妻子约瑟芬允许一位年轻英俊的男士坐在她身旁的时候，他非常生气。约瑟芬解释说当时她没把他当做将军，而是他军中一位完全不懂宫廷礼仪的上了年纪的将军，才让他坐在她旁边的。她不想伤害那位忠诚的老兵的感情，所以允许他坐在身旁。拿破仑因为她的礼貌而对她大加赞赏。

有一天，杰斐逊总统和他的孙子一块骑马时碰到一个奴隶，奴隶脱帽鞠躬向他们问候。总统也脱下帽子回礼，而他的孙子却忽略了这个黑奴的礼貌。“托马斯，”他的祖父说道，“你允许一个奴隶比你自己还要像绅士吗？”

詹姆斯·拉塞尔·洛维尔对待乞丐就如同对待贵族一样。一次有人看到他用意大利语和一个街上的手风琴演奏者交谈了很长时间。他和那位演奏者谈论着双方都很熟悉的有关意大利的风景的问题。

一位年轻的小姐在急匆匆地拐过一个街道拐角时，不小心狠狠地撞上了一个衣衫褴褛的行乞的小男孩，差一点把他撞倒。她尽可能快地停下来，然后转过身来亲切地对他说：“实在对不起，小弟弟，我对撞到你十分抱歉。”那个小男孩惊讶地看了她一会儿，然后脱下他的破帽子，微笑着对她说：“我原谅你，小姐。下一次你再撞到我时，你就直接把我撞倒，我毫无怨言。”在那位小姐离开后，他对他的同伴说：“吉姆，这可以说是第一次有人请求我原谅。”

“尊重挑夫，夫人，请尊重那位挑夫。”拿破仑一边说着，一边礼貌地站到一边，为一位身挑重担的挑夫让路。而他的同伴却似乎想要霸占着道路。

一位华盛顿的政治家前去马萨诸塞州的马谢费尔德拜访丹尼尔·韦伯斯特。为了走捷径，那位政治家来到一条他无法渡过的溪流旁。于是他把一个外表粗俗的农夫叫到面前说，倘若农夫能够背他过河，他愿意出两角五分钱。那名农夫把他扛到宽阔的肩膀上，安全地放到了对岸，但是却拒绝接受那两角五分钱。不久之后那位乡村老农出现在屋子里，向那位目瞪口呆的拜访者自我介绍，说他就是丹尼尔·韦伯斯特。

加里森对待那些从背后扯着他的衣服把他从街上拖过去的暴徒就像对待国王那么恭敬。他是当时最尊贵的人。耶稣基督即使对那些迫害他的人也是非常谦恭，在十字架上忍着剧痛，他喊道："上帝啊，饶恕他们吧，因为他们不知道自己在干些什么。"圣保罗对阿格里帕的演说就是高贵的谦恭和以理服人的雄辩的典范。

优雅的风度对年轻人来说是一笔财富。

"为什么我们的朋友从未在生意中获得过成功呢？"一个男子在离开数年之后回到纽约时这样问道，"他拥有足够的资金，对他的行业充分地了解，以及超常的机灵和睿智。""但是他为人孤僻、乖戾，"人们回答，"他总是疑心他的雇员欺骗了他，而且对他的顾客一点儿都不客气。因此，没有人愿意全心全意为他办事，他的顾客也到那些待人热情的商店购物去了。"

奇怪的是差异总是让我们变得无礼，这是我们的内心所憎恶的，并且会让我们感到非常羞耻和难堪。我们必须克服过分的羞怯，它是获得完美风度的障碍。这对盎格鲁—撒克逊人和日耳曼人来说是独有的，而对高度发达的文化来说却总是一个障碍。它是最杰出的组织和最高类型的人性的弊病，但是它从来不会发生在粗鄙的和庸俗的人身上。

缺乏礼貌的言行通常会压制诚实、勤奋和活力，但是恰当的言行却能够保持这些优点，尽管会产生其他的缺点。就拿两位男士举例子吧，他们除了在礼节上不同，外在其他方面都一样。如果其中一位十分具有绅士风度，善良、待人亲切，善于安慰他人；而另一个一点都不体贴人，粗鲁、傲慢无礼。我敢说，前者会富裕起来，而那个粗鲁的男士会挨饿。

许多真正文雅的人都被认为略显呆板、自大、保守和傲慢，其实他们并不是那样的，而只是仅仅有一点与常人不同和害羞而已。

牛顿爵士是他那个时代最羞怯的人。他好多年都一直不肯承认他的伟大发现，就是因为他唯恐人们把注意力集中在他身上。他不愿意把自己名字和月球运行的定律联系起来，就是为了避免相遇的熟人。乔治·华盛顿十分笨拙和害羞，举止言行也如同乡巴佬一样。维特利大教主如此羞涩，以至于他会尽可能地逃避一切注意力。最后，他决定放弃尝试改变他的羞怯："为什么，"他问自己，"难道我应该一辈子都忍受这样的痛苦吗？"但是出乎他意料的是，他的羞涩突然消失了。

在舞台或者讲台上锻炼，并不一定能够根除羞怯的病症。大卫·加里克，伟大的表演艺术家，一次被传召到法庭上作证。尽管他以著名的沉着冷静表演了30年，但是在法庭上他却非常困惑和局促不安，法官只好让他离开了。

有许多杰出的人物在大街上非常勇敢，在战斗中他们毫不畏惧地冲向敌人的枪口，但是在会客室里他们却胆怯了，不敢在公众面前表达自己的观点。他们感觉到了社会规则细微的限制，这封住了他们的嘴，锁住了他们的舌头。阿狄森是一位用最纯粹的英语写作的作家，也是写作艺术的大师，但是他在同别人谈话时每说一句话都会感到局促不安。莎士比亚也非常害羞，他50岁时离开伦敦退隐了，也不想出版或者保存他的任何一部戏剧。他总是选择饰演二三流的角色，因为他缺乏表演的自信。

总的来说，羞涩来自于一个人过多地思考自己——这在本质上是对良好教养的破坏——和人们如何看待他自己。

“我曾经非常害羞，”西德尼·史密斯说，“但是不久我就得到了两个有益的发现：第一，所有的人不是专为看我而存在的；第二，羞怯是无济于事的。社会是非常聪明的，很快就会发现一个人的真正价值。这帮助我改变了那个缺点。”

害羞的人应该穿着漂亮。漂亮的衣服能够让人举止轻松，语言流畅。身着合适的服饰的感觉能够让人举止优雅从容，那是宗教信仰都不能给予的，而粗俗的衣着会给人带来压抑感。奇装异服当然能够吸引人们的注意力，但是最好避免亮丽的颜色和过分的时髦，尽量穿一些朴素、合身、质地良好、你能够买得起的服饰。

衣着美丽当然是一件好事，人人都会去追求它，但它是一种低级的美丽，不应该为了它而牺牲高级的美丽。有些人过分地专注于服饰，他们把第一想法、最宝贵的时间或者所有的金钱都花在于这上面，为了它他们可以不在乎思想和心灵的净化，也不在意别人对他们的指责。相对于他们的品格来说，他们更看重外表。他们担心一套过时的服装，而不是玩忽职守。

一个人如果在自我封闭中度过一生，而对他的同胞却充满了友善和诚挚的真情，那将是多么不幸的事情！羞涩的人总是对自己的能力非常不自信，把自己的缺乏自信视为缺点和软弱无力，但实际上却可能恰恰相反。通过在早期交给孩子社会生活的技巧，例如拳击、骑马、跳舞、讲演以及其他类似的技艺，可以在很大程度上克服羞涩感。

“在一个文明的社会里，”约翰逊说过，“外表的优势让我们更加受人尊敬。一位衣着华丽的男士肯定会比一位衣着粗俗的男士受到更为优越的接待。”

人们不能不相信上帝是美好的事物的热爱者。他把美丽和光荣的外衣披到了他所有的作品上。每一朵鲜花都鲜艳，每一片田野都被美丽的披风所覆盖，每一颗星星都被光芒所掩盖，每一只鸟儿都身披最有品位、最精致的外衣。

有些人认为优雅的言行是一种虚张声势。他们宣称崇尚朴素、坚定、正直和粗野的性格。他们还说他们更喜欢方形、简朴和未经装饰的用方方正正的大石块造出来的屋子。圣彼得式的房屋当然会更加坚固和结实，因为它有高雅的立柱、华丽的拱门和雕以回纹的色彩绚烂的大理石雕刻。

我们的言谈举止和我们的品质总要受到人们的监督。每一次我们走人社会，都必须进入其他人的视野里，我们最近的是非得失也都会被人注意到。每一个人都在内心里问自己：“这个人是会升职还是降职呢？他已经跳过了多少等级了？”

就这样我们带着贴在身上的无形的标签度过了一生。这些标签让所有人认识我们。有时候我会认为如果一个人能够读出周围的人们对他自己的评价的话，那将是一个巨大的优势。我们不可能一直欺骗世界，因为它会手持正义的天平站在我们的影子里。

正义会暴露我们的内心，从我们的眼睛里或者举止中显露出来，让我们现出本性。

但是，尽管礼貌是绅士的外表，它却不能组成或者最终决定人的性格。仅仅礼貌是不能取代高尚的品德的，就像树皮不能取代树干一样。它很可能会反映出树皮下面树木的种类，但是不能够显示出树木是健康的还是枯朽的。礼节仅仅是一个优雅的言行的替代品，并且经常只是它的伪装。

真挚是优雅的言行的最优秀品质。

8. 为何有人成功有人失败

生活的道路上充满着失败，就像海滩上布满了残骸一样。

根据商业记录，有很多从事商业经营的人都经历过失败。

人们为什么会失败？为什么在从事商业冒险时开始都是兴致勃勃，最后却以灾难性的结局收场呢？

为什么成功的人总是少数，而大多数人却失败了？有些失败是相对的，而不是绝对的。有一部分成功是顺利取得的，还有一部分是在生活的跌跌撞撞中取得的。但是预定的目标并未完全达到，心里的愿望也并没有实现。

在事业中涉及的许多因素是不可能很清楚地得到说明的。健康、天资、气质、性格、一个好的开始、摆正位置、遗传特性、良好的判断力、常识、冷静的头脑等，都是生命中获取成功机会的影响因素。我们在海上航行时，所能采取的最好行动就是在危险的地方挂出红旗。

一个人在他人生的使命中，如果在思想上缺乏自信，缺乏信念，那就会招来无数的失败。

那些没有取得进步的人，他们不知道为什么、也没有意识到琐事对其事业所产生的阻碍力，这些小事是如何消除他们的事业或损害他们的职业的；他们也没有意识到小事是如何破坏他们的声望的，比如说，没有及时、迅速付账单或到银行兑换票据所引起的后果。

许多人之所以失败，是因为他们认为自己把持着某个领域，而且没有竞争的危险，以至于公司的头面人物们也放松了下来。还有一种情况是由于有些企业在经营上的时效性，当某些有进取心的年轻人出现时，因为他们在经营上已经形成了常规，而且跟不上市场的发展变化，也没有进行足够的储备，他们的商业贸易就让这些年轻人抢走了。

他们并没有意识到优秀的推销员、一个有吸引力的经营场所、跟得上市场发展的手段和有礼貌地接待顾客意味着什么。

人们之所以经常会失败，是因为他们没有意识到，他们的企业由于缺乏活力而慢慢陷于瘫痪麻痹，最后只得渐渐窒息而死。许多商人之所以失败，就是因为他们在问题面前不敢去正视他们的实际经营情况，没有采取果敢的措施，只是继续采取拖延的办法，直到情况已经变得无药可救了，即使是外科医生的手术刀也无能为力了。

许多人之所以失败，是因为他们不知道如何消除企业中一些腐朽的东西，或者保留了没有生产能力的雇员。这些雇员办事拖沓，缺乏责任心，会使企业损失很多生意，它远远多于经营者通过广告所招揽来的生意。

许多人之所以失败，是因为他们以虚张声势来代替资本的积累和适当的人员培训，或者是因为他们没有跟上时代发展的潮流。

许多年轻人之所以没有走在时代的前面，或者止步不前陷于平庸，是因为他们没有找到适合自己的位置。他们是方枘圆凿，其他人对他的状况也无能为力。大部分人之所以没有取得进展，是因为他们只是太看重自己了。他们用“灵柩”运送货物，雇用一些粗暴的、不礼貌的职员；糟糕的经营方式使他们失去了很多生意；奴隶般驱使人的方式，不能与别人和睦相处，做事没有条理、缺乏组织能力，理所当然地会阻滞其事业的进程。

许多人之所以失败，是因为他们在失败后失去了勇气，或者当他们遇到挫折的时候，不知道怎样振作起来。许多人都是他们情绪的受害者，他们变成了失望支配的奴隶。对生活的勇气和乐观展望是胜利者所必需的。恐惧对成功来说是最致命的。许多年轻人的失败是因为他们不能够将自己融入别人中，不能承担起他的工作，在细节问题上迷失了方向。

其他人在试图建立一项大事业时失败了。他们的思想没有经过训练，抓不住大主题，不会概括，不会结合。他们不能独立自主，过于依靠别人的判断和建议。

许多人经常因为他们的粗暴和他们悲观的思想，自己把成功给赶走了。他们工作就是为了一件事，别的什么也不考虑。他们没有意识到自己的主观态度必须与志向相符合，如果他们努力工作以取得进展的话，他们必须期待成功，不要因为消极的主观态度的怀疑和恐惧，而毁了自己的前途。

许多人因为“确定无疑的事”而毁了自己，如得到一个内部的秘密消息，按照他人的判断购买股票。

许多人被他们常规职业之外的“副业”给毁掉了。成功依赖于效率，没有强烈、持久的专注就不可能有效率。许多职无定业的人认为，他们可以通过从事一些“副业”得到一些额外的小钱从而提高收入。他们中的许多人总是处于微不足道的位置，从来无法晋升到一个工资更高的岗位，这都是因为他们分散了自己的努力、分散了自己精力的缘故。搞“副业”是很危险的，因为它们会分散我们的思想，分散我们的努力。没有集中的注意力，什么大事也干不成。

许多人自己勤奋地工作，却不知道如何对待别人，不知道如何利用别人的聪明才智。

无数的年轻人没有取得成功，是因为他们从来不热爱自己的工作，只觉得工作单调辛苦从来就不会取得成功。

生活就是由这些对比组成。每个成功的人，无论什么身份，也无论什么血统，在他生活的每一步，就和他数以百计的伙伴们是一样的。但是，后来，他们却没能取得他应取得的成功。许多痛苦的失败在某个时间段里都曾经有过很多机会，至少是有过很多次创造同等程度的可能性，就像成功的人们有时会在他们生活中经历的那样。

既然卑微的出身、各种类型和各种程度的阻挡不能妨碍有决心的人取得成功，既然希望经常激发起必需的行动，而且困难经常能够激发更高的飞跃，那么人们为什么会失败？是什么引起了失败和半途而废呢，而这又常常会为大多数人所碰到的？

答案是多种多样的，教训也是显而易见的。就像一个作家曾经写过的那样："当伤害引起了错误的方式后，成功的每根发条也是失败的那根发条。"前进的每个机会，成功的每次努力，与失败的机会是同样多的。每种成功的品质都会因为过度的发展或者错误的运用而变成对某人很不利的因素。不管这个堤坝有多宽阔，有多坚固，如果有一个小洞在漏水，可以确定肯定会出现决口和灾难。即使几乎具备所有成功的品质，那也完全可能被一两个错误或者缺点抵消。有时一两种主要的性格特征将会把一个人引向成功，尽管他有许多的缺点，而且这些缺点都是严重的阻碍

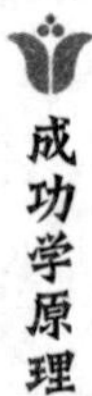

因素。许多失败的人经常愿意将自己的不幸归咎于别人，或者是外部环境，以求在这上面取得一丝的安慰。最近，布兰德在分析一些商业经营的失败时发现，有7成的失败是由失误引起的，有3成则完全超出了他们的能力控制范围。失误能引起失败。引起的失败的因素的百分比统计如下：没有竞争力，占19%；没有经验，占7.8%；缺少资本，占30.3%；愚蠢的信用许可，占3.6%；投机，占2.3%。“缺少资本”的解释实际意思是，没有充足的资本却试图去做过多的事。这是对纯商业成功的百分之百的商业分析。性格的缺陷则必须要依靠血统来分析。

不久之前，40位成功男士被要求详细回答这样的问题：“你认为，什么是引起商人或者专业人士失败的主要因素？”这些代表性的人物归纳的原因如下：

坏习惯、糟糕的判断力、运气差、没有好同伴、对细节漠不关心、经常不假思索地冒险、太急于求成、酗酒、交易欺诈、过于节省、在不得已的场合却拒绝说“不”、对为人准则毫不在意、随波逐流、高消费的生活习惯、穷奢极侈、嫉妒、不重视周围环境、没有抓住机遇、经常变换经营种类、为了追求所谓的黄金时间而浪费了其他时间、赌博、注意力不集中、没有竞争力、好逸恶劳、猜疑、对事业缺乏注意力、缺乏实践运用、缺乏适应性、缺乏上进心、行业方法不对头、缺乏资本、保守主义、对行业的密切关注、自信心、缺乏判断力、缺乏必需的行业知识、缺乏果断的男子气概、没有天赋、缺乏坚毅精神、过于教条、缺乏对待别人的合适的礼貌、缺少决心、缺乏勇气、没有及时履行商务约定、缺乏系统性、缺乏仔细的计算、缺乏仔细的观察、缺乏确定的目标、早期生活缺乏纪律性、性格不确定、缺乏事业心、缺乏活力、缺乏经济力、缺乏信任、缺乏号召力、缺乏勤奋精神、不诚实、迟到、生活入不敷出、与员工距离感太大、忽视细节、对从事的行业缺乏天生的热爱、对目前情况的稳定性过于自信、拖延时间、对投机的狂热、自私、对小错误的自我纵容、考虑的过于安逸而缺乏警惕性、组织上纪律松散、草率合并、信任自己的工作胜于信任别人的工作、位置不理想、不愿意为成功付出代价、不愿意承受早期的穷困、浪费、太容易气馁。

对于胆小、对自己缺乏信心、对自己的信念缺乏勇气、在冒险的时候经常寻找确定性的年轻人，就不要指望他们会成功。“对自己缺乏自信是导致我们大多数人失败的原因。”有人曾经这样说过，“确信有力量就会有力量。他们是最软弱的，他们不是强者，他们对自己和自己的能力不具备起码的信心。”

“许多商人都遭受了破产的打击，”另一个人说，“那并不是因为他们缺乏商业天赋，而是他们缺乏商业勇气。我们见过多少从事贸易的可爱的人，他们被赋予了聪明才智，但是性格上却有缺陷——他们完全没有商业习惯，也不遵守商业规则——他们更容易接受虚弱的自然的直觉，而不是明确的情报所反映的预兆性的线索。现在就让我们签一张没有安全性的票据来感谢一下我们的朋友吧，于是我们再通过分享他那毫无希望的投机经营上的风险来取悦一下他吧，毕竟他通过自己的勤奋和聪颖而积累起来的资本，在他们试图让毫无能力的人犯错误或者抢掠这些没能力的人的时候已经在贬值了。他从别人的破产中也逐渐走向毁灭，他最终成为了怒吼的债权人挖苦的对象，也成了公众闲谈中的一个遗憾。”

缺乏细致也是另一个引起失败的主要的原因。这个世界挤满

了人，无论老幼，都在故步自封。他们职位低下，薪水微薄，他们在选择的追求上从来没有考虑过去取得支配性的地位。缺乏教育也引起了许多失败，如果一个人具备了成功的品质，他就将永远不会缺少对他的成功完全必要的教育了。他将会像林肯那样为了借一本书而步行几十英里。他将一只手举着街灯，另一只手拿着书本。他将在铁砧的敲打声中学习。他将会像其他崇高的奋斗者所做的那样，与使他们一无所有的环境抗争。

分散自己的力量已经让许多人走向了失败。对你将要做的工作没有尽最大的努力，结局肯定会是灾难性的。一个人要想取得职业上的成功，就需要积累每一点能量、每一点智慧、每一点勇气、每一点热情。不具备以上任何一点或者都不具备将会是非常危险的，因为你所剩下的素质是远远不够的。在你经营的关键时刻，任何一点精力不集中都足够引起破产。一个驾驶员将他的注意力都集中在一个漂亮的乘客身上，他的船就永远不会到达港口。有吸引力的枝节性问题、过于远大的计划、带有夸大成分的巨大回报经常会将商业经营者或者专业人士从他迈向成功的道路上吸引走。许多人没有变成大人物，是因为他们把精力分散到几个小的方面，成为了较好的多面手，而不是至高无上的专家。

“失败的5个条件，”纽约市街道一铁路公司总裁H.H.瓦瑞兰德曾经说过，“可以被粗略地划分为：第一，懒惰，尤其是头脑的懒惰；第二，在高效率的工作中缺乏信任；第三，依靠幸运的积累；第四，缺乏勇气、主动性和坚毅；第五，相信年轻人的工作影响他们的立场，而不相信年轻人的立场影响他们工作的立场。”

无数事实表明，一个人的事业能否成功，主要不在于环境，而是个人品质。一个富有的制造商曾经很强烈地表达了这样的观点，他说："没有什么能像一个人的性格那样影响这个人的职业生涯。他可能有能力、有知识、有社会地位或者在创始阶段有金钱的支持，但是最后决定他在这个世界中的位置的还是他的性格。"

有一些人，他们在人生中的失败不是由于骄傲自大，也不是由于能力不足或运气不佳，而是由于他们没有一个明确的目标。他们孜孜不倦、谨小慎微、朴素节俭，但经过长期的奋斗，当他们年老时发现自己仍然贫困。他们抱怨运气不好，他们说命运对他们不公，但事实是他们承担了错误的责任，因为他们把活力误认为是行动了。他们混淆了两件本质不同的事。他们认为如果他们一直忙忙碌碌，肯定可以提高自己的财富；他们忘记了错误的工作只是浪费行动。

成功的最大敌人就是无可救药的、彻头彻尾的懒惰。有太多的年轻人害怕工作，他们懒惰成性。他们的目标就是发现体面的职业，于是他们就可以穿着讲究，不会弄脏衣服，只动动手指尖就能办好一切事情。他们不愿意置身于别人的权力之下，他们更愿意对他人发号施令，或者作为主导人物，并且让别人去干苦活。在这个世纪里，懒人是没有位置的，他将会被推到墙上，劳动对任何有价值的东西来说，从来都是毫无疑问要付出的代价。

不久之前，一份都市日报征集那些感到他们的人生失败的人的自白书。报纸并没有透露任何进行自白的人的姓名和身份，但是要求坦白的记叙。有两个问题被提及："你的人生是一个失败吗？你的事业是一个失败吗？"

有些人的回答是极其令人同情的。

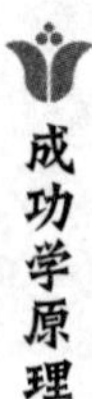

有些人将他们的失败归咎于命运的残忍，命运好像捉弄他们，并且设置了重重阻碍；有些人归咎于遗传缺陷、残疾和感染病；有些人归咎于丈夫或者妻子；还有些人归咎于“环境的不友好”，或者是“残忍的环境”。

值得注意的是没有人提到懒惰是一个导致失败的原因。

这儿有一些他们给出的原因：

卢瑟福说他曾经有4次无限接近成功的机会，但是他都失去了。他失败的第一原因就是缺乏坚定性。他厌烦了职业中的千篇一律和例行的公务。他第二个缺点是宽大了，过于相信别人。第三是他没有经济能力。第四，“我有太多希望，即使是在最困难的时候。”第五，“我太相信朋友和友谊了。我读不懂人的天性，也不能够给错误以足够的容忍。”第六，“我从来没有为我的职业感动过。”第七，“我不在乎任何人，在这个世界上也没有人激发我去做些什么。我已经70岁了，从来不酗酒，也没有任何不良习惯，我还经常去教堂。但是最后我和我开始的时候一样没钱。”

另一个人也很郁闷地失败了。“我的缺点就是在空气中建城堡，我有很强烈的欲望要在这个世界上一举成名，并且从乡村来到了纽约。我备受冷落、灰心失望，我随波逐流。我没有工作的心思。我缺乏能力和推动力，没有能力和推动力的人生是不能够取得成功的。”“缺乏能力和推动力。”——推动力也是能力。懒惰就是缺乏推动力。推动力是没有东西可以取代的，推动力意味着孜孜不倦、坚忍和长期的坚持不懈。

“有种变化了的人生经验引导着我，我活的时间越长，”一个伟大的人曾经说过，“越觉得聪明越来越不重要，越来越觉得勤奋和身体的坚忍才是最重要的。”

歌德曾经说过，天才有90%源于勤奋。富兰克林曾经说过，勤奋是好运之母。有很多语言和文章曾经赞美过工作，把世界上大部分的失败归因于安逸和偷懒。

有的人开始时接受了良好的教育，而且前途灿烂，但是他们渐渐地“退化”了。他们早期的雄心壮志已经消失了，他们早期的理想已经逐渐降低了标准。进取心是使我们的身体器官运转的发条。所有的部分可能都很完美，但是缺少发条是一个非常致命的缺点。没有要提高的愿望，不想去取得成就，这样的人生在很大程度上是不会成功的。

“对许多诚实的奋斗者来说，导致失败或者半途而废的最主要的原因是犹豫不决。”托马斯·布赖恩曾经说过。

许多商人发财是因为他们在关键时刻及时地、果断地作出决定去冒险。也有许多失败是由于深思熟虑后却作出了错误的改变或者偶然的对目标的犹豫不决。犹豫不决的人，无论在其他方面有多强，在人生的竞争中经常被做事果断的人推到一边，因为果断的人知道他想要什么并且会去做。即使是聪明也得让位于果断。我们几乎可以说一个人永远不会失败，如果他坚定地投入到一个目标中的话，如果那个目标是值得的。

我非常相信大学教育的作用，但是许多大学毕业生在生活中却失败了，而许多没有上过大学的人却成功了。前者凭借理论的、不现实的知识帮助他们自己工作，在毕业以后不愿意从基层开始做起。

我们看到有些人在大学期间各方面都做得很好，但是他们在生活中却一团糟糕。他们在班级里排名很高，也很尽责，努力学

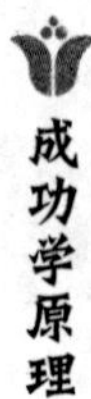

习，但是当他们走出校园踏入生活中的时候，他们却不能够赶上来。他们不够脚踏实地。很难讲清楚他们为什么不再领先，但是在他们的性格中好像缺少了什么。这些聪明的毕业生，经常对自己感到困惑，不能理解为什么他们不能取得成功。

据说，成功的两个主要因素是勤奋和健康。但是人类克服困难取得成功的历史表明了有疾病的、残废的、畸形的人经常超越强壮和健康的人而取得成功，尽管他们有巨大的身体障碍。在这本书的其他章节里，有许多这样的例子被引用。

毫无疑问，身体不健康经常是会引起失败，但是这经常是因为错误的主观态度、错误的思想。悲观的、气馁的主观态度对健康是非常有害的。担忧、恐惧、忧虑、嫉妒、极端的自私都会毒害我们的健康系统，以至于我们的身体不能正常地发挥机能，并且会引发许多疾病。主观态度的完全逆转将会让大多数苦于“身体不健康”的人变得健康起来。如果人们能够保持思想健康和生活健康，那么身体的健康状况也会得到好转。一个错误的主观态度是大部分身体虚弱、疾病和痛苦的诱发原因。

在人们能够建立起长期成功的地方，勤奋和坚忍已经证明是他们取得巨大成就的基石。每个人都可以奠定基石，并且为自己逐渐建立起成功的大厦。无论一个人的天然优势如何，高大或者矮小，只要他选择，他都可以具备勤奋和坚忍的品质。通过对这些品质的锻炼，他就可能像其他人曾经做过的那样，也取得成功，正像帕丽斯“劳动、忍耐和等待创造那些他不能发现的东西”。

什么时候成功会变成失败？

当你能够达到更高的目标时，你却只选择了较低的目标；

当你由于生活、工作的原因而没有成为整洁、健康和伟大的人；

当你的生活仅仅满足于吃饱、喝足、过得快乐并且能够积攒金钱时；

当你口袋里的财富远远多于你品质上的财富时；

当你因为贪欲进行交易时；

当道德变成责难，你遮蔽了生活中的阳光时；

当你投入到你的工作中完全是出于自私的目的；

当你取得成就的目的是为了报复别人并且粉碎他们的希望时；

当你企求你永远不要有时间来培育你的友谊、礼节或者是礼貌时；

当你在你的道路上丢失了自尊、勇气、自制力或者是其他做人的品质时；

当你不能够提高自己的职业时；

当你作为一个人不像律师、商人、外科医生或者是科学家那样伟大时；

当你过着双重的生活并且有截然相反的两种行为举止时；

当你身体垮掉，变成“神经”和情绪的受害者时；

当你把获得更多的金钱、土地、房屋、债券的欲望变成你最主要的热情时；

当你思想上和道德上遇到阻碍，你被夺走了青春的冲动和热情时；

当你得不到需要的满足而且成为别人的痛苦，使你变得藐视贫穷和不幸的人时；

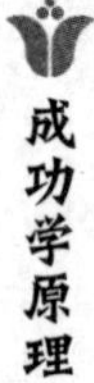

当你变得狡猾和自负时；

当你的财富导致了寡妇和孤儿的毁灭，或者让别人失去机会时；

当你对工作的专注而使你变成了家里的陌生人时；

当你将得到的要尽可能多、付出的要尽量少变成你处事准则时；

当你对金钱的贪欲已经使你伴侣的生活变得黑暗和促狭，并且夺走了她的自我表达、休息和娱乐的需要或者是任何消遣时；

当你长期地工作、没有休息导致紧张愤怒的情绪产生，你在家庭中变得残忍，对那些为你工作的人变得厌恶时；

当你掠夺了那些为你工作的人应得的报酬，仅仅捐出你不义之财的一小部分给慈善机构或者一些公共机构来换得慈善家的名誉时。